デジタル電源の基礎と設計法 スイッチング電源のデジタル制御
安部征哉 財津俊行 上松武　科学情報出版株式会社　2020

著者简介

安部征哉

九州工业大学研究生院电气电子工程研究系准教授。

2005年九州大学研究生院系统信息科学府电气电子系统工程专业博士后毕业；2005年任九州大学研究生院系统信息科学研究院电气电子系统工程部门学术研究员；2006年任九州大学研究生院系统信息科学研究院电气电子系统工程部门助手；2007年任九州大学研究生院系统信息科学研究院电气电子系统工程部门助教；2010年任国际东亚研究中心高级研究员；2014年任九州工业大学研究生院生命工程研究科准教授；2018年任九州工业大学研究生院电气电子工程研究系准教授。

研究方向：开关电源、电力电子、电子电路。

所属学会：电气学会、电子信息通信学会、IEEE。

财津俊行

欧姆龙株式会社技术·知识产权本部研究开发中心技术专职。

1985年熊本大学研究生院信息工程专业硕士毕业；1985年进入NEC，从事通信设备的电源开发工作；1993年任美国弗吉尼亚理工学院客座研究员；1997年九州大学研究生院系统信息科学研究科博士毕业；2000年就职于日本Lucent Technologies；2001年就职于TDK（株）；2004年担任美国TDK Innoveta公司营销总监；2006年进入美国Texas Instruments公司；2007年担任Texas Instruments高级主任技师；2015年起担任现职；2014年任广岛工业大学研究生院非常勤讲师；工学博士学位。

研究方向：开关电源、控制、电力电子。

所属学会：电气学会、电子信息通信学会、电力电子学会、IEEE。

上松武

欧姆龙株式会社技术·知识产权本部研究开发中心技术专职。

1986年东京电机大学工学部精密机械工程专业毕业；1993年筑波大学理工学研究科毕业；2011年获得九州大学研究生院系统信息科学研究科博士学位；2017年大阪大学国际医工信息中心特聘研究员；经历日本、美国、韩国等多家公司后，从2017年开始任现职。

研究方向：大容量电源及开关电源电路、控制系统解析。

所属学会：电气学会、电子信息通信学会。

数字电源基础与设计

〔日〕安部征哉　财津俊行　上松武　著
罗力铭　译
刘启蒙　审校

科学出版社
北　京

图字：01-2022-3228号

内 容 简 介

本书介绍了开关电源的概念、基础知识、设计方法、验证和评价方法等，主要内容包括DC-DC变换器的电路形式、功率级的设计、状态平均法与变换器分析、控制机构与传递函数、开关电源的评价指标、开关电源的数字控制、PFC变换器基础与控制系统设计、数字控制应用实例。三位作者有着多年产品设计与研发经验，本书内容深入浅出、实用性强，初学者也能够通过本书领略开关电源的世界。

本书适合开发和研究开关电源的科研工作者、技术人员阅读，也可作为高等院校相关专业师生的参考书。

图书在版编目（CIP）数据

数字电源基础与设计/(日)安部征哉，(日)财津俊行，(日)上松武著；罗力铭译.—北京：科学出版社，2023.5

ISBN 978-7-03-075256-7

Ⅰ.① 数… Ⅱ.① 安… ② 财… ③ 上… ④ 罗… Ⅲ.电源-设计 Ⅳ.① TM910.2

中国版本图书馆CIP数据核字（2023）第047417号

责任编辑：孙力维 杨 凯/责任制作：周 密 魏 谨
责任印制：师艳茹/封面设计：张 凌
北京东方科龙图文有限公司 制作
http：//www.okbook.com.cn

科 学 出 版 社 出版
北京东黄城根北街16号
邮政编码：100717
http：//www.sciencep.com

天津市新科印刷有限公司 印刷
科学出版社发行各地新华书店经销

*

2023年5月第 一 版 开本：787×1092 1/16
2023年5月第一次印刷 印张：12
字数：240 000

定价：58.00元

（如有印装质量问题，我社负责调换）

前　言

开关电源是在20世纪60年代美苏冷战背景下的太空竞赛中发展起来的。人造卫星要求电源系统小型、轻量、高效，当时主流的连续控制式电源（串联稳压器）的主要问题是效率低，损耗发热导致散热器大型化。此外，对人造卫星来说，最大的挑战是减重。采用开关电源取代连续控制式电源后，上述问题得以解决，加速了人造卫星的发展。20世纪70年代中期，随着太空竞赛告一段落，曾用于军事的开关电源也迎来了工业应用和民用的曙光。此后，开关电源广泛用于计算机和电话交换机，并开始内置到工业设备和各种消费产品中。近年来，开关电源应用于车载设备的例子也越来越多。

最初，开关电源一般使用功率晶体管，但功率晶体管是双极型器件，存在载流子存储效应，关断速度慢，不适用于高频。直到单极型器件MOSFET出现，开关电源才得以高频化，实现了频率几百kHz的开关。开关频率的提高促进了开关电源的小型化，而铁氧体磁芯和多层陶瓷电容器的出现加速了这一过程。1984年，VICOR公司推出一款名为“砖块电源”（Brick电源）的超薄型电源（116.8mm × 61mm × 12.7mm）。自此，“砖块电源”成为事实标准，并进一步小型化为1/2砖、1/4砖，现在甚至出现了1/32砖的超小型电源。

另一方面，从控制角度来看，陶瓷电容器出现之前，电源工程师只专注于功率级设计，不太在意控制系统设计。采用陶瓷电容器彻底改变了这一状况。在采用陶瓷电容器之前，普遍使用铝电解电容器。铝电解电容器的电容量大，ESR（等效串联电阻）也大，因此，系统的稳定性高。而陶瓷电容器的电容量比铝电解电容器小，ESR只有几毫欧，小了一两个数量级，这就使得之前稳定的开关电源出现了不稳定的新问题。在这个阶段，电源工程师意识到控制系统设计的重要性，由此开始研究开关电源的稳定性，并积累了控制系统设计的相关知识和经验。

进入21世纪，开关电源的数字控制开始受到关注。但是，当时微控制器、DSP（数字信号处理）等的性能并不是很高，只能实现简单的PID控制。直到近年来，微控制器、DSP等的性能显著提升，开关电源才得以实现复杂控制。

早在多年前，“数字家电”的概念就已为人熟知，我们身边的电子设备也基本实现数字化，只有开关电源一直以纯模拟电路的形式存在。不难想象，随着汽车的电动化，开关电源等功率变换器的需求必定水涨船高。可以预见，开关电源数字化是大势所趋。

开关电源的控制系统设计，无论是模拟控制，还是数字控制，都需要推导作为控制对象的DC-DC变换器的传递函数，从理论上进行最优设计。DC-DC变换器的传递函数的推导，使用的是状态平均法。状态平均法原本是在电路理论领域发展起来的，应用于集成电路，后来用于开关电源，被人们所熟知。

Corona社于1992年出版的《开关变换器的基础》一书对状态平均法进行了系统总结，这几乎是电源工程师的必读书。本书尝试对状态平均法进行更加详细的讲解，并以更易理解的方式表达。此外，本书还将具体介绍开关电源的评价指标，如开环传递函数、输出阻抗、输入/输出电压特性。并对模拟控制和数字控制的控制系统设计方法进行说明。最后说明数字控制的实用性，不仅适用于控制系统设计，还适合模拟控制有难度的应用。

本书适合刚刚涉足开关电源研究、开发的学生和年轻工程师作为参考书，希望本书能帮助他们理解开关电源的本质，进一步开发出更高性能的电源。

最后，感谢日本ST微电子公司的植田真司先生和山田康博先生为本书的编写提供相关信息和微控制器评估板。

安部征哉

目　录

第1章

DC-DC变换器的电路形式

DC-DC变换器通过开关器件的高频动作，将输入的直流电压转换成所需的直流电压，在开关电源的组成要素中起到特别重要的作用。DC-DC变换器有多种类型，要根据输入/输出电压条件和功率条件选择适当的电路形式。本章介绍开关电源的结构，并说明典型DC-DC变换器的基本原理。

1.1 开关电源的构成要素

开关电源的结构如图1.1所示，大致可分为处理功率的功率级（power stage）和处理信号的控制部分。

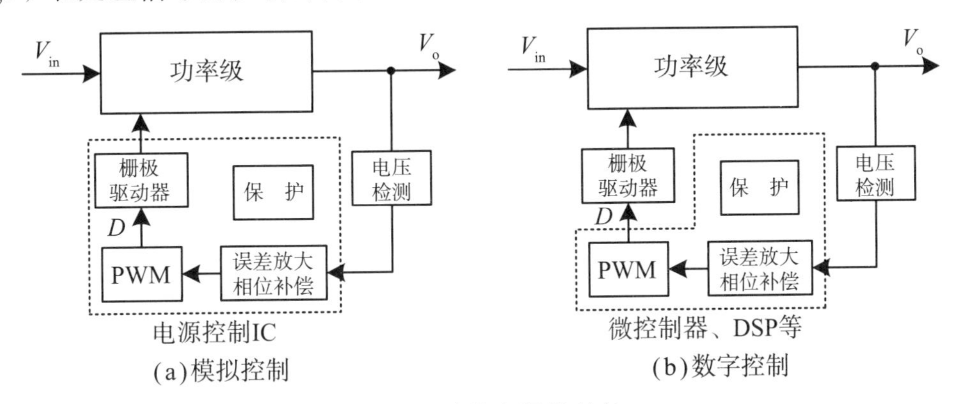

图1.1 开关电源的结构

功率级主要由DC-DC变换器构成，根据输入/输出条件和功率容量选择适当的电路形式。在某些情况下，输入滤波器也包含在功率级中。DC-DC变换器由半导体开关器件（主要是MOSFET）、整流二极管（SBD、FRD）、储能元件（电感器、电容器）、变压器等组成。

DC-DC变换器通过开关器件的开通时间和关断时间的比率来调节输出电压。由于开关动作是在半导体器件的饱和区和截止区发生的，因此，较之传统的连续控制式（在有源区动作，损耗较大），开关损耗小，得以实现高效率。

在控制部分，模拟控制一般采用电源控制IC，数字控制常采用微控制器、DSP等。不论是模拟控制还是数字控制，控制部分都由输出电压检测单元、包含相位补偿的误差放大单元、电压-占空比转换单元（PWM）、栅极驱动器构成，多数情况下还包括保护电路。模拟控制如图1.1(a)所示，电源控制IC中包含除电压检测单元以外的其他单元，但是相位补偿和保护电路需要若干外置元件。

数字控制的情况是，误差放大单元、电压-占空比转换单元和保护电路由微控制器等实现，电压检测单元和栅极驱动器外置。

两种方式的控制部分工作原理相同，将检测到的DC-DC变换器输出电压与基准电压作比较，通过由运算放大器（数字控制时为IIR滤波器）构成的误差放大器放大后，输入比较器。比较器的另一端输入锯齿波（三角波），对误差放大电压和锯齿波电压进行比较，并产生对应占空比（一个开关周期的开通时间占比）的脉冲信号。产生的脉冲信号经栅极驱动器放大后驱动开关器件。

1.2　非隔离型变换器与隔离型变换器

DC-DC变换器的分类如图1.2所示，可大致分为非隔离型和隔离型两种。另外，从控制的角度来看，非隔离型还可以分为输出电压低于输入电压的降压型、输出电压高于输入电压的升压型、输出电压相对于输入电压可自由控制的升降压型。隔离型基本上是在上述三种非隔离型中插入变压器，隔离成一次侧与二次侧。非隔离型DC-DC变换器有降压、升压、升降压电路，但隔离型变换器没有纯升压型的基本电路。请根据输入/输出条件和功率条件，选择适当的电路形式。

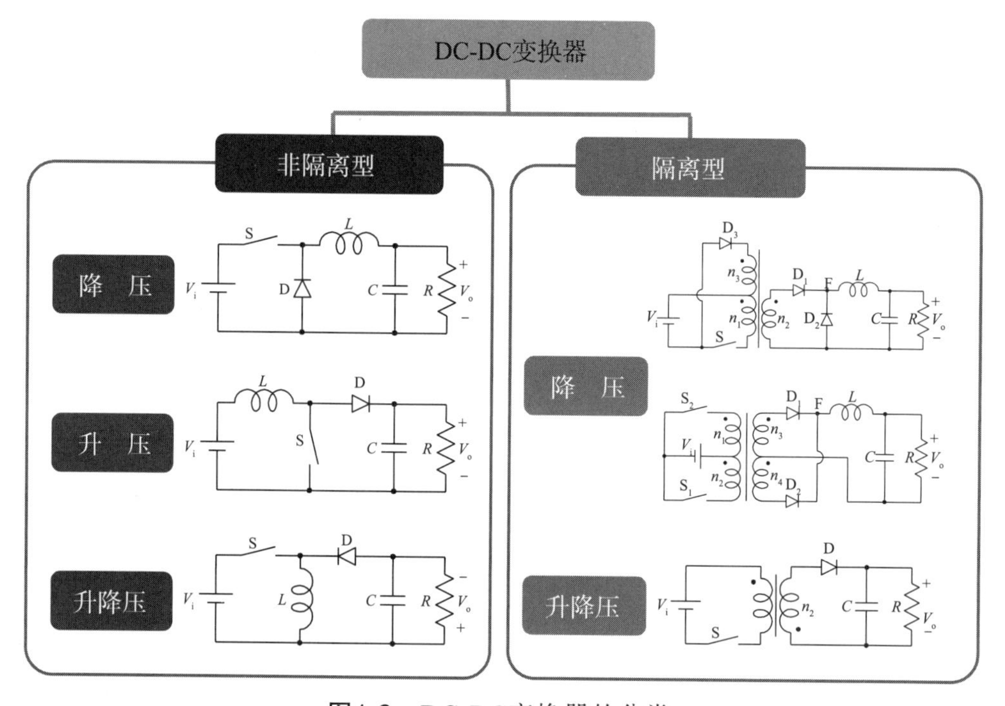

图1.2　DC-DC变换器的分类

1.3　非隔离型变换器

1.3.1　降压型变换器

降压型变换器（buck converter）是一种输出电压小于输入电压的单管不隔离直流变换器。如图1.3所示，它由通过开关输入电压V_{in}的开关器件Q、始终连接负载的电感器L、输出电容器C和续流二极管D组成。开关器件Q负责通断电流，常见类型有三极管、MOSFET等。电感器L可以将电能转换成磁能储存起来，也能将磁能转换为电能再次释放。在储能和释能之间转换时，电感器的正负极会反转，但流经电感器的电流不能突变，只能逐步变大或变小。电容器C具有充放电功能，两端电压高于外部电路电压时放电，反之充电；二极管D具有单向导电性，在buck电路中构成续流回路，因此也被称为续流二极管。降压型变换器各部分的动作波形如图1.4所示，由此可以分为两种动作状态，等效电路如图1.5所示。

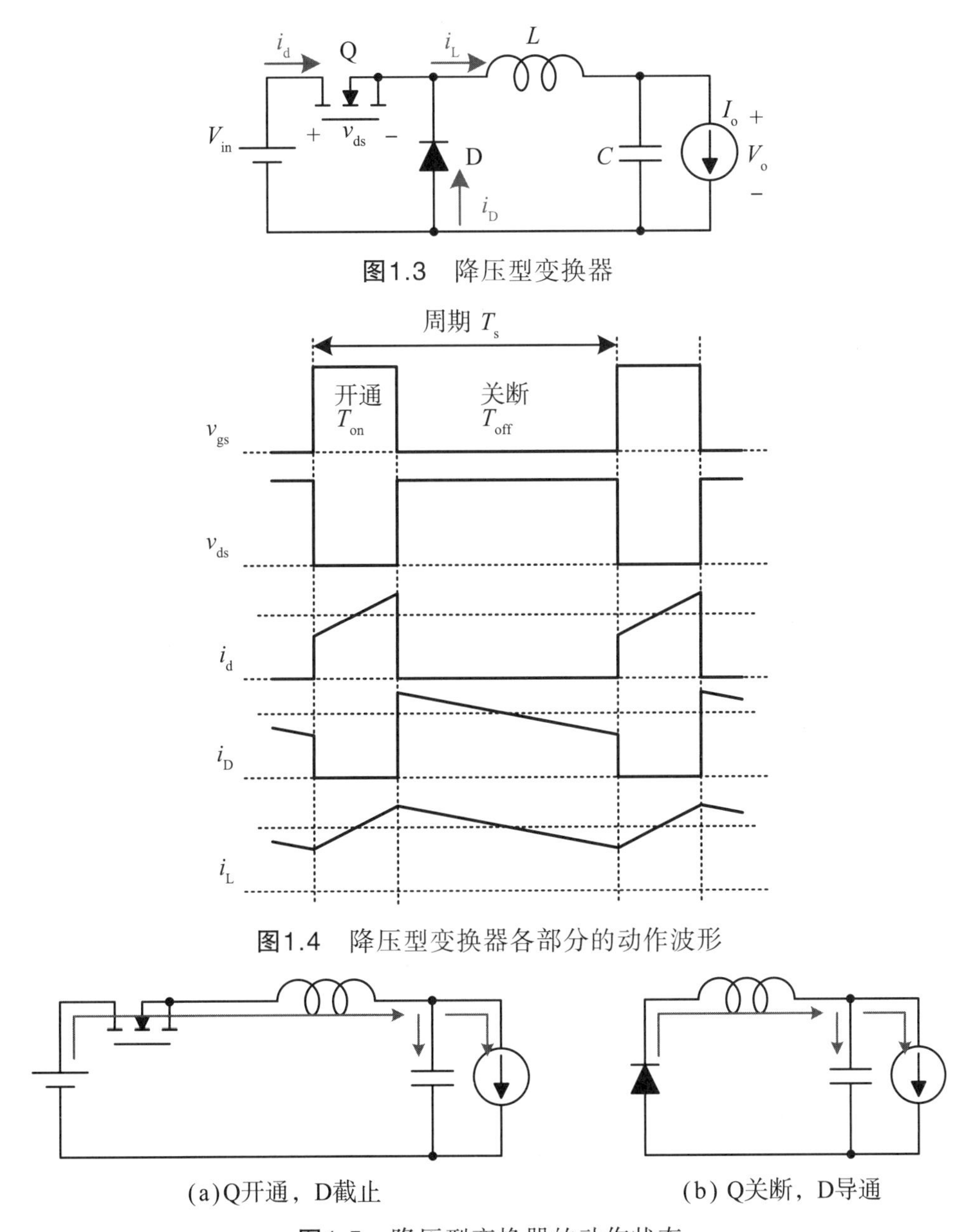

图1.3 降压型变换器

图1.4 降压型变换器各部分的动作波形

图1.5 降压型变换器的动作状态

● 开通期间

开关器件Q开通期间的等效电路如图1.5(a)所示。开关器件Q开通时，输入电压施加到电感器，电感器被输入电压励磁。此时，流经电感器的电流增大，在储能的同时为负载提供能量。设此时的输出电压设为V_o，开通时间为T_{on}，则开通期间增大的电感器电流ΔI_{Lon}为

$$\Delta I_{Lon}=\frac{V_{in}-V_o}{L}T_{on} \tag{1.1}$$

电感器以磁通量的形式储能，理论上可以按磁通量的增减（$v_L=N_d\phi/dt$）来考虑。简便起见，这里重点关注电流的变化（$v_L=Ldi\phi/dt$）。

● 关断期间

开关器件Q关断期间的等效电路如图1.5(b)所示。开关器件Q关断时，电感器与输入电压断开，电感器中的磁通量在输出电压的作用下复位。这时，电感器中的电流减小，通过续流二极管D向负载释放能量。设关断时间为T_{off}，则关断期间减小的电感器电流ΔI_{Loff}为

$$\Delta I_{Loff}=\frac{V_o}{L}T_{off} \tag{1.2}$$

● 电压转换率

在稳态下，开通期间和关断期间的电感器电流增减量相等，$\Delta I_{Lon}=\Delta I_{Loff}$。根据式（1.1）和式（1.2），有

$$\frac{V_{in}-V_o}{L}T_{on}=\frac{V_o}{L}T_{off} \tag{1.3}$$

因此，输出电压为

$$V_o=\frac{T_{on}}{T_{on}+T_{off}}V_{in}=\frac{T_{on}}{T_s}V_{in}=DV_{in} \tag{1.4}$$

式中，$T_{on}+T_{off}$为一个开关周期T_s；D为开关周期的开关器件Q开通时间占比，即占空比。

式（1.4）也可表示为输入电压与输出电压之比，即电压转换率M：

$$M=\frac{V_o}{V_{in}}=D \tag{1.5}$$

占空比的范围为$0\leqslant D\leqslant 1$。由此可见，降压型变换器的输出电压低于输入电压。

1.3.2 升压型变换器

升压型变换器（boost converter）是输出电压高于输入电压的DC-DC变换器。如图1.6所示，升压型变换器采用输入电压与电感器直连的结构，由电感器尾端连接的开关器件Q和二极管D控制电流。升压型变换器各部分的动作波形如图1.7所示，由此可以分为两种动作状态，等效电路如图1.8所示。

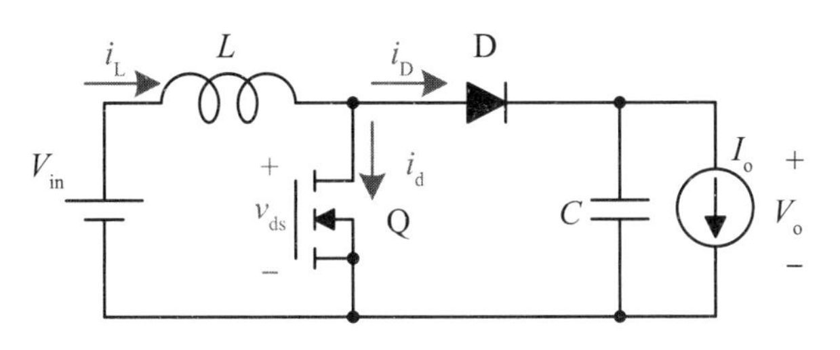

图1.6 升压型变换器

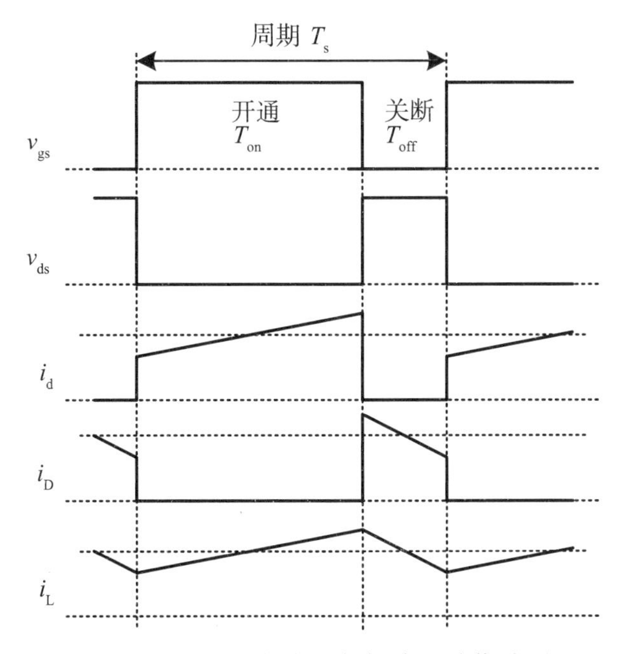

图1.7 升压型变换器各部分的动作波形

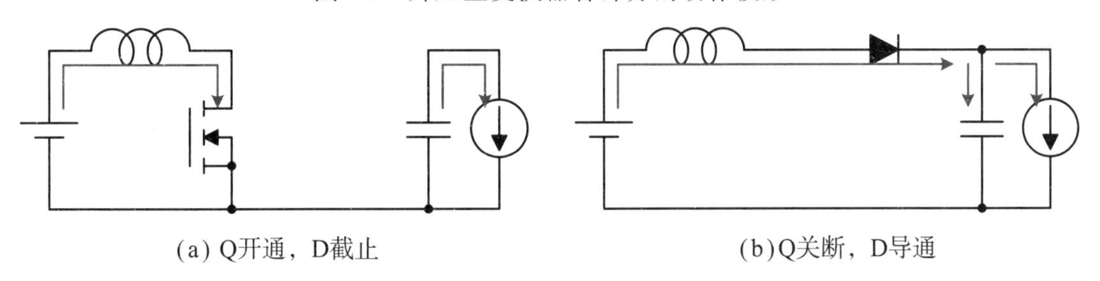

(a) Q开通，D截止　　(b) Q关断，D导通

图1.8 升压型变换器的动作状态

● 开通期间

开关器件Q开通期间的等效电路如图1.8(a)所示。开关器件Q开通时，输入电压通过电感器接地，电感器被输入电压励磁。此时，电感器电流增大，进行储能。设开通时间为T_{on}，则开通期间增加的电感器电流ΔI_{Lon}为

$$\Delta I_{Lon} = \frac{V_{in}}{L} T_{on} \tag{1.6}$$

在开通期间，由于二极管截止，输出能量由输出电容器中的电荷提供。

● 关断期间

开关器件Q关断期间的等效电路如图1.8(b)所示。开关器件Q关断时，输入电压加上电感器两端电压被施加到负载和电容器上。也就是说，电感器的磁通量在输出电压与输入电压之间的电压差下复位。此时，电感器电流减小，能量向负载释放。设关断时间为T_{off}，则关断期间减小的电感器电流为

$$\Delta I_{Loff} = \frac{V_o - V_{in}}{L} T_{off} \tag{1.7}$$

● 电压转换率

在稳态下，开通期间和关断期间的电感器电流增减量相等，$\Delta I_{Lon} = \Delta I_{Loff}$。根据式（1.6）和式（1.7），有

$$\frac{V_{in}}{L} T_{on} = \frac{V_o - V_{in}}{L} T_{off} \tag{1.8}$$

因此，输出电压为

$$V_o = \frac{T_{on} + T_{off}}{T_{off}} V_{in} = \frac{T_s}{T_{off}} V_{in} = \frac{1}{D'} V_{in} \tag{1.9}$$

式中，D'为开关周期的开关器件Q关断时间占比，$D+D' = 1$成立。

用电压转换率M表示：

$$M = \frac{V_o}{V_i} = \frac{1}{D'} \tag{1.10}$$

占空比D的范围为$0 \leqslant D \leqslant 1$，$D'$的范围也为$0 \leqslant D' \leqslant 1$，说明升压型变换器的输出电压高于输入电压。

1.3.3　升降压型变换器

升降压型变换器（buck-boost converter）是可以根据输入电压自由控制输出电压的DC-DC变换器。但要注意，输出电压的极性与输入电压相反。buck-boost变换器可看作buck变换器和boost变换器的串联，共用开关器件。如图1.9所示，升降压型变换器采用输入电压和电感器通过开关连接，通过续流二极管D连接输出电容器负载的结构。升降压型变换器各部分的动作波形如图1.10所示，由此可以分为两种动作状态，等效电路如图1.11所示。

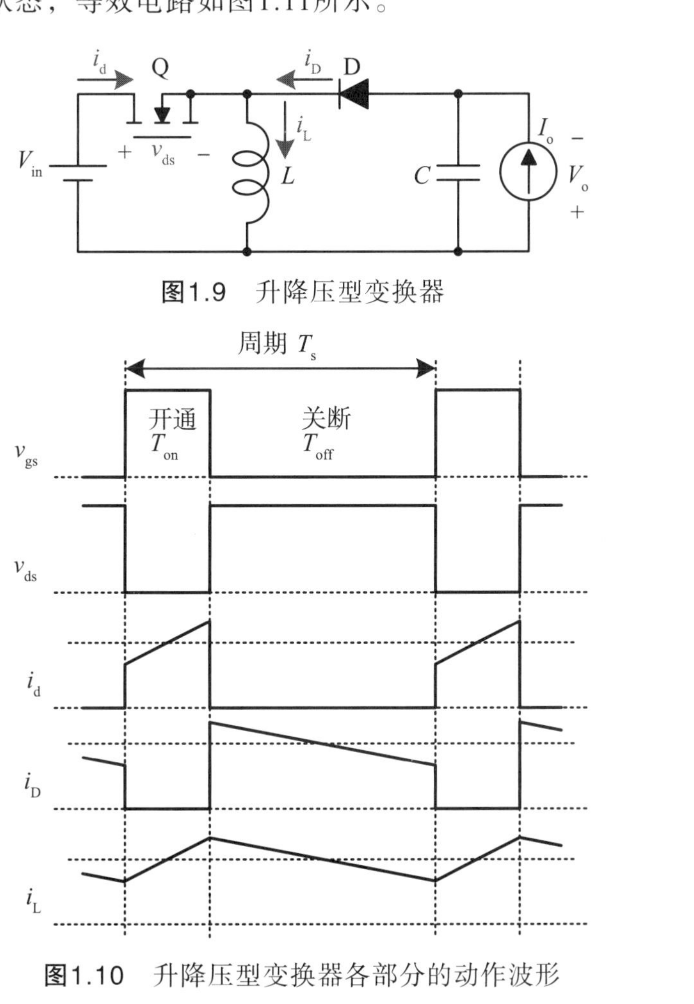

图1.9　升降压型变换器

图1.10　升降压型变换器各部分的动作波形

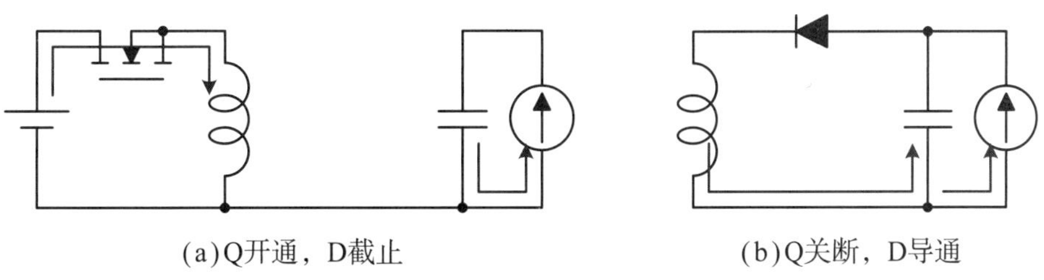

(a)Q开通，D截止　　　　(b)Q关断，D导通

图1.11　升降压型变换器的动作状态

● 开通期间

开关器件Q开通期间的等效电路如图1.11(a)所示。开关器件Q开通时，输入电压接电感器，电感器被输入电压励磁。此时，电感器电流增大，进行储能。设开通时间为T_{on}，则开通期间增加的电感器电流ΔI_{Lon}为

$$\Delta I_{Lon} = \frac{V_{in}}{L} T_{on} \tag{1.11}$$

● 关断期间

开关器件Q关断期间的等效电路如图1.11(b)所示。开关器件Q关断时，电感器与输入电压断开，但通过二极管连接输出电压。因此，电感器的磁通量在输出电压的作用下复位。

此时，电感器电流减小，能量向负载释放。设关断时间为T_{off}，则关断期间减小的电感器电流为

$$\Delta I_{Loff} = \frac{V_{o}}{L} T_{off} \tag{1.12}$$

在稳态下，开通期间和关断期间的电感器电流增减量相等，$\Delta I_{Lon} = \Delta I_{Loff}$。根据式（1.11）和式（1.12），有

$$\frac{V_{in}}{L} T_{on} = \frac{V_{o}}{L} T_{off} \tag{1.13}$$

因此，输出电压为

$$V_{o} = \frac{T_{on}}{T_{off}} V_{in} = \frac{D}{D'} V_{in} \tag{1.14}$$

用电压转换率表示：

$$M = \frac{V_{o}}{V_{i}} = \frac{D}{D'} \tag{1.15}$$

可见，升降压型变换器可以通过占空比，相对于输入电压自由控制输出电压。

1.4　隔离型变换器

1.4.1　正激式变换器

正激式变换器（forward converter）如图1.12所示，是在降压型变换器中应用变压器的电路。通过开关操作将幅值为输入电压V_{in}的方波施加到变压器的一次绕组N_1，在二次绕组N_2中感应出匝数比$1/N$倍（$N = N_1/N_2$）的电压。

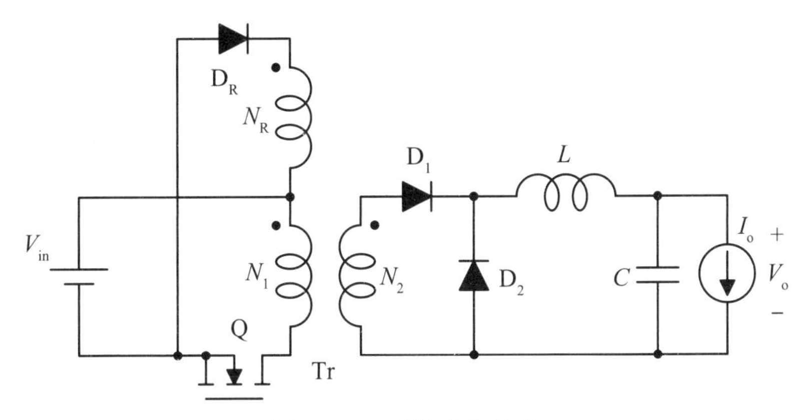

图1.12　正激式变换器

在一个开关周期内，二次侧电感器L中电流的增减与降压型变换器相同。综上，正激式变换器的电压转化率为

$$M = \frac{V_o}{V_i} = \frac{D}{N} \tag{1.16}$$

当一次侧开关器件Q开通时，二次侧二极管D_1导通，对电感器励磁。和降压型变换器一样，二次侧电感器反复置位、复位。另一方面，当一次侧开关器件Q关断时，二次侧二极管D_1截止，续流二极管D_2导通。此时，储存在变压器中的励磁能量没有复位，会导致变压器饱和。因此，需要在一次侧增加绕组N_3，通过二极管复位励磁能量。

一次侧开关器件Q开通时，变压器励磁，根据下式

$$V_L = L\frac{di}{dt} \tag{1.17}$$

励磁电流为

$$I_{N1} = \frac{V_{in}}{L_{N1}}t \tag{1.18}$$

开通期间结束时，

$$I_{N1}=\frac{V_{in}}{L_{N1}}DT_s \tag{1.19}$$

接着，当一次侧开关器件Q关断时，一次侧绕组中储存的励磁能量转移到复位绕组N_3。此时，复位绕组被输入电压复位，复位电流为

$$I_{NR}=\frac{N_1}{N_R}I_{N1}-\frac{V_{in}}{L_{NR}}t=\frac{N_1}{N_R}\frac{V_{in}}{L_{N1}}DT_s-\frac{V_{in}}{L_{NR}}t \tag{1.20}$$

同时，由N_1与N_3之比可知：

$$L_{NR}=\left(\frac{N_R}{N_1}\right)^2L_{N1} \tag{1.21}$$

因此，复位所需时间（INR = 0的时间）为

$$t_{res}=\frac{N_R}{N_1}DT_s \tag{1.22}$$

复位时间必须小于关断时间，因此须满足：

$$t_{res}=\frac{N_R}{N_1}DT_s\leqslant(1-D)T_s \tag{1.23}$$

由此，正激式变换器的占空比受限于

$$D\leqslant\frac{N_1}{N_1+N_R} \tag{1.24}$$

1.4.2　反激式变换器

反激式变换器（flyback converter）如图1.13所示，具有电路结构简单、输入输出电气隔离、电压调节范围宽、易于多路输出等特点，适用于电力电子设备内的辅助开关电源。开关器件Q开通时，变压器一次侧绕组N_1被输入电压V_{in}励磁，在二次侧绕组中感应出匝数比$1/N$倍（$N=N_1/N_2$）的反极性电压。电流由输入电压端流经变压器一次绕组侧与开关，形成电流回路。变压器一次侧绕组两端压降为V_{in}，二次侧绕组两端感应电压为V_{in}/n。此时，由于二极管不导通，二次侧回路中无电流，在一次侧绕组中电流的作用下，变压器铁芯内的磁通量会随着时间的增加而增大，使得能量累积在一次侧绕组中，直到开关器件Q关断。

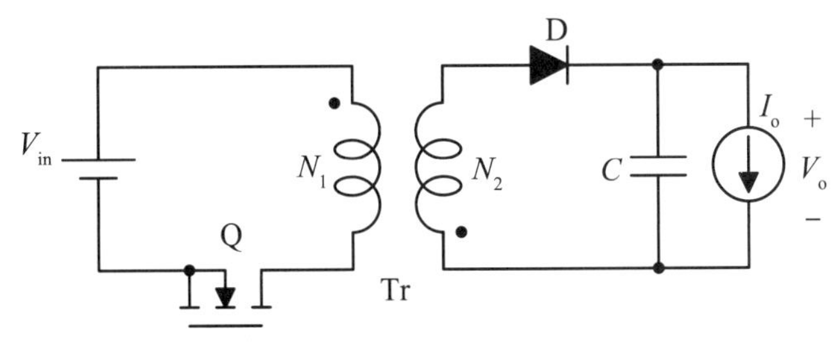

图1.13 反激式变换器

此时，二次侧二极管因反向偏置而截止。在此期间，一次侧绕组储存励磁能量。但是，当一次侧开关器件Q关断时，二次侧二极管导通，能量通过二次侧绕组向负载释放，变压器复位。一次侧绕组两端因磁力线累积在变压器铁芯内而产生反电动势，在二次侧绕组两端产生相对感应电动势，二极管导通。二次侧绕组两端电压为V_o，一次侧绕组两端电压为$V_o \times n$。这时，电流由二次侧绕组经二极管与输出电容器形成回路，变压器内储存的能量释放，直到下一次开关器件开通。以上动作与非隔离型升降压型变换器相同。综上，反激式变换器的电压转换率为

$$M = \frac{V_o}{V_i} = \frac{1}{N}\frac{D}{D'} \tag{1.25}$$

1.4.3 全桥变换器

全桥变换器（full-bridge converter）如图1.14所示，其控制时序如图1.15所示。全桥变换器的开关时序有PWM式和相位控制式两种，这里以相位控制式为例进行说明。全桥变换器的一次侧是一个开关网络，由Q_1、Q_2构成的桥臂和Q_3、Q_4构成的桥臂构成，Q_1、Q_2以及Q_3、Q_4分别以固定占空比0.5进行互补开关。输出电压是通过各桥臂之间相位差来控制的。变压器的一次侧绕组N_1接各桥臂的中点，二次侧绕组N_2、N_3为中心抽头结构。在Q_1和Q_4同时开通期间，二次侧二极管D_1导通；在Q_2和Q_3同时开通期间，二次侧二极管D_2导通。在变压器的一次侧施加开通宽度与桥臂间相位差对应的梯形脉冲电压，经二次侧整流二极管整流后，将电压V_a施加到电感器的二极管侧端子上。

占空比D由电压V_a的波形定义，电压转换率为

$$M = \frac{V_o}{V_i} = \frac{D}{N} \tag{1.26}$$

式中，$N = N_1/N_2 = N_1/N_3$。

电感器电流纹波的周期为一次侧开关器件Q_1至Q_4周期的一半。

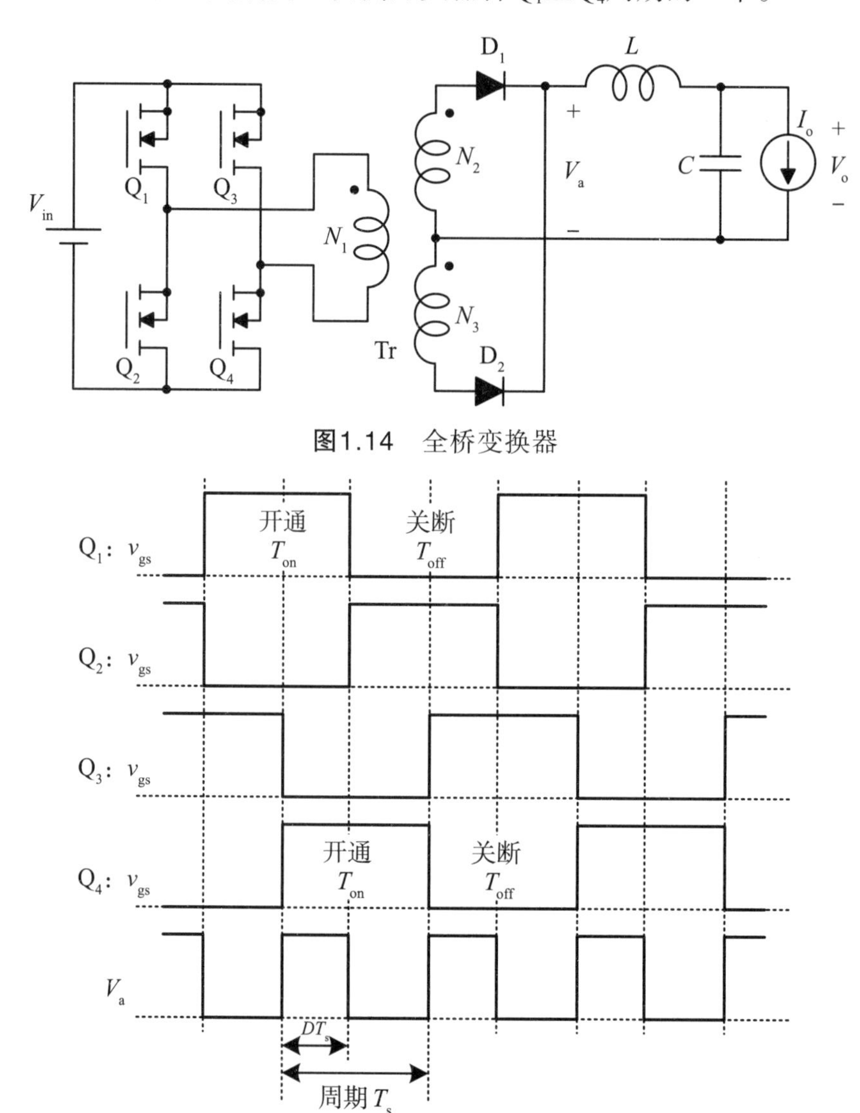

图1.14　全桥变换器

图1.15　全桥变换器的控制时序

第2章 功率级的设计

开关电源在功率的高效变换方面发挥着重要作用。因此，开关电源的设计是围绕功率级进行的。在一定程度上，开关电源的性能在功率级设计阶段便已确定，而控制系统是性能提升的关键。控制系统设计会在后面进行讨论，本章以降压型变换器和升压型变换器为例，主要介绍功率级设计的基本方法。

2.1　降压型变换器设计

降压型变换器的基本电路和各部分的动作波形分别如图2.1、图2.2所示。输入/输出条件：输入电压V_{in}、输出电压V_o、负载电流I_o。

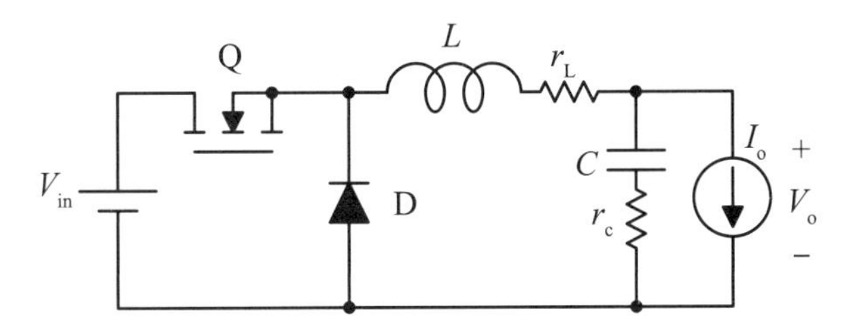

图2.1　降压型变换器的基本电路

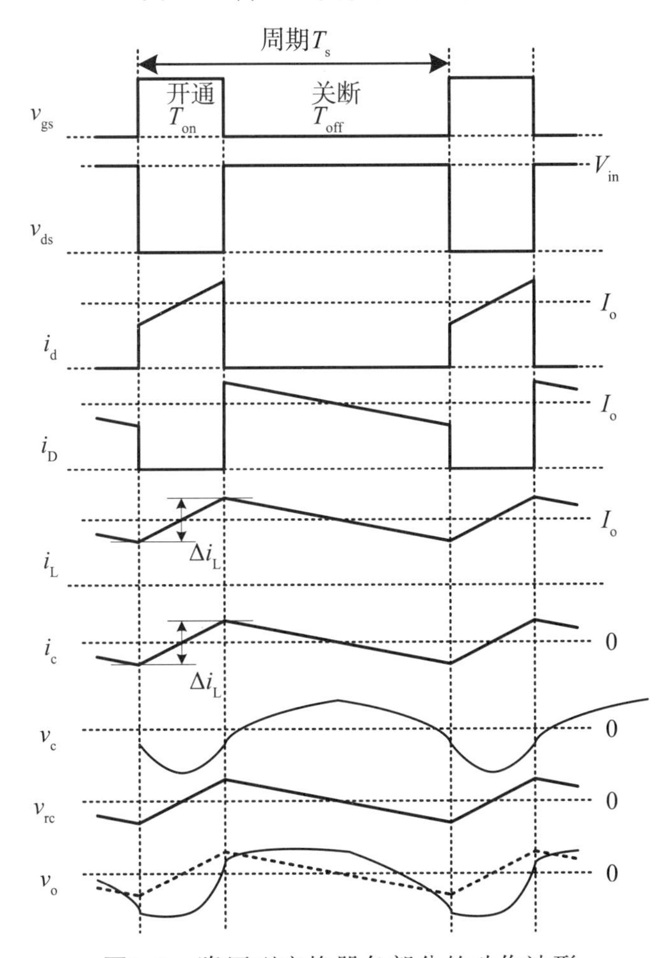

图2.2　降压型变换器各部分的动作波形

正如第1章推导的降压型变换器的电压转换率，理想情况下有

$$V_o = DV_{in} \tag{2.1}$$

实际上存在因损耗产生的误差，但为了简化设计，这里忽略损耗。接下来，可以通过设置开关频率（一般在几百kHz），确定输出滤波器（电感器、电容器）的常数。设置电感器L的电感值，使纹波电流大小适当。纹波电流的大小由设计者决定，电感大则纹波电流小，但绕组长、铜损大。反之，电感小则纹波电流大，铜损小，但磁性材料中的损耗大。纹波电流大多设定为额定负载电流的30%左右。据此，电感器L的电感值为

$$L = \frac{V_{in} - V_o}{\Delta I_L} T_{on} = \frac{V_{in} - V_o}{0.3 I_o} DT_s \tag{2.2}$$

实际试制电感器时，要单独选择磁性材料。

流经输出电容器的只有电感器电流的交流分量。电容器的纹波电压ΔV_o，由电容器充放电引起的电压波动ΔV_c与等效串联电阻产生的电压降ΔV_{esr}给出：

$$\Delta V_o = \Delta V_c + \Delta V_{esr} \tag{2.3}$$

这里，ΔV_c可以通过图2.2所示的电容器电流波形，求出三角波大于0的部分的面积来推导：

$$\Delta V_c = \frac{1}{C}\int i_L(t)\mathrm{d}t = \frac{\Delta Q}{C} = \frac{1}{C}\cdot\frac{1}{2}\cdot\frac{\Delta I_L}{2}\cdot\frac{T_s}{2} = \frac{\Delta I_L T_s}{8C} \tag{2.4}$$

另外，由于对三角波进行积分，故电压波形变为二次曲线，于是，

$$\Delta V_{esr} = r_c \Delta I_L \tag{2.5}$$

因此，电容器纹波电压为

$$\Delta V_o = \Delta V_c + \Delta V_{esr} = \left(\frac{T_s}{8C} + r_c\right)\Delta I_L \tag{2.6}$$

然后，依次通过式（2.5）、式（2.6）求出ΔV_{esr}与电容器的纹波电压。电容器种类繁多，应根据实际需求选择合适的类型。相对于一般LSI的允许稳态偏差（±5%左右），电容器纹波电压必须设置得足够小，根据应用情况，通常设置为±0.25%左右。

2.2 升压型变换器设计

升压型变换器的基本电路和各部分的动作波形分别如图2.3、图2.4所示，输入/输出条件：输入电压V_{in}，输出电压V_o，负载电流I_o。

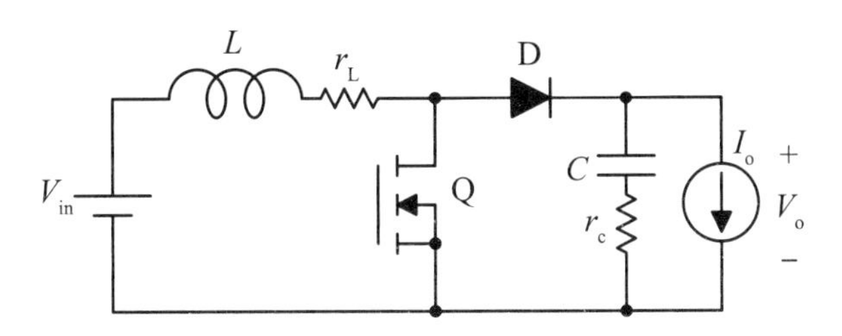

图2.3 升压型变换器的基本电路

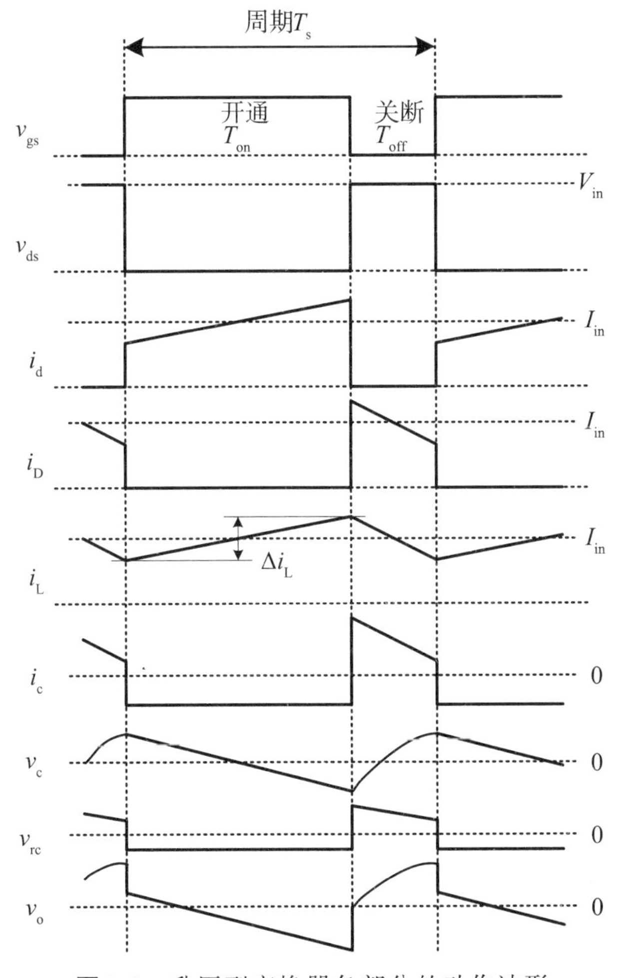

图2.4 升压型变换器各部分的动作波形

正如第1章推导的升压型变换器的电压转换率，理想情况下：

$$V_o = \frac{1}{D'} V_{in} \tag{2.7}$$

与降压型变换器一样，为了简化设计，这里忽略损耗。接下来，可以通过设置开关频率来确定输出滤波器的常数。设置电感器L的电感值，使纹波电流大小适当。降压型变换器通过纹波电流与负载电流的比率来确定输入电流，而升压型变换器的电感器位于输入侧，电感器电流的平均值就是输入电流。因此，升压型变换器的纹波电流通过纹波电流与额定输入电流的比率来确定。与降压型变换器一样，大多情况下设为30%左右。假设纹波电流为额定输入电流的30%，则电感器L的电感值为

$$L = \frac{V_{in}}{\Delta I_L} T_{on} = \frac{V_{in}}{0.3 I_{in}} D T_s \tag{2.8}$$

式中，输入电流I_{in}为

$$I_{in} = I_L = \frac{I_o}{D'} \tag{2.9}$$

与降压型变换器一样，输出电容器只流过电感电流的交流分量。电容器纹波电压由电容器充放电引起的电压波动ΔV_c与等效串联电阻产生的电压降ΔV_{esr}给出：

$$\Delta V_o = \Delta V_c + \Delta V_{esr} \tag{2.10}$$

式中，ΔV_c可通过电容器的电流波形推导：

$$\Delta V_c = \frac{1}{C} \int i_L(t) \mathrm{d}t = \frac{\Delta Q}{C} = \frac{\Delta I_L \cdot D T_s}{C} \tag{2.11}$$

其电压波形在开关器件开通期间呈线性下降，在二极管导通期间因三角波积分而呈二次曲线，于是，

$$\Delta V_{esr} = r_c \Delta I_L \tag{2.12}$$

因此，电容器纹波电压为

$$\Delta V_o = \Delta V_c + \Delta V_{esr} = \left(\frac{D T_s}{C} + r_c \right) \Delta I_L \tag{2.13}$$

第3章
状态平均法与变换器分析

一般来说，DC-DC变换器是非线性电路，其分析非常困难。但是，如果电路的固有频率相对于开关频率足够低，则在一个开关周期内，开通和关断状态下电感器电流和电容器电压的变化可以分别进行线性近似。这种情况下，可以将每个周期的电感器电流和电容器电压的平均值作为变量，将DC-DC变换器作为线性电路处理。这种将本来是非线性电路的DC-DC变换器当作线性电路处理的分析方法，被称为状态平均法。

本章将介绍状态平均法的原理，并以降压型变换器、升压型变换器为例进行变换器的分析。

3.1 状态平均法

考虑图3.1所示开通和关断两种状态不断重复的情况。其中，$\boldsymbol{x}(t)$表示状态变量的向量。状态变量$\boldsymbol{x}(t)$可选择电感器电流或电容器电压。这里，定义一个周期T_s内的开通时间T_{on}的占比为占空比D（$T_{on}=DT_s$）。此外，如果将一个周期T_s内的关断时间T_{off}定义为D'（$T_{off}=D'T_s$），则$D+D'=1$成立。

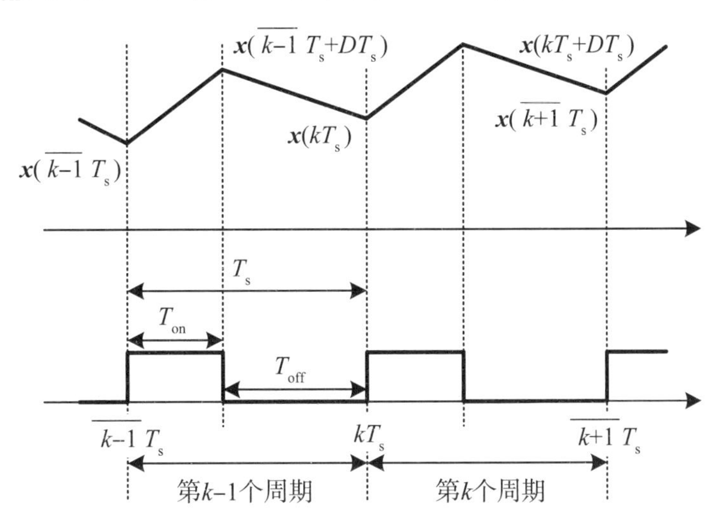

图3.1 开关时序与状态变化

求出第k个周期的平均值，各状态的状态方程和输出方程如下。

- **开通状态（$kT_s \leqslant t \leqslant kT_s+DT_s$）**

状态方程：

$$\frac{\mathrm{d}\boldsymbol{x}(t)}{\mathrm{d}t}=\boldsymbol{A}_{on}\,\boldsymbol{x}(t)+\boldsymbol{b}_{on}\,V_{in}+\boldsymbol{c}_{on}\,I_o \tag{3.1}$$

输出方程：

$$v_o(t)=\boldsymbol{d}_{on}\,\boldsymbol{x}(t)+\boldsymbol{e}_{on}\,I_o \tag{3.2}$$

- **关断状态（$kT_s+DT_s \leqslant t \leqslant \overline{k+1}\,T_s$）**

状态方程：

$$\frac{\mathrm{d}\boldsymbol{x}(t)}{\mathrm{d}t}=\boldsymbol{A}_{off}\,\boldsymbol{x}(t)+\boldsymbol{b}_{off}\,V_{in}+\boldsymbol{c}_{off}\,I_o \tag{3.3}$$

输出方程：

$$v_o(t)=\boldsymbol{d}_{off}\,\boldsymbol{x}(t)+\boldsymbol{e}_{off}\,I_o \tag{3.4}$$

利用第k个周期的初始值$x(kT_s)$，求出开通期间的终值：

$$\boldsymbol{x}(kT_s + DT_s) = \boldsymbol{x}(kT_s) + \left.\frac{\mathrm{d}\boldsymbol{x}(t)}{\mathrm{d}t}\right|_{t=kT_s} \cdot DT_s \tag{3.5}$$

将式（3.1）代入上式并整理，有

$$\begin{aligned}\boldsymbol{x}(kT_s + DT_s) &= \boldsymbol{x}(kT_s) + \left[\boldsymbol{A}_{on}\boldsymbol{x}(kT_s) + \boldsymbol{b}_{on}V_{in} + \boldsymbol{c}_{on}I_o\right]DT_s \\ &= (\boldsymbol{I} + DT_s\boldsymbol{A}_{on})\,\boldsymbol{x}(kT_s) + (\boldsymbol{b}_{on}V_{in} + \boldsymbol{c}_{on}I_o)DT_s\end{aligned} \tag{3.6}$$

式中，$\boldsymbol{I}$为单位向量。

接着，求取关断期间的终值。由于关断期的终值就是初始值，故有

$$\boldsymbol{x}(\overline{k+1}\,T_s) = \boldsymbol{x}(kT_s + DT_s) + \left.\frac{\mathrm{d}\boldsymbol{x}(t)}{\mathrm{d}t}\right|_{t=kT_s+DT_s} \cdot D'T_s \tag{3.7}$$

将式（3.3）代入上式并整理，得

$$\begin{aligned}\boldsymbol{x}(\overline{k+1}T_s) &= \boldsymbol{x}(kT_s + DT_s) \\ &\quad + \left[\boldsymbol{A}_{off}\boldsymbol{x}(kT_s + DT_s) + \boldsymbol{b}_{off}V_{in} + \boldsymbol{c}_{off}I_o\right]D'T_s \\ &= (\boldsymbol{I} + D'T_s\boldsymbol{A}_{off})\,\boldsymbol{x}(kT_s + DT_s) \\ &\quad + (\boldsymbol{b}_{off}V_{in} + \boldsymbol{c}_{off}I_o)D'T_s\end{aligned} \tag{3.8}$$

第k个周期的平均值可以通过图3.2所示两个梯形面积之和来计算：

$$\begin{aligned}\bar{\boldsymbol{x}}(\overline{k+1}T_s) &= \frac{1}{T_s}\int_{kT_s}^{\overline{k+1}T_s}\boldsymbol{x}(t)\,\mathrm{d}t \\ &= \frac{1}{T_s}\left\{\frac{1}{2}\left[\boldsymbol{x}(kT_s) + \boldsymbol{x}(kT_s + DT_s)\right]DT_s\right. \\ &\quad \left.+ \frac{1}{2}\left[\boldsymbol{x}(kT_s + DT_s) + \boldsymbol{x}(\overline{k+1}T_s)\right]D'T_s\right\} \\ &= \frac{1}{2}\left[D\boldsymbol{x}(kT_s) + (D + D')\boldsymbol{x}(kT_s + DT_s) + D'\boldsymbol{x}(\overline{k+1}T_s)\right] \\ &= \frac{1}{2}\left[D\boldsymbol{x}(kT_s) + \boldsymbol{x}(kT_s + DT_s) + D'\boldsymbol{x}(\overline{k+1}T_s)\right]\end{aligned} \tag{3.9}$$

然后，求第$k-1$个周期的平均值。与第k个周期一样，利用开通期间（$\overline{k-1}T_s \leqslant t \leqslant \overline{k-1}T_s + DT_s$）的初始值$\boldsymbol{x}(\overline{k-1}T_s)$求取关断期间的终值：

$$\boldsymbol{x}(\overline{k-1}T_s + DT_s) = \boldsymbol{x}(\overline{k-1}T_s) + \left.\frac{\mathrm{d}\boldsymbol{x}(t)}{\mathrm{d}t}\right|_{t=\overline{k-1}T_s} \cdot DT_s \tag{3.10}$$

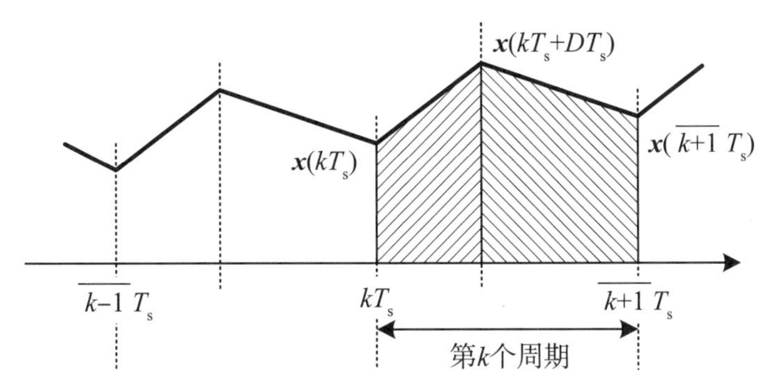

图3.2 第k个周期的平均值推导

将式（3.1）代入上式并整理，得

$$
\begin{aligned}
&\boldsymbol{x}\left(\overline{k-1}T_{\mathrm{s}}+DT_{\mathrm{s}}\right)\\
&=\boldsymbol{x}\left(\overline{k-1}T_{\mathrm{s}}\right)+\left[\boldsymbol{A}_{\mathrm{on}}\boldsymbol{x}\left(\overline{k-1}T_{\mathrm{s}}\right)+\boldsymbol{b}_{\mathrm{on}}V_{\mathrm{in}}+\boldsymbol{c}_{\mathrm{on}}I_{\mathrm{o}}\right]DT_{\mathrm{s}}\\
&=\left(\boldsymbol{I}+DT_{\mathrm{s}}\boldsymbol{A}_{\mathrm{on}}\right)\boldsymbol{x}\left(\overline{k-1}T_{\mathrm{s}}\right)+\left(\boldsymbol{b}_{\mathrm{on}}V_{\mathrm{in}}+\boldsymbol{c}_{\mathrm{on}}I_{\mathrm{o}}\right)DT_{\mathrm{s}}
\end{aligned}
\tag{3.11}
$$

接下来，求关断期间（$\overline{k-1}T_{\mathrm{s}}+DT_{\mathrm{s}}\leqslant t\leqslant kT_{\mathrm{s}}$）的终值。由于关断期间的终值就是初始值，故有

$$
\boldsymbol{x}\left(kT_{\mathrm{s}}\right)=\boldsymbol{x}\left(\overline{k-1}T_{\mathrm{s}}+DT_{\mathrm{s}}\right)+\left.\frac{\mathrm{d}\boldsymbol{x}(t)}{\mathrm{d}t}\right|_{t=\overline{k-1}T_{\mathrm{s}}+DT_{\mathrm{s}}}\cdot D'T_{\mathrm{s}}
\tag{3.12}
$$

将式（3.3）代入上式并整理，得

$$
\begin{aligned}
\boldsymbol{x}\left(kT_{\mathrm{s}}\right)&=\boldsymbol{x}\left(\overline{k-1}T_{\mathrm{s}}+DT_{\mathrm{s}}\right)\\
&\quad+\left[\boldsymbol{A}_{\mathrm{off}}\,\boldsymbol{x}\left(\overline{k-1}\,T_{\mathrm{s}}+DT_{\mathrm{s}}\right)+\boldsymbol{b}_{\mathrm{off}}V_{\mathrm{in}}+\boldsymbol{c}_{\mathrm{off}}I_{\mathrm{o}}\right]D'T_{\mathrm{s}}\\
&=\left(\boldsymbol{I}+D'T_{\mathrm{s}}\boldsymbol{A}_{\mathrm{off}}\right)\boldsymbol{x}\left(\overline{k-1}T_{\mathrm{s}}+DT_{\mathrm{s}}\right)+\left(\boldsymbol{b}_{\mathrm{off}}V_{\mathrm{s}}+\boldsymbol{c}_{\mathrm{off}}I_{\mathrm{s}}\right)D'T_{\mathrm{s}}
\end{aligned}
\tag{3.13}
$$

与第k个周期一样，通过梯形面积求第$k-1$个周期的平均值为

$$
\begin{aligned}
\overline{\boldsymbol{x}}\left(kT_{\mathrm{s}}\right)&=\frac{1}{T_{\mathrm{s}}}\int_{\overline{k-1}T_{\mathrm{s}}}^{kT_{\mathrm{s}}}\boldsymbol{x}(t)\,\mathrm{d}t\\
&=\frac{1}{T_{\mathrm{s}}}\left\{\frac{1}{2}\left[\boldsymbol{x}\left(\overline{k-1}T_{\mathrm{s}}\right)+\boldsymbol{x}\left(\overline{k-1}T_{\mathrm{s}}+DT_{\mathrm{s}}\right)\right]DT_{\mathrm{s}}\right.\\
&\qquad\left.+\frac{1}{2}\left[\boldsymbol{x}\left(\overline{k-1}\,T_{\mathrm{s}}+DT_{\mathrm{s}}\right)+\boldsymbol{x}\left(kT_{\mathrm{s}}\right)\right]D'T_{\mathrm{s}}\right\}\\
&=\frac{1}{2}\left[D\boldsymbol{x}\left(\overline{k-1}T_{\mathrm{s}}\right)+\boldsymbol{x}\left(\overline{k-1}\,T_{\mathrm{s}}+DT_{\mathrm{s}}\right)+D'\boldsymbol{x}\left(kT_{\mathrm{s}}\right)\right]
\end{aligned}
\tag{3.14}
$$

综上，各周期的状态参数$\boldsymbol{x}(t)$的平均值$\bar{\boldsymbol{x}}(t)$如图3.3所示。

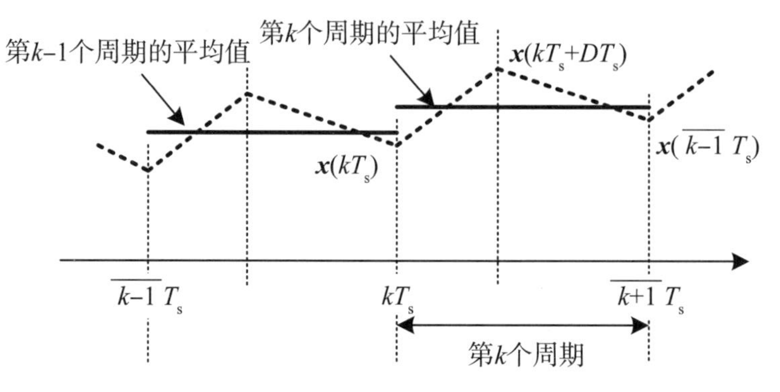

图3.3　各周期的平均值

根据目前的计算结果，用第$\overline{k-1}$个周期的平均值表示第k周期，以调整时间轴。这里，分别用符号（A）～（D）代表式（3.11）、式（3.13）、式（3.6）和式（3.8），进行分析。

$$\boldsymbol{x}\left(\overline{k-1}T_s+DT_s\right)=\left(\boldsymbol{I}+DT_s\boldsymbol{A}_{on}\right)\boldsymbol{x}\left(\overline{k-1}T_s\right)+\left(\boldsymbol{b}_{on}V_{in}+\boldsymbol{c}_{on}I_o\right)DT_s \quad (A)$$

$$\boldsymbol{x}\left(kT_s\right)=\left(\boldsymbol{I}+D'T_s\boldsymbol{A}_{off}\right)\boldsymbol{x}\left(\overline{k-1}T_s+DT_s\right)+\left(\boldsymbol{b}_{off}V_{in}+\boldsymbol{c}_{off}I_o\right)D'T_s \quad (B)$$

$$\boldsymbol{x}\left(kT_s+DT_s\right)=\left(\boldsymbol{I}+DT_s\boldsymbol{A}_{on}\right)\boldsymbol{x}\left(kT_s\right)+\left(\boldsymbol{b}_{on}V_{in}+\boldsymbol{c}_{on}I_o\right)DT_s \quad (C)$$

$$\boldsymbol{x}\left(\overline{k+1}T_s\right)=\left(\boldsymbol{I}+D'T_s\boldsymbol{A}_{off}\right)\boldsymbol{x}\left(kT_s+DT_s\right)+\left(\boldsymbol{b}_{off}V_{in}+\boldsymbol{c}_{off}I_o\right)D'T_s \quad (D)$$

将（A）代入（B）并整理，得

$$\begin{aligned}\boldsymbol{x}\left(kT_s\right)&=\left(\boldsymbol{I}+D'T_s\boldsymbol{A}_{off}\right)\\&\quad\left[\left(\boldsymbol{I}+DT_s\boldsymbol{A}_{on}\right)\boldsymbol{x}\left(\overline{k-1}T_s\right)+\left(\boldsymbol{b}_{on}V_{in}+\boldsymbol{c}_{on}I_o\right)DT_s\right]\\&\quad+\left(\boldsymbol{b}_{off}V_{in}+\boldsymbol{c}_{off}I_o\right)D'T_s\\&=\left[\boldsymbol{I}+\left(D\boldsymbol{A}_{on}+D'\boldsymbol{A}_{off}\right)T_s+DD'T_s^2\boldsymbol{A}_{off}\boldsymbol{A}_{on}\right]\\&\quad\boldsymbol{x}\left(\overline{k-1}T_s\right)+\left(D\boldsymbol{b}_{on}+D'\boldsymbol{b}_{off}\right)T_sV_{in}\\&\quad+\left(D\boldsymbol{c}_{on}+D'\boldsymbol{c}_{off}\right)T_sI_o\\&\quad+DD'T_s^2\boldsymbol{A}_{off}\boldsymbol{b}_{on}V_{in}+DD'T_s^2\boldsymbol{A}_{off}\boldsymbol{c}_{on}I_o\end{aligned} \quad (3.15)$$

忽略二次微小项（$\boldsymbol{DD'T_s^2}$），经线性近似后得到

$$
\begin{aligned}
\boldsymbol{x}(kT_s) = &[\boldsymbol{I} + (D\boldsymbol{A}_{on} + D'\boldsymbol{A}_{off})T_s]\, \boldsymbol{x}(\overline{k-1}T_s) \\
&+ (D\boldsymbol{b}_{on} + D'\boldsymbol{b}_{off})T_s V_{in} + (D\boldsymbol{c}_{on} + D'\boldsymbol{c}_{off})T_s I_o
\end{aligned} \tag{3.16}
$$

令

$$
\begin{cases}
\boldsymbol{A} = D\boldsymbol{A}_{on} + D'\boldsymbol{A}_{off} \\
\boldsymbol{b} = D\boldsymbol{b}_{on} + D'\boldsymbol{b}_{off} \\
\boldsymbol{c} = D\boldsymbol{c}_{on} + D'\boldsymbol{c}_{off}
\end{cases} \tag{3.17}
$$

则

$$
\boldsymbol{x}(kT_s) = (\boldsymbol{I} + \boldsymbol{A}T_s)\, \boldsymbol{x}(\overline{k-1}T_s) + \boldsymbol{b}T_s V_{in} + \boldsymbol{c}T_s I_o \tag{3.18}
$$

将（B）代入（C）并忽略二次微小项，经线性近似后得到

$$
\begin{aligned}
\boldsymbol{x}(kT_s + DT_s) = &(\boldsymbol{I} + DT_s\boldsymbol{A}_{on}) \\
&\Big[(\boldsymbol{I} + D'T_s\boldsymbol{A}_{off}) \\
&\quad \boldsymbol{x}(\overline{k-1}T_s + DT_s) + (\boldsymbol{b}_{off}V_{in} + \boldsymbol{c}_{off}I_o)D'T_s\Big] \\
&+ (V_{in} + \boldsymbol{c}_{on}I_o)\, DT_s \\
= &\big[\boldsymbol{I} + (D\boldsymbol{A}_{on} + D'\boldsymbol{A}_{off})T_s\big] \\
&\boldsymbol{x}(\overline{k-1}T_s + DT_s) + (D\boldsymbol{b}_{on} + D'\boldsymbol{b}_{off})T_s V_{in} \\
&+ (D\boldsymbol{c}_{on} + D'\boldsymbol{c}_{off})T_s I_o \\
= &(\boldsymbol{I} + \boldsymbol{A}T_s)\, \boldsymbol{x}(\overline{k-1}T_s + DT_s) + \boldsymbol{b}T_s V_{in} + \boldsymbol{c}T_s I_o
\end{aligned} \tag{3.19}
$$

同样，将（C）代入（D）并忽略二次微小项，经线性近似后得到

$$
\begin{aligned}
\boldsymbol{x}(\overline{k+1}T_s) = &(\boldsymbol{I} + D'T_s\boldsymbol{A}_{off}) \\
&\Big[(\boldsymbol{I} + DT_s\boldsymbol{A}_{on})\, \boldsymbol{x}(kT_s) + (\boldsymbol{b}_{on}V_{in} + \boldsymbol{c}_{on}I_o)DT_s\Big] \\
&+ (\boldsymbol{b}_{off}V_{in} + \boldsymbol{c}_{off}I_o)\, D'T_s \\
= &\big[\boldsymbol{I} + (D\boldsymbol{A}_{on} + D'\boldsymbol{A}_{off})T_s\big]\boldsymbol{x}(kT_s) + (D\boldsymbol{b}_{on} + D'\boldsymbol{b}_{off})T_s V_{in} \\
&+ (D\boldsymbol{c}_{on} + D'\boldsymbol{c}_{off})T_s I_o \\
= &(\boldsymbol{I} + \boldsymbol{A}T_s)\, \boldsymbol{x}(kT_s) + \boldsymbol{b}T_s V_{in} + \boldsymbol{c}T_s I_o
\end{aligned} \tag{3.20}
$$

将这些结果代入前面求第k个周期平均值的式（3.9），有

$$\begin{aligned}\bar{\boldsymbol{x}}\left(\overline{k+1}T_s\right) &= \frac{1}{2}\left[\boldsymbol{x}\left(kT_s\right)+\boldsymbol{x}\left(kT_s+DT_s\right)+D'\boldsymbol{x}\left(\overline{k+1}T_s\right)\right] \\ &= \frac{1}{2}\left[D\left(\boldsymbol{I}+\boldsymbol{A}T_s\right)\boldsymbol{x}\left(\overline{k-1}T_s\right)+\boldsymbol{b}T_sV_{in}+\boldsymbol{c}T_sI_o\right] \\ &\quad+\frac{1}{2}\left[\left(\boldsymbol{I}+\boldsymbol{A}T_s\right)\boldsymbol{x}\left(\overline{k-1}T_s+DT_s\right)+\boldsymbol{b}T_sV_{in}+\boldsymbol{c}T_sI_o\right] \\ &\quad+\frac{1}{2}D'\left[\left(\boldsymbol{I}+\boldsymbol{A}T_s\right)\boldsymbol{x}\left(kT_s\right)+\boldsymbol{b}T_sV_{in}+\boldsymbol{c}T_sI_o\right]\end{aligned} \tag{3.21}$$

整理后得

$$\begin{aligned}\bar{\boldsymbol{x}}\left(\overline{k+1}T_s\right) &= \frac{1}{2}\left(\boldsymbol{I}+\boldsymbol{A}T_s\right)\left[D\boldsymbol{x}\left(kT_s\right)+\boldsymbol{x}\left(kT_s+DT_s\right)+D'\boldsymbol{x}\left(kT_s\right)\right] \\ &\quad+\left(\boldsymbol{b}V_{in}+\boldsymbol{c}I_o\right)T_s\end{aligned} \tag{3.22}$$

将上式代入前面求第k–1个周期平均值的式（3.14）后，有

$$\begin{aligned}\bar{\boldsymbol{x}}\left(\overline{k+1}T_s\right) &= \frac{1}{2}\left[D\boldsymbol{x}\left(\overline{k-1}T_s\right)+\boldsymbol{x}\left(\overline{k-1}T_s+DT_s\right)+D'\boldsymbol{x}\left(kT_s\right)\right] \\ &= \left(\boldsymbol{I}+\boldsymbol{A}T_s\right)\bar{\boldsymbol{x}}\left(kT_s\right)+\left(\boldsymbol{b}V_{in}+\boldsymbol{c}I_o\right)T_s\end{aligned} \tag{3.23}$$

移项$\bar{\boldsymbol{x}}(kT_s)$后得到差分方程，

$$\bar{\boldsymbol{x}}\left(\overline{k+1}T_s\right)-\bar{\boldsymbol{x}}\left(kT_s\right)=\left[\boldsymbol{A}\bar{\boldsymbol{x}}\left(kT_s\right)+\boldsymbol{b}V_{in}+\boldsymbol{c}I_o\right]T_s \tag{3.24}$$

两边同时除以T_s，得到

$$\frac{\bar{\boldsymbol{x}}\left(\overline{k+1}T_s\right)-\bar{\boldsymbol{x}}\left(kT_s\right)}{T_s}=\boldsymbol{A}\bar{\boldsymbol{x}}\left(kT_s\right)+\boldsymbol{b}V_{in}+\boldsymbol{c}I_o \tag{3.25}$$

利用微分的定义

$$\frac{\mathrm{d}f(t)}{\mathrm{d}t}=\lim_{\Delta T\to 0}\frac{(f+t\Delta T)-f(t)}{\Delta T} \tag{3.26}$$

进行近似，得到

$$\frac{\mathrm{d}\bar{\boldsymbol{x}}(t)}{\mathrm{d}t}=\boldsymbol{A}\bar{\boldsymbol{x}}(t)+\boldsymbol{b}V_{in}+\boldsymbol{c}I_o \tag{3.27}$$

这里的式（3.27）被称为状态平均方程。如图3.4所示，该式是通过直线连接平均值差分形成的。由此可知，微分是以斜率表示的平均值差分。

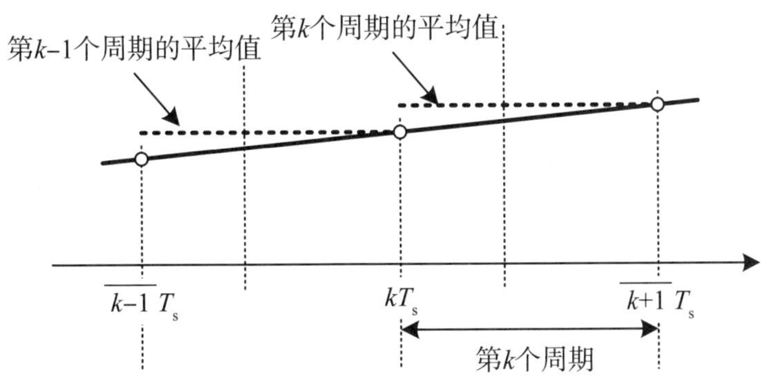

图3.4　近似成差分方程与微分方程

因此，状态平均方程的微分是以差分方程的微分形式表示的。这里要记住，其与式（3.1）、式（3.3）等电路方程中使用的微分有本质上的区别。

输出方程也可以用同样的方法得到：

$$\begin{aligned}\overline{v_{\mathrm{o}}}(t) &= \frac{1}{T_{\mathrm{s}}}\int_{\overline{k-1}T_{\mathrm{s}}}^{kT_{\mathrm{s}}} v_{\mathrm{o}}(t)\,\mathrm{d}t \\ &= \left(D\boldsymbol{d}_{\mathrm{on}} + D'\boldsymbol{d}_{\mathrm{off}}\right)\overline{\boldsymbol{x}}(t) + \left(D\boldsymbol{e}_{\mathrm{on}} + D'\boldsymbol{e}_{\mathrm{off}}\right)I_{\mathrm{o}} \\ &= \boldsymbol{d}\overline{\boldsymbol{x}}(t) + \boldsymbol{e}I_{\mathrm{o}}\end{aligned} \tag{3.28}$$

式中，

$$\begin{cases}\boldsymbol{d} = D\boldsymbol{d}_{\mathrm{on}} + D'\boldsymbol{d}_{\mathrm{off}} \\ \boldsymbol{e} = D\boldsymbol{e}_{\mathrm{on}} + D'\boldsymbol{e}_{\mathrm{off}}\end{cases} \tag{3.29}$$

至此，得到了状态平均方程以及输出电压平均方程。

下一步是求出稳态特性和动态特性。

3.1.1　稳　态

在稳态下，不论时间如何变化，$\overline{\boldsymbol{x}}(t)$、$\overline{v_{\mathrm{o}}}(t)$都不变。因此，

$$\frac{\mathrm{d}\overline{\boldsymbol{x}}(t)}{\mathrm{d}t} = 0 \tag{3.30}$$

这里，状态平均方程中的0，表示前后周期的平均值没有差异。设稳态值为X、V_{o}，则

$$\begin{cases}0 = \boldsymbol{A}\boldsymbol{X} + \boldsymbol{b}V_{\mathrm{in}} + \boldsymbol{c}I_{\mathrm{o}} \\ V_{\mathrm{o}} = \boldsymbol{d}\boldsymbol{X} + \boldsymbol{e}I_{\mathrm{o}}\end{cases} \tag{3.31}$$

移项$\boldsymbol{AX}$，等式两边都左乘$-\boldsymbol{A}^{-1}$，有

$$X = -A^{-1}\left(bV_{\text{in}} + cI_{\text{o}}\right) \tag{3.32}$$

将其代入V_{o}，得到

$$\begin{aligned} V_{\text{o}} &= dX + eI_{\text{o}} \\ &= -dA^{-1}\left(bV_{\text{in}} + cI_{\text{o}}\right) + eI_{\text{o}} \end{aligned} \tag{3.33}$$

3.1.2 动　态

在稳态下，输入变量发生微小变化时输出的响应称为动态特性。对于DC-DC变换器，输入变量为输入电压V_{in}、占空比D、输出电流I_{o}，施加微小变化$\Delta V_{\text{in}}(t)$、$\Delta D(t)$、$\Delta I_{\text{o}}(t)$时，状态变量$\boldsymbol{X}$、输出电压V_{o}就会产生微小变化$\Delta\boldsymbol{X}(t)$、$\Delta V_{\text{o}}(t)$。输入变化$V_{\text{in}}\Rightarrow V_{\text{in}}+\Delta V_{\text{in}}(t)$、$D\Rightarrow D+\Delta D(t)$、$I_{\text{o}}\Rightarrow I_{\text{o}}+\Delta I_{\text{o}}(t)$产生的输出变化为$\boldsymbol{X}\Rightarrow\boldsymbol{X}+\Delta\boldsymbol{X}(t)$、$V_{\text{o}}\Rightarrow V_{\text{o}}+\Delta V_{\text{o}}(t)$，将这些代入状态方程及输出方程，可得

$$\begin{cases} \dfrac{\mathrm{d}\left[X+\Delta X(t)\right]}{\mathrm{d}t} = \left[A+\dfrac{\partial A}{\partial D}\Delta D(t)\right]\left[X+\Delta X(t)\right] \\ \qquad + \left[b+\dfrac{\partial b}{\partial D}\Delta D(t)\right]\left[V_{\text{i}}+\Delta V_{\text{in}}(t)\right] \\ \qquad + \left[c+\dfrac{\partial c}{\partial D}\Delta D(t)\right]\left[I_{\text{o}}+\Delta I_{\text{o}}(t)\right] \\ V_{\text{o}}+\Delta V_{\text{o}}(t) = \left[d+\dfrac{\partial d}{\partial D}\Delta D(t)\right]\left[X+\Delta X(t)\right] + \left[e+\dfrac{\partial e}{\partial D}\Delta D(t)\right]\left[I_{\text{o}}+\Delta I_{\text{o}}(t)\right] \end{cases} \tag{3.34}$$

由于占空比包含在系数矩阵中，因此，其微小变化可以通过考虑占空比的偏微分得到。展开并整理：

$$\begin{cases} \dfrac{\mathrm{d}X}{\mathrm{d}t}+\dfrac{\mathrm{d}\Delta X(t)}{\mathrm{d}t} = AX + bV_{\text{in}} + cI_{\text{o}} + A\Delta X(t) \\ \qquad + \left(\dfrac{\partial A}{\partial}X + \dfrac{\partial b}{\partial}V_{\text{in}} + \dfrac{\partial c}{\partial}I_{\text{o}}\right)\Delta D(t) + b\Delta V_{\text{in}}(t) + c\Delta I_{\text{o}}(t) \\ \qquad + \dfrac{\partial A}{\partial D}\Delta D(t)\Delta X(t) + \dfrac{\partial b}{\partial D}\Delta D(t)\Delta V_{\text{in}}(t) + \dfrac{\partial c}{\partial D}\Delta D(t)\Delta I_{\text{o}}(t) \\ V_{\text{o}}+\Delta V_{\text{o}}(t) = dX + eI_{\text{o}} + d\Delta X(t) + \left(\dfrac{\partial d}{\partial D}X + \dfrac{\partial e}{\partial D}I_{\text{o}}\right)\Delta D(t) + e\Delta I_{\text{o}}(t) \\ \qquad + \dfrac{\partial d}{\partial D}\Delta D(t)\Delta X(t) + \dfrac{\partial e}{\partial D}\Delta D(t)\Delta I_{\text{o}}(t) \end{cases} \tag{3.35}$$

忽略二次微小项并线性近似，可得

$$\begin{cases}\dfrac{\mathrm{d}\boldsymbol{X}}{\mathrm{d}t}+\dfrac{\mathrm{d}\Delta\boldsymbol{X}(t)}{\mathrm{d}t}=\boldsymbol{AX}+\boldsymbol{b}V_{\mathrm{in}}+\boldsymbol{c}I_{\mathrm{o}}+\boldsymbol{A}\Delta\boldsymbol{X}(t) \\ \qquad +\left(\dfrac{\partial\boldsymbol{A}}{\partial D}\boldsymbol{X}+\dfrac{\partial\boldsymbol{b}}{\partial D}V_{\mathrm{in}}+\dfrac{\partial\boldsymbol{c}}{\partial D}I_{\mathrm{o}}\right)\Delta D(t)+\boldsymbol{b}\Delta V_{\mathrm{in}}(t)+\boldsymbol{c}\Delta I_{\mathrm{o}}(t) \\ V_{\mathrm{o}}+\Delta V_{\mathrm{o}}(t)=\boldsymbol{dX}+\boldsymbol{e}I_{\mathrm{o}}+\boldsymbol{d}\Delta\boldsymbol{X}(t)+\left(\dfrac{\partial\boldsymbol{d}}{\partial D}\boldsymbol{X}+\dfrac{\partial\boldsymbol{e}}{\partial D}I_{\mathrm{o}}\right)\Delta D(t)+\boldsymbol{e}\Delta I_{\mathrm{o}}(t)\end{cases} \tag{3.36}$$

稳态下，下式成立：

$$\begin{cases}\dfrac{\mathrm{d}\boldsymbol{X}}{\mathrm{d}t}=\boldsymbol{AX}+\boldsymbol{b}V_{\mathrm{in}}+\boldsymbol{c}I_{\mathrm{o}}=0 \\ V_{\mathrm{o}}=\boldsymbol{dX}+\boldsymbol{e}I_{\mathrm{o}}\end{cases} \tag{3.37}$$

因此，

$$\begin{cases}\dfrac{\mathrm{d}\Delta\boldsymbol{X}(t)}{\mathrm{d}t}=\boldsymbol{A}\Delta\boldsymbol{X}(t)+\left(\dfrac{\partial\boldsymbol{A}}{\partial D}\boldsymbol{X}+\dfrac{\partial\boldsymbol{b}}{\partial D}V_{\mathrm{in}}+\dfrac{\partial\boldsymbol{c}}{\partial D}I_{\mathrm{o}}\right)\Delta D(t)+\boldsymbol{b}\Delta V_{\mathrm{in}}(t)+\boldsymbol{c}\Delta I_{\mathrm{o}}(t) \\ \Delta V_{\mathrm{o}}(t)=\boldsymbol{d}\Delta\boldsymbol{X}(t)+\left(\dfrac{\partial\boldsymbol{d}}{\partial D}\boldsymbol{X}+\dfrac{\partial\boldsymbol{e}}{\partial D}I_{\mathrm{o}}\right)\Delta D(t)+\boldsymbol{e}\Delta I_{\mathrm{o}}(t)\end{cases} \tag{3.38}$$

对该式进行拉普拉斯变换。其中，稳态作为工作点，考虑其微小变化的初始值为 $\Delta\boldsymbol{X}(0)=0$。

利用微分定理，状态方程可改写为

$$\begin{aligned}s\Delta\boldsymbol{X}(s)=\boldsymbol{A}\Delta\boldsymbol{X}(s)&+\left(\dfrac{\partial\boldsymbol{A}}{\partial D}\boldsymbol{X}+\dfrac{\partial\boldsymbol{b}}{\partial D}V_{\mathrm{in}}+\dfrac{\partial\boldsymbol{c}}{\partial D}I_{\mathrm{o}}\right)\Delta D(s) \\ &+\boldsymbol{b}\Delta V_{\mathrm{in}}(s)+\boldsymbol{c}\Delta I_{\mathrm{o}}(s)\end{aligned} \tag{3.39}$$

移项并整理后得到

$$\begin{aligned}(s\boldsymbol{I}-\boldsymbol{A})\Delta\boldsymbol{X}(s)=&\left(\dfrac{\partial\boldsymbol{A}}{\partial D}\boldsymbol{X}+\dfrac{\partial\boldsymbol{b}}{\partial D}V_{\mathrm{in}}+\dfrac{\partial\boldsymbol{c}}{\partial D}I_{\mathrm{o}}\right)\Delta D(s) \\ &+\boldsymbol{b}\Delta V_{\mathrm{in}}(s)+\boldsymbol{c}\Delta I_{\mathrm{o}}(s)\end{aligned} \tag{3.40}$$

等式两边左乘 $(s\boldsymbol{I}-A)^{-1}$，可得

$$\Delta\boldsymbol{X}(s)=(s\boldsymbol{I}-\boldsymbol{A})^{-1}\left[\left(\dfrac{\partial\boldsymbol{A}}{\partial D}\boldsymbol{X}+\dfrac{\partial\boldsymbol{b}}{\partial D}V_{\mathrm{in}}+\dfrac{\partial\boldsymbol{c}}{\partial D}I_{\mathrm{o}}\right)\Delta D(s)+\boldsymbol{b}\Delta V_{\mathrm{in}}(s)+\boldsymbol{c}\Delta I_{\mathrm{o}}(s)\right] \tag{3.41}$$

同样，输出方程也可改写为

$$\Delta V_{o}(s)=\boldsymbol{d}\Delta\boldsymbol{X}(t)+\left(\frac{\partial\boldsymbol{d}}{\partial D}\boldsymbol{X}+\frac{\partial\boldsymbol{e}}{\partial D}I_{o}\right)\Delta D(s)+\boldsymbol{e}\Delta I_{o}(s) \tag{3.42}$$

代入式（3.41）并整理，得到

$$\begin{aligned}\Delta V_{o}(s)&=\boldsymbol{d}(s\boldsymbol{I}-\boldsymbol{A})^{-1}\left[\left(\frac{\partial\boldsymbol{A}}{\partial D}\boldsymbol{X}+\frac{\partial\boldsymbol{b}}{\partial D}V_{in}+\frac{\partial\boldsymbol{c}}{\partial D}I_{o}\right)\Delta D(s)+\boldsymbol{b}\Delta V_{in}(s)+\boldsymbol{c}\Delta I_{o}(s)\right]\\&\quad+\left(\frac{\partial\boldsymbol{d}}{\partial D}\mathbf{X}+\frac{\partial\boldsymbol{e}}{\partial D}I_{o}\right)\Delta D(s)+\mathbf{e}\Delta I_{o}(s)\\&=\left[\boldsymbol{d}(s\boldsymbol{I}-\boldsymbol{A})^{-1}\left(\frac{\partial\boldsymbol{A}}{\partial D}\boldsymbol{X}+\frac{\partial\boldsymbol{b}}{\partial D}V_{in}+\frac{\partial\boldsymbol{c}}{\partial D}I_{o}\right)+\left(\frac{\partial\boldsymbol{d}}{\partial D}\boldsymbol{X}+\frac{\partial\boldsymbol{e}}{\partial D}I_{o}\right)\right]\Delta D(s)\\&\quad+\boldsymbol{d}(s\boldsymbol{I}-\boldsymbol{A})^{-1}\left[\boldsymbol{b}\Delta V_{in}(s)+\boldsymbol{c}\Delta I_{o}(s)\right]+\mathbf{e}\Delta I_{o}(s)\end{aligned} \tag{3.43}$$

综上，各变化量的响应为

$$\begin{cases}\left.\dfrac{\Delta\boldsymbol{X}(s)}{\Delta D(s)}\right|_{\substack{\Delta V_{in}(s)=0\\\Delta I_{o}(s)=0}}=\left.\dfrac{\Delta}{\Delta D(s)}\begin{pmatrix}I_{L}(s)\\V_{c}(s)\end{pmatrix}\right|_{\substack{\Delta V_{in}(s)=0\\\Delta I_{o}(s)=0}}=(s\boldsymbol{I}-\boldsymbol{A})^{-1}\left(\dfrac{\partial\boldsymbol{A}}{\partial D}\boldsymbol{X}+\dfrac{\partial\boldsymbol{b}}{\partial D}V+\dfrac{\partial\boldsymbol{c}}{\partial D}I_{o}\right)\\\left.\dfrac{\Delta\boldsymbol{X}(s)}{\Delta V_{in}(s)}\right|_{\substack{\Delta D(s)=0\\\Delta I_{o}(s)=0}}=\left.\dfrac{\Delta}{\Delta V_{in}(s)}\begin{pmatrix}I_{L}(s)\\V_{c}(s)\end{pmatrix}\right|_{\substack{\Delta D(s)=0\\\Delta I_{o}(s)=0}}=(s\boldsymbol{I}-\boldsymbol{A})^{-1}\boldsymbol{b}\\\left.\dfrac{\Delta\boldsymbol{X}(s)}{\Delta I(s)}\right|_{\substack{\Delta V_{in}(s)=0\\\Delta D(s)=0}}=\left.\dfrac{\Delta}{\Delta I_{o}(s)}\begin{pmatrix}I_{L}(s)\\V_{c}(s)\end{pmatrix}\right|_{\substack{\Delta V_{in}(s)=0\\\Delta D(s)=0}}=(s\boldsymbol{I}-\boldsymbol{A})^{-1}\boldsymbol{c}\end{cases} \tag{3.44}$$

$$\begin{cases}\left.\dfrac{\Delta V_{o}(s)}{\Delta D(s)}\right|_{\substack{\Delta V_{in}(s)=0\\\Delta I_{o}(s)=0}}=\boldsymbol{d}(s\boldsymbol{I}-\boldsymbol{A})^{-1}\left(\dfrac{\partial\boldsymbol{A}}{\partial D}\boldsymbol{X}+\dfrac{\partial\boldsymbol{b}}{\partial D}V_{in}+\dfrac{\partial\boldsymbol{c}}{\partial D}I_{o}\right)+\left(\dfrac{\partial\boldsymbol{d}}{\partial D}\boldsymbol{X}+\dfrac{\partial\boldsymbol{e}}{\partial D}I_{o}\right)\\\left.\dfrac{\Delta V_{o}(s)}{\Delta V_{in}(s)}\right|_{\substack{\Delta D(s)=0\\\Delta I_{o}(s)=0}}=\boldsymbol{d}(s\boldsymbol{I}-\boldsymbol{A})^{-1}\boldsymbol{b}\\\left.\dfrac{\Delta V_{o}(s)}{\Delta I_{o}(s)}\right|_{\substack{\Delta V_{in}(s)=0\\\Delta D(s)=0}}=\boldsymbol{d}(s\boldsymbol{I}-\boldsymbol{A})^{-1}\boldsymbol{c}+\boldsymbol{e}\end{cases} \tag{3.45}$$

在此，仅提取式（3.43）中电感器电流的变化来定义传递函数：

$$\begin{cases} \left.\dfrac{\Delta I_{\mathrm{L}}(s)}{\Delta D(s)}\right|_{\substack{\Delta V_{\mathrm{in}}(s)=0 \\ \Delta I_{\mathrm{o}}(s)=0}} = G_{DI_{\mathrm{L}}}(s) \\ \left.\dfrac{\Delta I_{\mathrm{L}}(s)}{\Delta V_{\mathrm{in}}(s)}\right|_{\substack{\Delta D(s)=0 \\ \Delta I_{\mathrm{o}}(s)=0}} = G_{V_{\mathrm{in}}I_{\mathrm{L}}}(s) \\ \left.\dfrac{\Delta I_{\mathrm{L}}(s)}{\Delta I_{\mathrm{o}}(s)}\right|_{\substack{\Delta V_{\mathrm{in}}(s)=0 \\ \Delta D(s)=0}} = G_{I_{\mathrm{o}}I_{\mathrm{L}}}(s) \end{cases} \tag{3.46}$$

同样，输出电压的传递函数为

$$\begin{cases} \left.\dfrac{\Delta V_{\mathrm{o}}(s)}{\Delta D(s)}\right|_{\substack{\Delta V_{\mathrm{in}}(s)=0 \\ \Delta I_{\mathrm{o}}(s)=0}} = G_{DV_{\mathrm{o}}}(s) \\ \left.\dfrac{\Delta V_{\mathrm{o}}(s)}{\Delta V_{\mathrm{in}}(s)}\right|_{\substack{\Delta D(s)=0 \\ \Delta I_{\mathrm{o}}(s)=0}} = G_{V_{\mathrm{in}}V_{\mathrm{o}}}(s) \\ \left.\dfrac{\Delta V_{\mathrm{o}}(s)}{-\Delta I_{\mathrm{o}}(s)}\right|_{\substack{\Delta V_{\mathrm{in}}(s)=0 \\ \Delta D(s)=0}} = G_{I_{\mathrm{o}}V_{\mathrm{o}}}(s) = Z_{\mathrm{o}}(s) \end{cases} \tag{3.47}$$

式（3.47）是评估DC-DC变换器特性的重要基本公式。其中，第1式是一个传递函数，表示相对于占空比D微小变化的输出电压V_{o}变化，是关系到DC-DC变换器稳定性的重要函数。第2式是表示相对于输入电压V_{in}微小变化的输出电压变化的传递函数，用于评价DC-DC变换器接交流输入或电机时输入电压低频脉冲对输出电压的影响。第3式表示输出电压对负载电流I_{o}微小变化的响应，被称为输出阻抗。输出阻抗是从输出侧看到的DC-DC变换器阻抗，电流面向输入的方向被定义为正方向，因此电流定义为负值。图3.5所示为根据式（3.46）和式（3.47）绘制的DC-DC变换器框图。

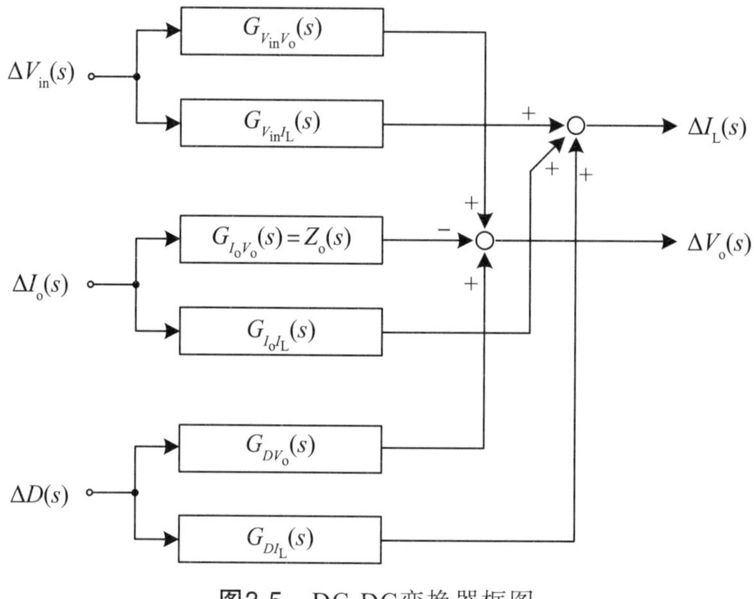

图3.5　DC-DC变换器框图

3.2 基本变换器分析

上一节就基于状态平均法原理的分析方法进行了说明，本节介绍具体的电路分析例子。实际上，为了简化计算，一般不推导差分方程，而是利用各状态的状态方程取加权平均，推导出状态平均方程。鉴于很难区分微分方程以及和差分方程近似的微分方程，分析步骤如下：

① 根据电路动作区分状态，画出等效电路。

② 确定状态变量，建立分析模型。

③ 基于分析模型建立电路方程，推导状态方程和输出方程。

④ 计算静态特性和动态特性。

3.2.1 降压型变换器分析

图3.6所示为考虑了内部损耗（电感器、输出电容器的等效串联电阻）的降压型变换器。在此，忽略二极管的正向压降。为了简化计算，MOSFET及二极管的通态电阻按电感器等效串联电阻的形式考虑。

降压型变换器的工作原理参见第2章。如图3.7所示，开关器件的开关动作可分为开通与关断两种状态。一般通过PWM波“定频调宽”或PFM波“定宽调频”两种方式来控制开关器件的开通与关断。

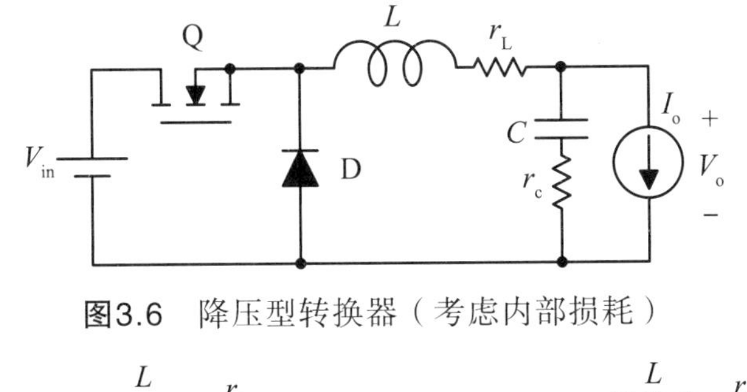

图3.6　降压型转换器（考虑内部损耗）

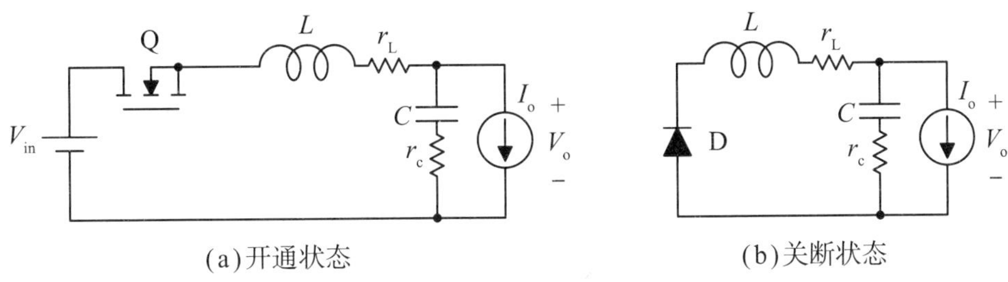

图3.7　降压型转换器各状态的等效电路

在连续导通模式下，选择电感器电流i_L和电容器电压v_c作为状态变量。用电流源和电压源分别替换作为状态变量的电感器电流和电容器电压，得到图3.8所示的分析模型。基于分析模型，可利用基尔霍夫电压定律、电流定律推导各状态的电路方程。

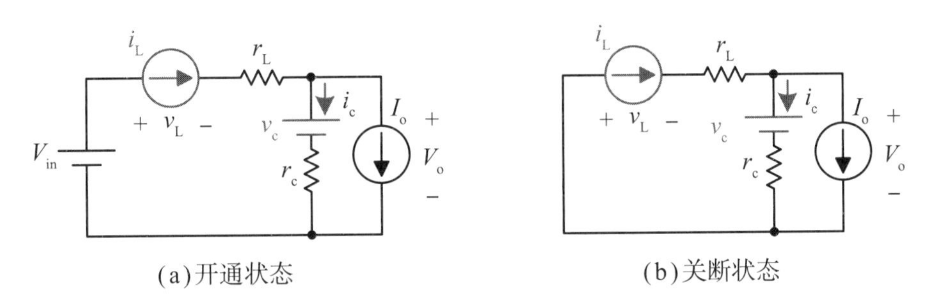

图3.8　降压型转换器的分析模型

● 开通期间

开关器件Q开通期间，电流电源V_{in}正极流出，由于续流二极管D反向截止，只能流经电感器L（将电能转换为磁能储存），继而流经电容器C（充电）、负载R，回到电源V_{in}负极，整个电路通畅，输出端负载正常工作。此时，此周期电感器L的工作状态为左正右负，由于流经电感器L的电流不能突变，所以负载R的电压是逐步增大的。

如图3.8(a)所示，应用基尔霍夫电压定律，有

$$V_{\mathrm{in}} = L\frac{\mathrm{d}i_{\mathrm{L}}}{\mathrm{d}t} + r_{\mathrm{L}}i_{\mathrm{L}} + v_{\mathrm{c}} + Cr_{\mathrm{c}}\frac{\mathrm{d}v_{\mathrm{c}}}{\mathrm{d}t} \tag{3.48}$$

应用基尔霍夫电流定律，有

$$i_{\mathrm{L}} = C\frac{\mathrm{d}v_{\mathrm{c}}}{\mathrm{d}t} + I_{\mathrm{o}} \tag{3.49}$$

此外，关于输出电压，下式成立：

$$v_{\mathrm{o}} = v_{\mathrm{c}} + Cr_{\mathrm{c}}\frac{\mathrm{d}v_{\mathrm{c}}}{\mathrm{d}t} \tag{3.50}$$

式中，i_{L}、v_{c}、v_{o}为时间函数，为了简化公式，这里省略了(t)。

根据式（3.49）可得

$$\frac{\mathrm{d}v_{c}}{\mathrm{d}t} = \frac{1}{C}i_{\mathrm{L}} - \frac{1}{C}I_{\mathrm{o}} \tag{3.51}$$

将式（3.51）代入式（3.48）并整理，得到

$$\frac{\mathrm{d}i_{\mathrm{L}}}{\mathrm{d}t} = -\frac{r_{\mathrm{L}} + r_{\mathrm{c}}}{L}i_{\mathrm{L}} - \frac{1}{L}v_{\mathrm{c}} + \frac{1}{L}V_{\mathrm{in}} + \frac{r_{\mathrm{c}}}{L}I_{\mathrm{o}} \tag{3.52}$$

令

$$\boldsymbol{x} = \begin{pmatrix} i_{\mathrm{L}} & v_{\mathrm{c}} \end{pmatrix}^{\mathrm{T}}$$

将式（3.51）、式（3.52）化为矩阵形式，有

$$\begin{aligned}\frac{\mathrm{d}\boldsymbol{x}}{\mathrm{d}t} &= \begin{pmatrix} -\dfrac{r_{\mathrm{L}} + r_{\mathrm{c}}}{L} & -\dfrac{1}{L} \\ \dfrac{1}{C} & 0 \end{pmatrix}\boldsymbol{x} + \begin{pmatrix} \dfrac{1}{L} \\ 0 \end{pmatrix} V_{\mathrm{in}} + \begin{pmatrix} \dfrac{r_{\mathrm{c}}}{L} \\ -\dfrac{1}{C} \end{pmatrix} I_{\mathrm{o}} \\ &= \boldsymbol{A}_{\mathrm{on}}\boldsymbol{x} + \boldsymbol{b}_{\mathrm{on}}V_{\mathrm{in}} + \boldsymbol{c}_{\mathrm{on}}I_{\mathrm{o}}\end{aligned} \tag{3.53}$$

将式（3.51）代入式（3.50）并整理，则输出电压为

$$v_{\mathrm{o}} = r_{\mathrm{c}}i_{\mathrm{L}} + v_{\mathrm{c}} - r_{\mathrm{c}}I_{\mathrm{o}} = \begin{pmatrix} r_{\mathrm{c}} & 1 \end{pmatrix}\boldsymbol{x} - r_{\mathrm{c}}I_{\mathrm{o}} = \boldsymbol{d}_{\mathrm{on}}\boldsymbol{x} + \boldsymbol{e}_{\mathrm{on}}I_{\mathrm{o}} \tag{3.54}$$

● 关断期间

开关器件Q关断期间，电源V_{in}不再供电，电感器L储存的磁能转换为电能释放。此时，电感器L极性反转为左负右正，成为电路中的电源。由于电流永远从

正极流向负极，此时续流二极管D正向导通，电感器L释放的电流会逐步由大变小。当开关器件Q关断，电感器L不能及时给负载R供电时，电容器C立即放电，可有效抑制电源纹波。

如图3.8(b)所示，应用基尔霍夫定律，有

$$0 = L\frac{\mathrm{d}i_\mathrm{L}}{\mathrm{d}t} + r_\mathrm{L} i_\mathrm{L} + v_\mathrm{c} + Cr_\mathrm{c}\frac{\mathrm{d}v_\mathrm{c}}{\mathrm{d}t} \tag{3.55}$$

$$i_\mathrm{L} = C\frac{\mathrm{d}v_\mathrm{c}}{\mathrm{d}t} + I_\mathrm{o} \tag{3.56}$$

$$v_\mathrm{o} = v_\mathrm{c} + Cr_\mathrm{c}\frac{\mathrm{d}v_\mathrm{c}}{\mathrm{d}t} \tag{3.57}$$

与开通期间一样进行代入和整理，可得

$$\begin{aligned}\frac{\mathrm{d}\boldsymbol{x}}{\mathrm{d}t} &= \begin{pmatrix} -\dfrac{r_\mathrm{L}+r_\mathrm{c}}{L} & -\dfrac{1}{L} \\ \dfrac{1}{C} & 0 \end{pmatrix}\boldsymbol{x} + \begin{pmatrix} 0 \\ 0 \end{pmatrix} V_\mathrm{in} + \begin{pmatrix} \dfrac{r_\mathrm{c}}{L} \\ -\dfrac{1}{C} \end{pmatrix} I_\mathrm{o} \\ &= \boldsymbol{A}_\mathrm{off}\,\boldsymbol{x} + \boldsymbol{b}_\mathrm{off}\,V_\mathrm{in} + \boldsymbol{c}_\mathrm{off}\,I_\mathrm{o}\end{aligned} \tag{3.58}$$

$$v_\mathrm{o} = r_\mathrm{c} i_\mathrm{L} + v_\mathrm{c} - r_\mathrm{c} I_\mathrm{o} = \begin{pmatrix} r_\mathrm{c} & 1 \end{pmatrix}\boldsymbol{x} - r_\mathrm{c} I_\mathrm{o} = \boldsymbol{d}_\mathrm{off}\,\boldsymbol{x} + \boldsymbol{e}_\mathrm{off}\,I_\mathrm{o} \tag{3.59}$$

导通期间、关断期间的状态方程及输出方程分别乘以D、D'，并取加权平均：

$$\begin{cases}\dfrac{\mathrm{d}\boldsymbol{x}}{\mathrm{d}t} = \left(D\boldsymbol{A}_\mathrm{on} + D'\boldsymbol{A}_\mathrm{off}\right)\boldsymbol{x} + \left(D\boldsymbol{b}_\mathrm{on} + D'\boldsymbol{b}_\mathrm{off}\right)V_\mathrm{in} + \left(D\boldsymbol{c}_\mathrm{on} + D'\boldsymbol{c}_\mathrm{off}\right)I_\mathrm{o} \\ \quad\;\; = \boldsymbol{A}\boldsymbol{x} + \boldsymbol{b}\,V_\mathrm{in} + \boldsymbol{c}I_\mathrm{o} \\ v_\mathrm{o} = \left(D\boldsymbol{d}_\mathrm{on} + D'\boldsymbol{d}_\mathrm{off}\right)\boldsymbol{x} + \left(D\boldsymbol{e}_\mathrm{on} + D'\boldsymbol{e}_\mathrm{off}\right)I_\mathrm{o} \\ I_\mathrm{o} = \boldsymbol{d}\boldsymbol{x} + \boldsymbol{e}\end{cases} \tag{3.60}$$

式中，

$$\boldsymbol{A} = \begin{pmatrix} -\dfrac{r_\mathrm{L}+r_\mathrm{c}}{L} & -\dfrac{1}{L} \\ \dfrac{1}{C} & 0 \end{pmatrix},\quad \boldsymbol{b} = \begin{pmatrix} \dfrac{D}{L} \\ 0 \end{pmatrix},\quad \boldsymbol{c}\begin{pmatrix} \dfrac{r_\mathrm{c}}{L} \\ -\dfrac{1}{C} \end{pmatrix}, \tag{3.61}$$

$$\boldsymbol{d} = \begin{pmatrix} r_\mathrm{c} & 1 \end{pmatrix},\quad \boldsymbol{e} = \left(-r_\mathrm{c}\right)$$

由式（3.31）、式（3.32）可得，稳态为

$$\begin{cases} \boldsymbol{X}=\begin{pmatrix} I_{\mathrm{L}} \\ V_{\mathrm{c}} \end{pmatrix}=-\boldsymbol{A}^{-1}\left(\boldsymbol{b}V_{\mathrm{in}}+\boldsymbol{c}I_{\mathrm{o}}\right)=\begin{bmatrix} 0 & -C \\ L & L\left(r_{\mathrm{L}}+r_{\mathrm{c}}\right) \end{bmatrix}\left[\begin{pmatrix} \dfrac{D}{L} \\ 0 \end{pmatrix}V_{\mathrm{in}}+\begin{pmatrix} \dfrac{r_{\mathrm{c}}}{L} \\ -\dfrac{1}{C} \end{pmatrix}I_{\mathrm{o}}\right] \\ \quad =\begin{pmatrix} I_{\mathrm{o}} \\ DV_{\mathrm{in}}-r_{\mathrm{L}}I_{\mathrm{o}} \end{pmatrix} \\ V_{\mathrm{o}}=\boldsymbol{d}\boldsymbol{X}+\boldsymbol{e}I_{\mathrm{o}}=\begin{pmatrix} r_{\mathrm{c}} & 1 \end{pmatrix}\begin{pmatrix} I_{\mathrm{o}} \\ DV_{\mathrm{in}}-r_{\mathrm{L}}I_{\mathrm{o}} \end{pmatrix}+\left(-r_{\mathrm{c}}\right)I_{\mathrm{o}}=DV_{\mathrm{in}}-r_{\mathrm{L}}I_{\mathrm{o}} \end{cases} \tag{3.62}$$

从上式可知，在稳态下，电容器电压V_{c}与输出电压V_{o}相等，电感器电流I_{L}与输出电流I_{o}相等。

接下来，求动态特性。对于降压型变换器，系数矩阵$\boldsymbol{b}$中仅包含占空比D。因此，利用占空比D对其他系数矩阵进行偏微分，结果为0。将结果代入式（3.40）、式（3.41）并整理，可得降压型变换器的动态特性表达式为

$$\Delta\boldsymbol{X}(s)=\left(s\boldsymbol{I}-\boldsymbol{A}\right)^{-1}\left[\frac{\partial\boldsymbol{b}}{\partial D}V_{\mathrm{in}}\Delta D(s)+\boldsymbol{b}\Delta V_{\mathrm{in}}(s)+\boldsymbol{c}\Delta I_{\mathrm{o}}(s)\right] \tag{3.63}$$

$$\Delta V_{\mathrm{o}}(s)=\boldsymbol{d}\Delta\boldsymbol{X}(t)+\boldsymbol{e}\Delta I_{\mathrm{o}}(s) \tag{3.64}$$

综上可知，降压型变换器的动态特性不依赖于稳态（工作点）。这是降压型变换器特有的性质，也可以说原本就是非线性动作的DC-DC变换器的特殊性质。将式（3.61）代入式（3.64）并整理，可得

$$\begin{aligned} \Delta\boldsymbol{X}(s)&=\begin{pmatrix} s+\dfrac{r_{\mathrm{L}}+r_{\mathrm{c}}}{L} & \dfrac{1}{L} \\ -\dfrac{1}{C} & s \end{pmatrix}^{-1}\left[\begin{pmatrix} \dfrac{1}{L} \\ 0 \end{pmatrix}V_{\mathrm{in}}\Delta D(s)+\begin{pmatrix} \dfrac{D}{L} \\ 0 \end{pmatrix}\Delta V_{\mathrm{in}}(s)+\begin{pmatrix} \dfrac{r_{\mathrm{c}}}{L} \\ -\dfrac{1}{C} \end{pmatrix}\Delta I_{\mathrm{o}}(s)\right] \\ &=\frac{LC}{s^{2}LC+sC\left(r_{\mathrm{L}}+r_{\mathrm{c}}\right)+1}\begin{pmatrix} s & -\dfrac{1}{L} \\ \dfrac{1}{C} & s+\dfrac{r_{\mathrm{L}}+r_{\mathrm{c}}}{L} \end{pmatrix} \\ &\quad\left[\begin{pmatrix} \dfrac{1}{L} \\ 0 \end{pmatrix}V_{\mathrm{in}}\Delta D(s)+\begin{pmatrix} \dfrac{D}{L} \\ 0 \end{pmatrix}\Delta V_{\mathrm{in}}(s)+\begin{pmatrix} \dfrac{r_{\mathrm{c}}}{L} \\ -\dfrac{1}{C} \end{pmatrix}\Delta I_{\mathrm{o}}(s)\right] \end{aligned} \tag{3.65}$$

$$=\frac{1}{P(s)}\begin{bmatrix} sLC & -C \\ L & sLC+C(r_{\mathrm{L}}+r_{\mathrm{c}}) \end{bmatrix}$$

$$\left[\begin{pmatrix} \frac{1}{L} \\ 0 \end{pmatrix} V_{\mathrm{in}}\Delta D(s)+\begin{pmatrix} \frac{D}{L} \\ 0 \end{pmatrix}\Delta V_{\mathrm{in}}(s)+\begin{pmatrix} \frac{r_{\mathrm{c}}}{L} \\ -\frac{1}{C} \end{pmatrix}\Delta I_{\mathrm{o}}(s)\right]$$

$$=\frac{1}{P(s)}\left[\begin{pmatrix} sC \\ 1 \end{pmatrix} V_{\mathrm{in}}\Delta D(s)+\begin{pmatrix} sC \\ 1 \end{pmatrix} D\Delta V_{\mathrm{in}}(s)+\begin{pmatrix} sCr_{\mathrm{c}}+1 \\ -sL-r_{\mathrm{L}} \end{pmatrix}\Delta I_{\mathrm{o}}(s)\right]$$

$$\Delta V_{\mathrm{o}}(s)=\boldsymbol{d}\Delta\boldsymbol{X}(t)+\boldsymbol{e}\Delta I_{\mathrm{o}}(s)$$

$$=\frac{1}{P(s)}\begin{pmatrix} r_{\mathrm{c}} & 1 \end{pmatrix}\left[\begin{pmatrix} sC \\ 1 \end{pmatrix} V_{\mathrm{in}}\Delta D(s)+\begin{pmatrix} sCD \\ D \end{pmatrix}\Delta V_{\mathrm{in}}(s)+\begin{pmatrix} sCr_{\mathrm{c}}+1 \\ -sL-r_{\mathrm{L}} \end{pmatrix}\Delta I_{\mathrm{o}}(s)\right]$$

$$-r_{\mathrm{c}}\Delta I_{\mathrm{o}}(s)$$

$$=\frac{1}{P(s)}\{(sCr_{\mathrm{c}}+1)V_{\mathrm{in}}\Delta D(s)+(sCr_{\mathrm{c}}+1)D\Delta V_{\mathrm{in}}(s)$$

$$+[r_{\mathrm{c}}(sCr_{\mathrm{c}}+1)-(sL+r_{\mathrm{L}})]\Delta I_{\mathrm{o}}(s)\}-r_{\mathrm{c}}\Delta I_{\mathrm{o}}(s)$$

$$=\frac{1}{P(s)}\{(sCr_{\mathrm{c}}+1)V_{\mathrm{in}}\Delta D(s)+(sCr_{\mathrm{c}}+1)D\Delta V_{\mathrm{in}}(s) \tag{3.66}$$

$$+[-r_{\mathrm{c}}P(s)+r_{\mathrm{c}}(sCr_{\mathrm{c}}+1)-(sL+r_{\mathrm{L}})]\Delta I_{\mathrm{o}}(s)\}$$

$$=\frac{1}{P(s)}\{(sCr_{\mathrm{c}}+1)V_{\mathrm{in}}\Delta D(s)+(sCr_{\mathrm{c}}+1)D\Delta V_{\mathrm{in}}(s)$$

$$+[-r_{\mathrm{c}}P(s)+r_{\mathrm{c}}(sCr_{\mathrm{c}}+1)-(sL+r_{\mathrm{L}})]\Delta I_{\mathrm{o}}(s)\}$$

$$=\frac{1}{P(s)}\{(sCr_{\mathrm{c}}+1)V_{\mathrm{in}}\Delta D(s)+(sCr_{\mathrm{c}}+1)D\Delta V_{\mathrm{in}}(s)$$

$$-[s^2LCr_{\mathrm{c}}+s(L+Cr_{\mathrm{L}}r_{\mathrm{c}})+r_{\mathrm{L}}]\Delta I_{\mathrm{o}}(s)\}$$

将$P(s)$变为标准二次形式：

$$P(s)=s^2LC+sC(r_{\mathrm{L}}+r_{\mathrm{c}})+1=\left(\frac{s}{\omega}\right)^2+\frac{\delta}{2\omega}s+1 \tag{3.67}$$

式中，$\omega=\frac{1}{\sqrt{LC}}$（谐振角频率）；$\delta=\frac{r_{\mathrm{L}}+r_{\mathrm{c}}}{2}\sqrt{\frac{C}{L}}$（衰减系数）。

根据式（3.65）、式（3.66），各变化对应的传递函数为

$$\begin{cases} G_{DX}(s)=\left.\dfrac{\Delta \boldsymbol{X}(s)}{\Delta D(s)}\right|_{\substack{\Delta V_{\text{in}}(s)=0\\ \Delta I_{\text{o}}(s)=0}}=\left.\dfrac{\Delta}{\Delta D(s)}\begin{bmatrix} I_{\text{L}}(s)\\ V_{\text{c}}(s)\end{bmatrix}\right|_{\substack{\Delta V_{\text{in}}(s)=0\\ \Delta I_{\text{o}}(s)=0}}=\dfrac{1}{P(s)}\begin{pmatrix} sC\\ 1\end{pmatrix}V_{\text{in}} \\ G_{V_{\text{in}}X}(s)=\left.\dfrac{\Delta \boldsymbol{X}(s)}{\Delta V_{\text{in}}(s)}\right|_{\substack{\Delta D(s)=0\\ \Delta I_{\text{o}}(s)=0}}=\left.\dfrac{\Delta}{\Delta V_{\text{in}}(s)}\begin{bmatrix} I_{\text{L}}(s)\\ V_{\text{c}}(s)\end{bmatrix}\right|_{\substack{\Delta D(s)=0\\ \Delta I_{\text{o}}(s)=0}}=\dfrac{1}{P(s)}\begin{pmatrix} sC\\ 1\end{pmatrix}D \\ G_{I_{\text{o}}X}(s)=\left.\dfrac{\Delta \boldsymbol{X}(s)}{\Delta I_{\text{o}}(s)}\right|_{\substack{\Delta V_{\text{in}}(s)=0\\ \Delta D(s)=0}}=\left.\dfrac{\Delta}{\Delta I_{\text{o}}(s)}\begin{bmatrix} I_{\text{L}}(s)\\ V_{\text{c}}(s)\end{bmatrix}\right|_{\substack{\Delta V_{\text{in}}(s)=0\\ \Delta D(s)=0}}=\dfrac{1}{P(s)}\begin{pmatrix} sCr_{\text{c}}+1\\ -sL-r_{\text{L}}\end{pmatrix} \end{cases} \tag{3.68}$$

$$\begin{cases} G_{DV_{\text{o}}}(s)=\left.\dfrac{\Delta V_{\text{o}}(s)}{\Delta D(s)}\right|_{\substack{\Delta V_{\text{in}}(s)=0\\ \Delta I_{\text{o}}(s)=0}}=\dfrac{\dfrac{s}{\omega_{\text{esr}}}+1}{P(s)}V_{\text{in}} \\ G_{V_{\text{in}}V_{\text{o}}}(s)=\left.\dfrac{\Delta V_{\text{o}}(s)}{\Delta V_{\text{in}}(s)}\right|_{\substack{\Delta D(s)=0\\ \Delta I_{\text{o}}(s)=0}}=\dfrac{\dfrac{s}{\omega_{\text{esr}}}+1}{P(s)}D \\ G_{I_{\text{o}}V_{\text{o}}}(s)=Z_{\text{o}}(s)=\left.\dfrac{\Delta V_{\text{o}}(s)}{-\Delta I_{\text{o}}(s)}\right|_{\substack{\Delta V_{\text{in}}(s)=0\\ \Delta D(s)=0}}=\dfrac{s^2LCr_{\text{c}}+s(L+Cr_{\text{L}}r_{\text{c}})+r_{\text{L}}}{P(s)} \end{cases} \tag{3.69}$$

式中，$\omega_{\text{esr}}=\dfrac{1}{Cr_{\text{c}}}$（电容器ESR零点角频率）。

从式（3.68）中仅提取电感器电流变化的传递函数，则

$$\begin{cases} G_{DI_{\text{L}}}(s)=\left.\dfrac{\Delta I_{\text{L}}(s)}{\Delta D(s)}\right|_{\substack{\Delta V_{\text{in}}(s)=0\\ \Delta I_{\text{o}}(s)=0}}=\dfrac{sC}{P(s)}V_{\text{in}} \\ G_{V_{\text{in}}I_{\text{L}}}(s)=\left.\dfrac{\Delta I_{\text{L}}(s)}{\Delta V_{\text{in}}(s)}\right|_{\substack{\Delta D(s)=0\\ \Delta I_{\text{o}}(s)=0}}=\dfrac{sC}{P(s)}D \\ G_{I_{\text{o}}I_{\text{L}}}(s)=\left.\dfrac{\Delta I_{\text{L}}(s)}{\Delta I_{\text{o}}(s)}\right|_{\substack{\Delta V_{\text{in}}(s)=0\\ \Delta D(s)=0}}=\dfrac{\dfrac{s}{\omega_{\text{esr}}}+1}{P(s)} \end{cases} \tag{3.70}$$

按照图3.5所示的降压型变换器框图，分别代入各传递函数，即可分析出降压型变换器的动态特性。

3.2.2 升压型变换器分析

图3.9所示为考虑了内部损耗（电感器、输出电容器的等效串联阻抗）的升压型变换器。在此，忽略二极管的正向压降。为了简化计算，MOSFET及二极管的通态电阻按电感器等效串联电阻的形式考虑。

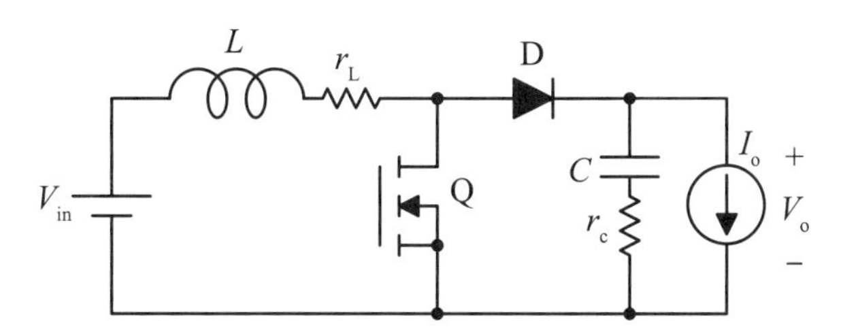

图3.9 升压型变换器（考虑内部损耗）

升压型变换器的工作原理参见第2章。如图3.10所示，开关器件的开关动作可分为开通与关断两种状态。在连续导通模式下，选择电感器电流i_L和电容器电压v_c作为状态变量，分别用电流源、电压源替代后，得到图3.11所示的分析模型。基于分析模型，利用基尔霍夫电压定律和电流定律，可推导各状态的电路方程。

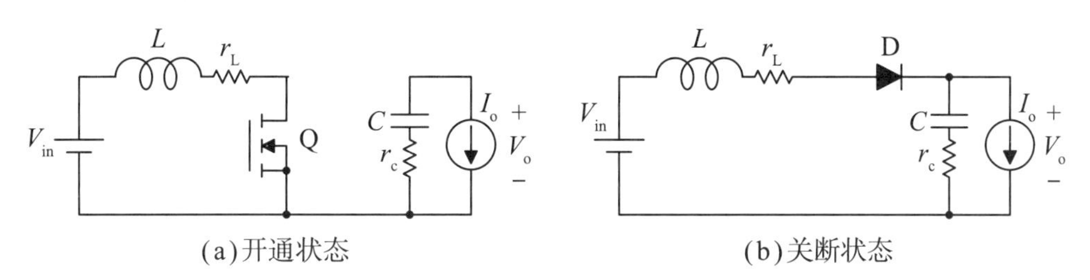

图3.10 升压型变换器各状态的等效电路

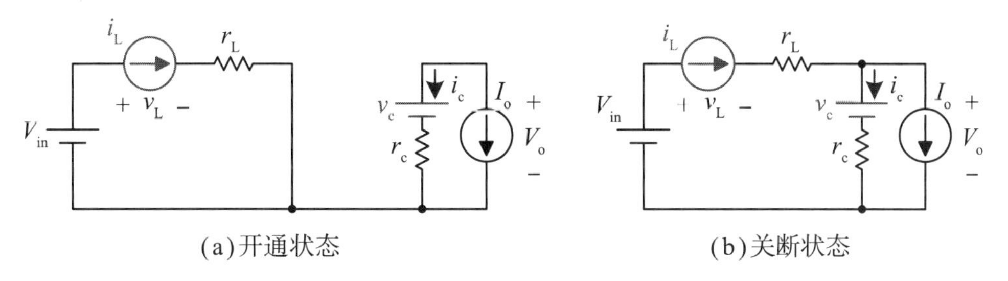

图3.11 升压型变换器的分析模型

● 开通期间

开关器件Q开通期间，输入电压V_{in}加在电感器上，对电感器励磁。

如图3.11(a)所示，应用基尔霍夫电压定律，有

$$V_{\text{in}} = L\frac{\mathrm{d}i_{\text{L}}}{\mathrm{d}t} + r_{\text{L}}i_{\text{L}} \tag{3.71}$$

应用基尔霍夫电流定律，有

$$C\frac{\mathrm{d}v_{\text{c}}}{\mathrm{d}t} = I_{\text{o}} \tag{3.72}$$

此外，关于输出电压，下式成立：

$$v_{\text{o}} = v_{\text{c}} + Cr_{\text{c}}\frac{\mathrm{d}v_{\text{c}}}{\mathrm{d}t} \tag{3.73}$$

式中，i_{L}、v_{c}、v_{o}为时间函数，为了简化公式，这里省略了(t)。

根据式（3.71）~式（3.73）可得

$$\frac{\mathrm{d}\boldsymbol{x}}{\mathrm{d}t} = \begin{pmatrix} -\dfrac{r_{\text{Lc}}}{L} & 0 \\ 0 & 0 \end{pmatrix}\boldsymbol{x} + \begin{pmatrix} \dfrac{1}{L} \\ 0 \end{pmatrix}V_{\text{in}} + \begin{pmatrix} 0 \\ -\dfrac{1}{C} \end{pmatrix}I_{\text{o}} = \boldsymbol{A}_{\text{on}}\boldsymbol{x} + \boldsymbol{b}_{\text{on}}V_{\text{in}} + \boldsymbol{c}_{\text{on}}I_{\text{o}} \tag{3.74}$$

$$v_{\text{o}} = \begin{pmatrix} 0 & 1 \end{pmatrix}\boldsymbol{x} - r_{\text{c}}I_{\text{o}} = \boldsymbol{d}_{\text{on}}\boldsymbol{x} + \boldsymbol{e}_{\text{on}}I_{\text{o}} \tag{3.75}$$

式中，

$$\boldsymbol{x} = \begin{pmatrix} i_{\text{L}} & v_{\text{c}} \end{pmatrix}^{\text{T}}$$

● 关断期间

开关器件Q关断期间，由于输出电流连续，二极管D变为导通，电感器削磁。

如图3.11(b)所示，应用基尔霍夫定律，有

$$V_{\text{in}} = L\frac{\mathrm{d}i_{\text{L}}}{\mathrm{d}t} + r_{\text{L}}i_{\text{L}} + v_{\text{c}} + Cr_{\text{c}}\frac{\mathrm{d}v_{\text{c}}}{\mathrm{d}t} \tag{3.76}$$

$$i_{\text{L}} = C\frac{\mathrm{d}v_{\text{c}}}{\mathrm{d}t} + I_{\text{o}} \tag{3.77}$$

$$v_{\text{o}} = v_{\text{c}} + Cr_{\text{c}}\frac{\mathrm{d}v_{\text{c}}}{\mathrm{d}t} \tag{3.78}$$

与开通期间一样进行代入并整理，可得

$$\frac{\mathrm{d}\boldsymbol{x}}{\mathrm{d}t}=\begin{pmatrix}-\dfrac{r_{\mathrm{L}}+r_{\mathrm{c}}}{L} & -\dfrac{1}{L}\\ \dfrac{1}{C} & 0\end{pmatrix}\boldsymbol{x}+\begin{pmatrix}\dfrac{1}{L}\\ 0\end{pmatrix}V_{\mathrm{in}}+\begin{pmatrix}\dfrac{r_{\mathrm{c}}}{L}\\ -\dfrac{1}{C}\end{pmatrix}I_{\mathrm{o}} \tag{3.79}$$

$$=\boldsymbol{A}_{\mathrm{off}}\ \boldsymbol{x}+\boldsymbol{b}_{\mathrm{off}}\ V_{\mathrm{in}}+\boldsymbol{c}_{\mathrm{off}}\ I_{\mathrm{o}}$$

$$v_{\mathrm{o}}=\begin{pmatrix}r_{\mathrm{c}} & 1\end{pmatrix}\boldsymbol{x}-r_{\mathrm{c}}I_{\mathrm{o}}=\boldsymbol{d}_{\mathrm{off}}\ \boldsymbol{x}+\boldsymbol{e}_{\mathrm{off}}\ I_{\mathrm{o}} \tag{3.80}$$

开通期间、关断期间的状态方程和输出方程分别乘以D、D'，并取加权平均，可得

$$\begin{cases}\dfrac{\mathrm{d}\boldsymbol{x}}{\mathrm{d}t}=\boldsymbol{A}\boldsymbol{x}+\boldsymbol{b}V_{\mathrm{in}}+\boldsymbol{c}I_{\mathrm{o}}\\ v_{\mathrm{o}}=\boldsymbol{d}\boldsymbol{x}+\boldsymbol{e}I_{\mathrm{o}}\end{cases} \tag{3.81}$$

式中，

$$\boldsymbol{A}=\begin{pmatrix}-\dfrac{r_{\mathrm{L}}+D'r_{\mathrm{c}}}{L} & -\dfrac{D'}{L}\\ \dfrac{D'}{C} & 0\end{pmatrix};\quad \boldsymbol{b}=\begin{pmatrix}\dfrac{1}{L}\\ 0\end{pmatrix};\quad \boldsymbol{c}\begin{pmatrix}\dfrac{D'r_{\mathrm{c}}}{L}\\ -\dfrac{1}{C}\end{pmatrix}; \tag{3.82}$$

$$\boldsymbol{d}=\begin{pmatrix}D'r_{\mathrm{c}} & 1\end{pmatrix};\quad \boldsymbol{e}=\begin{pmatrix}-r_{\mathrm{c}}\end{pmatrix}$$

稳态为

$$\begin{cases}\boldsymbol{X}=\begin{pmatrix}I_{\mathrm{L}}\\ V_{\mathrm{c}}\end{pmatrix}=-\boldsymbol{A}^{-1}\left(\boldsymbol{b}V_{\mathrm{in}}+\boldsymbol{c}I_{\mathrm{o}}\right)=\begin{pmatrix}0 & \dfrac{C}{D'}\\ -\dfrac{L}{D'} & \dfrac{C\left(r_{\mathrm{L}}+r_{\mathrm{c}}\right)}{D'^{2}}\end{pmatrix}\left[\begin{pmatrix}\dfrac{D}{L}\\ 0\end{pmatrix}V_{\mathrm{in}}+\begin{pmatrix}\dfrac{r_{\mathrm{c}}}{L}\\ -\dfrac{1}{C}\end{pmatrix}I_{\mathrm{o}}\right]\\ \quad=\begin{pmatrix}\dfrac{I_{\mathrm{o}}}{D'}\\ \dfrac{V_{\mathrm{in}}}{D'}-\dfrac{r_{\mathrm{L}}+DD'r_{\mathrm{c}}}{D'^{2}}I_{\mathrm{o}}\end{pmatrix}\\ V_{\mathrm{o}}=\boldsymbol{d}\boldsymbol{X}+\boldsymbol{e}I_{\mathrm{o}}=\begin{pmatrix}D'r_{\mathrm{c}} & 1\end{pmatrix}\begin{pmatrix}I_{\mathrm{o}}\\ \dfrac{V_{\mathrm{in}}}{D'}-\dfrac{r_{\mathrm{L}}+DD'r_{\mathrm{c}}}{D'^{2}}I_{o}\end{pmatrix}+\left(-r_{\mathrm{c}}\right)I_{\mathrm{o}}\\ \quad=\dfrac{V_{\mathrm{in}}}{D'}-\dfrac{r_{\mathrm{L}}+DD'r_{\mathrm{c}}}{D'^{2}}I_{\mathrm{o}}\end{cases} \tag{3.83}$$

在稳态下，与降压型变换器一样，电容器电压V_{c}与输出电压V_{o}相等，但电感器电流I_{L}与输出电流I_{o}的$1/D'$倍相等。

接下来，求动态特性。对于升压型变换器，系数矩阵中包含占空比D的是$\boldsymbol{b}$、$\boldsymbol{e}$以外的系数矩阵。因此，利用占空比D对$\boldsymbol{b}$、$\boldsymbol{e}$进行偏微分，结果为0。将结果代入式（3.80）、式（3.81）并整理，可得降压型变换器的动态特性表达式：

$$\Delta\boldsymbol{X}(s)=(s\boldsymbol{I}-\boldsymbol{A})^{-1}\left[\left(\frac{\partial\boldsymbol{A}}{\partial D}\boldsymbol{X}+\frac{\partial\boldsymbol{c}}{\partial D}I_{\mathrm{o}}\right)\Delta D(s)+\boldsymbol{b}\Delta V_{\mathrm{in}}(s)+\boldsymbol{c}\Delta I_{\mathrm{o}}(s)\right] \tag{3.84}$$

$$\Delta V_{\mathrm{o}}(s)=\boldsymbol{d}\Delta\boldsymbol{X}(t)+\frac{\partial\boldsymbol{d}}{\partial D}\boldsymbol{X}\Delta D(s)+\boldsymbol{e}\Delta I_{\mathrm{o}}(s) \tag{3.85}$$

综上可知，升压型变换器的动态特性依赖稳态（工作点）。各变化对应的传递函数为

$$\begin{cases} G_{DI_{\mathrm{L}}}(s)=\left.\dfrac{\Delta I_{\mathrm{L}}(s)}{\Delta D(s)}\right|_{\substack{\Delta V_{\mathrm{in}}(s)=0\\ \Delta I_{\mathrm{o}}(s)=0}}=\dfrac{1}{D'^2}\dfrac{s\dfrac{C}{D'^2}\left(D'V_{\mathrm{in}}-r_{\mathrm{L}}I_{\mathrm{o}}\right)+I_{\mathrm{o}}}{P(s)}V_{\mathrm{in}} \\ G_{V_{\mathrm{in}}I_{\mathrm{L}}}(s)=\left.\dfrac{\Delta I_{\mathrm{L}}(s)}{\Delta V_{\mathrm{in}}(s)}\right|_{\substack{\Delta D(s)=0\\ \Delta I_{\mathrm{o}}(s)=0}}=\dfrac{1}{D'^2}\dfrac{sC}{P(s)}D \\ G_{I_{\mathrm{o}}I_{\mathrm{L}}}(s)=\left.\dfrac{\Delta I_{\mathrm{L}}(s)}{\Delta I_{\mathrm{o}}(s)}\right|_{\substack{\Delta V_{\mathrm{in}}(s)=0\\ \Delta D(s)=0}}=\dfrac{1}{D'}\dfrac{\dfrac{s}{\omega_{\mathrm{esr}}}+1}{P(s)} \end{cases} \tag{3.86}$$

$$\begin{cases} G_{DV_{\mathrm{o}}}(s)=\left.\dfrac{\Delta V_{\mathrm{o}}(s)}{\Delta D(s)}\right|_{\substack{\Delta V_{\mathrm{in}}(s)=0\\ \Delta I_{\mathrm{o}}(s)=0}} \\ \qquad =\dfrac{1}{D'^3}\dfrac{-s^2LCr_{\mathrm{c}}I_{\mathrm{o}}+s\left\{D'Cr_{\mathrm{c}}V_{\mathrm{in}}-\left[L+Cr_{\mathrm{c}}\left(2r_{\mathrm{L}}+D'r_{\mathrm{c}}\right)\right]I_{\mathrm{o}}\right\}+D\ V_{\mathrm{in}}-\left(2r_{\mathrm{L}}+D'r_{\mathrm{c}}\right)I_{\mathrm{o}}}{P(s)} \\ G_{V_{\mathrm{in}}V_{\mathrm{o}}}(s)=\left.\dfrac{\Delta V_{\mathrm{o}}(s)}{\Delta V_{\mathrm{in}}(s)}\right|_{\substack{\Delta D(s)=0\\ \Delta I_{\mathrm{o}}(s)=0}}=\dfrac{1}{D'}\dfrac{\dfrac{s}{\omega_{\mathrm{esr}}}+1}{P(s)} \end{cases} \tag{3.87}$$

$$\begin{aligned} G_{I_oV_o}(s) &= Z_o(s) = \left.\frac{\Delta V_o(s)}{-\Delta I_o(s)}\right|_{\substack{\Delta V_{in}(s)=0 \\ \Delta D(s)=0}} \\ &= \frac{1}{D'^2}\frac{s^2LCr_c + s\left[L + Cr_c\left(r_L + DD'r_c\right)\right] + r_L + DD'r_c}{P(s)} \end{aligned}$$

将$P(s)$变为标准二次形式：

$$P(s) = s^2\frac{LC}{D'^2} + s\frac{C\left(r_L + D'r_c\right)}{D'^2} + 1 = \left(\frac{s}{\omega}\right)^2 + \frac{\delta}{2\omega}s + 1 \tag{3.88}$$

式中，$\omega = \frac{D'}{\sqrt{LC}}$（谐振角频率）；$\delta = \frac{r_L + D'r_c}{2D'}\sqrt{\frac{C}{L}}$（衰减系数）；$\omega_{esr} = \frac{1}{Cr_c}$（电容器ESR零点角频率）。

式（3.87）的第1式是评价DC-DC变换器稳定性的重要公式。忽略内部损耗，可简化为

$$G_{DV_o}(s) = \frac{V_{in}}{D'^2}\frac{1 - s\frac{LI_o}{D'V_{in}}}{P(s)} \tag{3.89}$$

可确认右半平面的零点，具有右半平面零点的系统，本质上具有不稳定性，进行稳定性设计时要多加注意。

3.3　扩展状态平均法与非连续导通模式变换器分析

前面介绍了电感器电流在一个开关周期内连续流动的工作模式，即连续导通模式（CCM：continuous conduction mode）。另外，当DC-DC变换器的整流方式为二极管整流时，由于电感器电流的下限值在轻载时会变为0（相对于直流电流，波动较大），会导致整流二极管在一段时间内关断，这种工作模式被称为非连续导通模式（DCM：discontinuous conduction mode）。连续导通模式下输出电感器一直存在电流，而非连续导通模式存在电感器电流为0的时刻，因此，连续导通模式往往是期望的应用模式。传统状态平均法不适用于DCM模式下DC-DC变换器的分析。本节着眼于状态平均法的本质，应用扩展状态平均法，使用高频信号一个开关周期的平均值作为辅助变量进行分析。

3.3.1　扩展状态平均法

在状态平均法中，电感器电流i_{L}、电容器电压v_{c}作为一个周期内变化较小的低频元素，可选作状态变量。而在非连续导通模式和谐振变换器中，电感器电流和电容器电压在一个周期内的变化可能很大，不能将其选作状态变量。因此，利用电感器电流、电容器电压的辅助变量（高频信号），即电感器电压v_{L}和电容器电流i_{c}在一个周期内的平均值来表达状态平均方程。

状态变量为

$$\boldsymbol{x}=\begin{pmatrix} i_{\mathrm{L}} & v_{\mathrm{c}} \end{pmatrix}^{\mathrm{T}}$$

辅助变量为

$$\boldsymbol{y}=\begin{pmatrix} v_{\mathrm{L}} & i_{\mathrm{c}} \end{pmatrix}^{\mathrm{T}}$$

电感器、电容器对应的关系式如下：

$$v=L\frac{\mathrm{d}i}{\mathrm{d}t}\ ;\ i=C\frac{\mathrm{d}v}{\mathrm{d}t}$$

因此，下式成立：

$$\frac{\mathrm{d}\boldsymbol{x}(t)}{\mathrm{d}t}=\lambda\boldsymbol{y}(t) \tag{3.90}$$

式中，

$$\lambda=\begin{pmatrix} \dfrac{1}{L} & 0 \\ 0 & \dfrac{1}{C} \end{pmatrix} \tag{3.91}$$

求出一个开关周期内辅助变量的平均值，推导差分方程，除以周期T_{s}进行微分近似，可得

$$\frac{\mathrm{d}\overline{\boldsymbol{x}}(t)}{\mathrm{d}t}=\lambda\overline{\boldsymbol{y}}(t) \tag{3.92}$$

3.3.2　连续导通模式降压型变换器的分析

为了更好地理解扩张状态平均法，这里对降压型变换器的连续导通模式进行分析。

● **开通期间**

用电感器电压v_L和电容器电流i_c来表达，如图3.8(a)所示，应用基尔霍夫电压定律，有

$$V_{in} = v_L + r_L i_L + v_c + r_c i_c \tag{3.93}$$

应用基尔霍夫电流定律，有

$$i_L = i_c + I_o \tag{3.94}$$

另外，关于输出电压，下式成立：

$$v_o = v_c + r_c i_c \tag{3.95}$$

根据式（3.93）~式（3.95），用辅助变量v_L、i_c表示状态参数i_L、i_c，则有

$$\begin{cases} v_L = -(r_L + r_c)\, i_L - v_c + V_{in} + r_c I_o \\ i_c = i_L - I_o \\ v_o = r_c i_L + v_c - r_c I_o \end{cases} \tag{3.96}$$

式中，

$$\boldsymbol{x} = \begin{pmatrix} i_L & v_c \end{pmatrix}^T; \quad \boldsymbol{y} = \begin{pmatrix} v_L & i_c \end{pmatrix}^T$$

整理成矩阵形式，有

$$\begin{cases} \boldsymbol{y} = \begin{bmatrix} -(r_L + r_c) & -1 \\ 1 & 0 \end{bmatrix} \boldsymbol{x} + \begin{pmatrix} 1 \\ 0 \end{pmatrix} V_{in} + \begin{pmatrix} r_c \\ -1 \end{pmatrix} I_o \\ v_o = \begin{pmatrix} r_c & 1 \end{pmatrix} \boldsymbol{x} - r_c I_o \end{cases} \tag{3.97}$$

● **关断期间**

如图3.8(b)所示，应用基尔霍夫定律，有

$$\begin{cases} v_L = -(r_L + r_c)\, i_L - v_c + r_c I_o \\ i_c = i_L - I_o \\ v_o = r_c i_L + v_c - r_c I_o \end{cases} \tag{3.98}$$

与开通期间一样，整理为矩阵形式，有

$$\begin{cases} \boldsymbol{y} = \begin{bmatrix} -(r_{\mathrm{L}} + r_{\mathrm{c}}) & -1 \\ 1 & 0 \end{bmatrix} \boldsymbol{x} + \begin{pmatrix} 0 \\ 0 \end{pmatrix} V_{\mathrm{in}} + \begin{pmatrix} r_{\mathrm{c}} \\ -1 \end{pmatrix} I_{\mathrm{o}} \\ v_{\mathrm{o}} = \begin{pmatrix} r_{\mathrm{c}} & 1 \end{pmatrix} \boldsymbol{x} - r_{\mathrm{c}} I_{\mathrm{o}} \end{cases} \tag{3.99}$$

开通期间、关断期间的状态方程和输出方程分别乘以D、D'并取加权平均，可得

$$\begin{cases} \boldsymbol{y} = \begin{bmatrix} -(r_{\mathrm{L}} + r_{\mathrm{c}}) & -1 \\ 1 & 0 \end{bmatrix} \boldsymbol{x} + \begin{pmatrix} D \\ 0 \end{pmatrix} V_{\mathrm{in}} + \begin{pmatrix} r_{\mathrm{c}} \\ -1 \end{pmatrix} I_{\mathrm{o}} \\ v_{\mathrm{o}} = \begin{pmatrix} r_{\mathrm{c}} & 1 \end{pmatrix} \boldsymbol{x} - r_{\mathrm{c}} I_{\mathrm{o}} \end{cases} \tag{3.100}$$

将式（3.100）代入式（3.92），可得

$$\begin{aligned} \frac{\mathrm{d}\boldsymbol{x}}{\mathrm{d}t} = \lambda \boldsymbol{y} &= \begin{pmatrix} \frac{1}{L} & 0 \\ 0 & \frac{1}{C} \end{pmatrix} \left\{ \begin{bmatrix} -(r_{\mathrm{L}} + r_{\mathrm{c}}) & -1 \\ 1 & 0 \end{bmatrix} \boldsymbol{x} + \begin{pmatrix} D \\ 0 \end{pmatrix} V_{\mathrm{in}} + \begin{pmatrix} r_{\mathrm{c}} \\ -1 \end{pmatrix} I_{\mathrm{o}} \right\} \\ &= \begin{pmatrix} -\frac{r_{\mathrm{L}} + r_{\mathrm{c}}}{L} & -\frac{1}{L} \\ \frac{1}{C} & 0 \end{pmatrix} \boldsymbol{x} + \begin{pmatrix} \frac{D}{L} \\ 0 \end{pmatrix} V_{\mathrm{in}} + \begin{pmatrix} \frac{r_{\mathrm{c}}}{L} \\ -\frac{1}{C} \end{pmatrix} I_{\mathrm{o}} \end{aligned} \tag{3.101}$$

与状态平均法的分析一致。

3.3.3 非连续导通模式升压型变换器分析

图3.12所示为忽略内部损耗的升压型变换器。在非连续导通模式下，负载电流非常小，内部损耗对变换器特性的影响也非常小，可以忽略内部损耗。

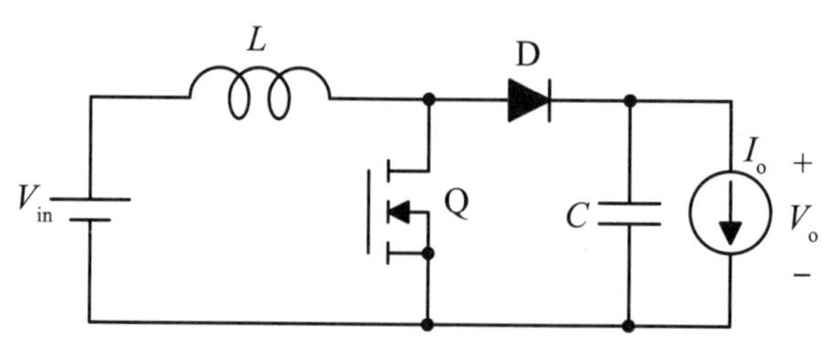

图3.12　升压型变换器

非连续导通模式下的升压型变换器各部分的动作波形如图3.13所示，可以分为3种状态。状态1（S_1开通，S_2关断）、状态2（S_1关断、S_2开通）如第2章

所述，而非连续导通模式下存在一种新的状态，即状态3。在此状态下，开关器件和二极管都处于关断状态，输入侧不提供功率，由输出电容器的电荷进行输出。在非连续导通模式下，如图3.13所示，电感器电流在一个周期内的变化量非常大，无法获取状态变量。因此，该模式下的状态变量为电容器电压v_c（忽略内部损耗，$v_c = v_o$）。为了求出状态变量在一个周期内的平均值并推导差分方程，要考虑辅助变量i_c的平均值。基于图3.14所示的等效电路和图3.15所示的分析模型，可以应用基尔霍夫电压定律和电流定律推导各状态的电路方程。

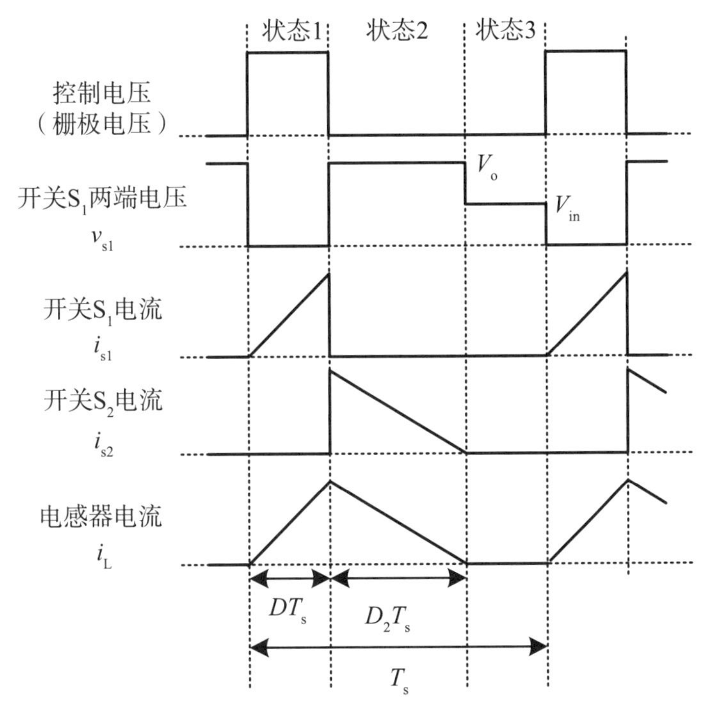

图3.13　各部分的动作波形

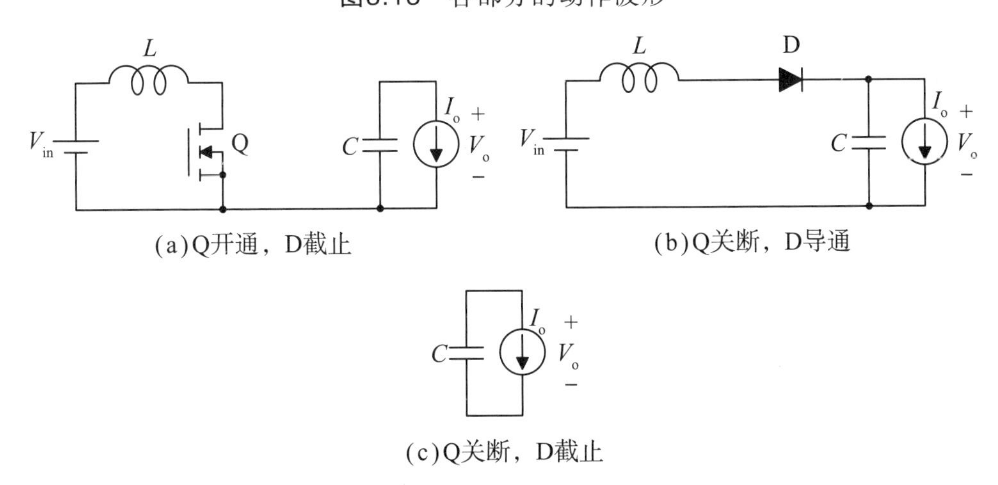

图3.14　非连续导通模式升压型变换器的等效电路

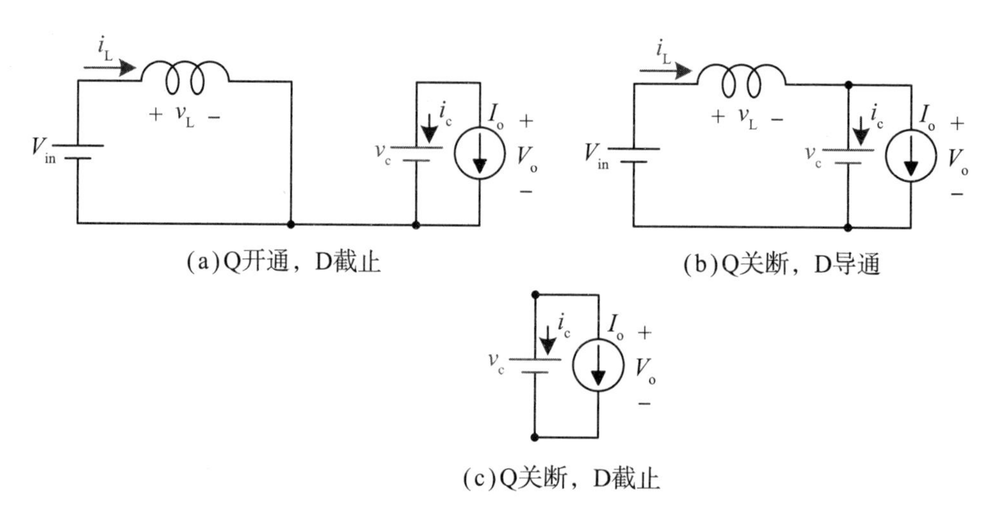

图3.15　非连续导通模式升压型变换器的分析模型

● 状态1：Q开通，D截止

流过输出电容的电流为

$$i_c = -I_o \tag{3.102}$$

流过电感器的电流从零开始线性增大，为

$$i_L = \frac{V_{in}}{L} t \tag{3.103}$$

当$t = DT_s$时，

$$i_L \big|_{t=DT_s} = \frac{V_{in}}{L} DT_s \tag{3.104}$$

可以求出状态1的终值。

● 状态2：Q关断，D导通

流过输出电容器的电流为

$$i_c = i_L - I_o \tag{3.105}$$

电感器电流以状态1的终值为初始值，线性减小到0。

$$i_L = \frac{V_{in} - v_o}{L}\left(t - DT_s\right) + \frac{V_{in}}{L} DT_s \tag{3.106}$$

当$t = (D+D_2)T_s$时，

$$\begin{aligned} i_{\mathrm{L}}\big|_{t=(D+D_2)T_{\mathrm{s}}} &= \frac{V_{\mathrm{in}}-v_{\mathrm{o}}}{L}\left[(D+D_2)T_{\mathrm{s}}-DT_{\mathrm{s}}\right]+\frac{V_{\mathrm{in}}}{L}DT_{\mathrm{s}} \\ &= \frac{T_{\mathrm{s}}}{L}\left[(V_{\mathrm{in}}-v_{\mathrm{o}})D_2+V_{\mathrm{in}}D\right]=0 \end{aligned} \tag{3.107}$$

因此，

$$D_2=\frac{V_{\mathrm{in}}}{v_{\mathrm{o}}-V_{\mathrm{in}}}D \tag{3.108}$$

● 状态3：Q关断，D截止

流过输出电容器的电流为

$$i_{\mathrm{c}}=-I_{\mathrm{o}} \tag{3.109}$$

此外，对于输出，下式在所有状态下都成立：

$$v_{\mathrm{o}}=v_{\mathrm{c}} \tag{3.110}$$

由式（3.102）、式（3.105）、式（3.109），可得辅助变量一个周期的平均值为

$$\overline{i_{\mathrm{c}}}=\frac{1}{T_{\mathrm{s}}}\int_0^{T_{\mathrm{s}}}i_{\mathrm{c}}\mathrm{d}t=\frac{1}{T_{\mathrm{s}}}\int_{DT_{\mathrm{s}}}^{(D+D_2)T_{\mathrm{s}}}\left[\frac{V_{\mathrm{in}}-v_{\mathrm{o}}}{L}(t-DT_{\mathrm{s}})+\frac{V_{\mathrm{in}}}{L}DT_{\mathrm{s}}\right]\mathrm{d}t-I_{\mathrm{o}} \tag{3.111}$$

该式的积分计算，可通过简单计算图3.13中开关S_2电流的面积（三角形面积）实现：

$$\int_{DT_{\mathrm{s}}}^{(D+D_2)T_{\mathrm{s}}}\left[\frac{V_{\mathrm{in}}-v_{\mathrm{o}}}{L}(t-DT_{\mathrm{s}})+\frac{V_{\mathrm{in}}}{L}DT_{\mathrm{s}}\right]\mathrm{d}t=\frac{1}{2}\frac{V_{\mathrm{in}}}{L}DT_{\mathrm{s}}\cdot D_2T_{\mathrm{s}} \tag{3.112}$$

因此，辅助变量的平均值为

$$\overline{i_{\mathrm{c}}}=\frac{1}{T_{\mathrm{s}}}\int_0^{T_{\mathrm{s}}}i_{\mathrm{c}}\mathrm{d}t=\frac{DD_2T_{\mathrm{s}}V_{\mathrm{in}}}{2L}-I_{\mathrm{o}} \tag{3.113}$$

综上，可得状态方程：

$$\frac{\mathrm{d}v_{\mathrm{o}}}{\mathrm{d}t}=\frac{1}{C}\overline{i_{\mathrm{c}}}=\frac{1}{C}\left(\frac{DD_2T_{\mathrm{s}}V_{\mathrm{in}}}{2L}-I_{\mathrm{o}}\right) \tag{3.114}$$

根据式（3.114）、式（3.108），稳态为

$$\begin{cases}\dfrac{DD_2T_sV_{in}}{2L}=I_o\\ D_2=\dfrac{V_{in}}{V_o-V_{in}}D\end{cases}\tag{3.115}$$

消去D_2并整理，可得

$$V_o=\frac{D^2V_{in}{}^2T_s}{2LI_o}+V_{in}\tag{3.116}$$

另外，由连续导通模式的边界条件$D_2=1-D$，可得

$$I_{o\_crit}=\frac{D(1-D)T_s}{2L}V_{in}\tag{3.117}$$

接下来，考虑动态特性。在稳态下，分别对输入电压V_{in}、占空比D、输出电流I_o施加微小变化$\Delta V_{in}(t)$、$\Delta D(t)$、$\Delta I_o(t)$，则输出电压V_o、D_2产生微小变化$\Delta V_o(t)$、$\Delta D_2(t)$。输入变量$V_{in}\Rightarrow V_{in}+\Delta V_{in}(t)$、$D\Rightarrow D+\Delta D(t)$、$I_o\Rightarrow I_o+\Delta I_o(t)$对应的输出变化为$V_o\Rightarrow V_o+\Delta V_o(t)$、$D_2\Rightarrow D_2+\Delta D_2(t)$，将其代入式（3.114）、式（3.108），可得

$$\begin{cases}\dfrac{\mathrm{d}\left(V_o+\Delta V_o\right)}{\mathrm{d}t}=\dfrac{T_s}{2LC}\left(D+\Delta D\right)\left(D_2+\Delta D_2\right)\left(V_{in}+\Delta V_{in}\right)\\ \qquad\qquad -\dfrac{1}{C}\left(I_o+\Delta I_o\right)\\ \left(D_2+\Delta D_2\right)\left[\left(V_o+\Delta V_o\right)-\left(V_{in}+\Delta V_{in}\right)\right]\\ =\left(V_{in}+\Delta V_{in}\right)\left(D+\Delta D\right)\end{cases}\tag{3.118}$$

代入稳态，忽略二次以上的微小项并线性近似，有

$$\begin{cases}\dfrac{\mathrm{d}\Delta V_o}{\mathrm{d}t}=\dfrac{T_s}{2LC}\left(D_2V_{in}\Delta D+DV_{in}\Delta D_2+DD_2\Delta V_{in}\right)-\dfrac{1}{C}\Delta I_o\\ \left(V_o-V_{in}\right)\Delta D_2=V_{in}\Delta D+\left(D+D_2\right)\Delta V_{in}-D_2\Delta V_o\end{cases}\tag{3.119}$$

消去ΔD_2，由式（3.119）第2式可得

$$\begin{aligned}&\frac{DV_{in}}{D_2}\Delta D_2=V_{in}\Delta D+\left(D+D_2\right)\Delta V_{in}-D_2\Delta V_o\\ &\Delta D_2=\frac{D}{D_2}\Delta D+\frac{D_2\left(D+D_2\right)}{DV_{in}}\Delta V_{in}-\frac{D_2{}^2}{DV_{in}}\Delta V_o\end{aligned}\tag{3.120}$$

代入式（3.119）第1式并整理，可得

$$\frac{\mathrm{d}\Delta V_{\mathrm{o}}}{\mathrm{d}t}=\frac{T_{\mathrm{s}}}{2LC}\left[2V_{\mathrm{in}}\Delta D+\left(2D+D_{2}\right)\Delta V_{\mathrm{in}}-D_{2}\Delta V_{\mathrm{o}}\right]-\frac{1}{C}\Delta I_{\mathrm{o}} \tag{3.121}$$

又由式（3.115）第1式可得

$$\begin{aligned}\frac{\mathrm{d}\Delta V_{\mathrm{o}}}{\mathrm{d}t}&=\frac{I_{\mathrm{o}}}{DV_{\mathrm{in}}C}\left[2V_{\mathrm{in}}\Delta D+\left(2D+D_{2}\right)\Delta V_{\mathrm{in}}-D_{2}\Delta V_{\mathrm{o}}\right]-\frac{1}{C}\Delta I_{\mathrm{o}}\\&=-\frac{D_{2}I_{\mathrm{o}}}{DV_{\mathrm{in}}C}\Delta V_{\mathrm{o}}+\frac{2I_{\mathrm{o}}}{DC}\Delta D+\frac{\left(2D+D_{2}\right)I_{\mathrm{o}}}{DV_{\mathrm{in}}C}\Delta V_{\mathrm{in}}-\frac{1}{C}\Delta I_{\mathrm{o}}\end{aligned} \tag{3.122}$$

经拉普拉斯变换并整理，有

$$\begin{aligned}&\left(s+\frac{D_{2}I_{\mathrm{o}}}{DV_{\mathrm{in}}C}\right)\Delta V_{\mathrm{o}}=\frac{2I_{\mathrm{o}}}{DC}\Delta D+\frac{\left(2D+D_{2}\right)I_{o}}{DV_{\mathrm{in}}C}\Delta V_{\mathrm{in}}-\frac{1}{C}\Delta I_{\mathrm{o}}\\&\Delta V_{\mathrm{o}}=\frac{1}{P(s)}\left(\frac{2V_{\mathrm{in}}}{D_{2}}\Delta D+\frac{2D+D_{2}}{D_{2}}\Delta V_{\mathrm{in}}-\frac{DV_{\mathrm{in}}}{D_{2}I_{\mathrm{o}}}\Delta I_{\mathrm{o}}\right)\end{aligned} \tag{3.123}$$

式中，

$$P(s)=\frac{s}{\omega}+1;\quad \omega=\frac{D_{2}I_{\mathrm{o}}}{DV_{\mathrm{in}}C}$$

因此，各变化对应的传递函数为

$$\begin{cases}G_{DV_{\mathrm{o}}}(s)=\left.\dfrac{\Delta V_{\mathrm{o}}(s)}{\Delta D(s)}\right|_{\substack{\Delta V_{\mathrm{in}}(s)=0\\ \Delta I_{\mathrm{o}}(s)=0}}=\dfrac{2V_{\mathrm{in}}}{D_{2}}\dfrac{1}{P(s)}\\ G_{V_{\mathrm{in}}V_{\mathrm{o}}}(s)=\left.\dfrac{\Delta V_{\mathrm{o}}(s)}{\Delta V_{\mathrm{in}}(s)}\right|_{\substack{\Delta D(s)=0\\ \Delta I_{\mathrm{o}}(s)=0}}=\dfrac{2D+D_{2}}{D_{2}}\dfrac{1}{P(s)}\\ G_{I_{\mathrm{o}}V_{\mathrm{o}}}(s)=Z_{\mathrm{o}}(s)=\left.\dfrac{\Delta V_{\mathrm{o}}(s)}{-\Delta I_{\mathrm{o}}(s)}\right|_{\substack{\Delta V_{\mathrm{in}}(s)=0\\ \Delta D(s)=0}}=\dfrac{DV_{\mathrm{in}}}{D_{2}I_{\mathrm{o}}}\dfrac{1}{P(s)}\end{cases} \tag{3.124}$$

第4章
控制机构与传递函数

由于输入电压变化、负荷变化、元件常数偏差，DC-DC变换器本身无法保持恒定电压输出，一般需要开关电源针对上述变化和偏差进行高精度输出电压控制。因此，有必要检测输出电压并实施反馈，使输出电压控制在期望范围内。尽管输出电压通过控制机构得以稳定，但动态特性发生了较大变化，设计差异会引发各种问题。本章将推导控制机构的传递函数，并完成整个开关电源的控制模型。

4.1 控制机构

开关电源的控制机构如图4.1所示，由输出电压检测单元、包含相位补偿的误差放大单元、电压–占空比转换单元（PWM）、栅极驱动器组成。降压型变换器、升压型变换器等DC-DC变换器属于功率级，是开关电源的主要部分。功率级将输入的直流电压V_{in}转换为任意输出电压V_o。输出电压由检测单元检测，以便控制。

在模拟控制的情况下，检测电压V_{sen}和基准电压V_{ref}由运算放大器构成的误差放大器进行比较和放大，进而输出对应误差的电压V_e。该电压输入到PWM电路，产生占空比为D的脉冲电压，通过栅极驱动器驱动功率级的开关器件。通过一系列反馈动作形成闭环，输出电压被控制在恒定状态。

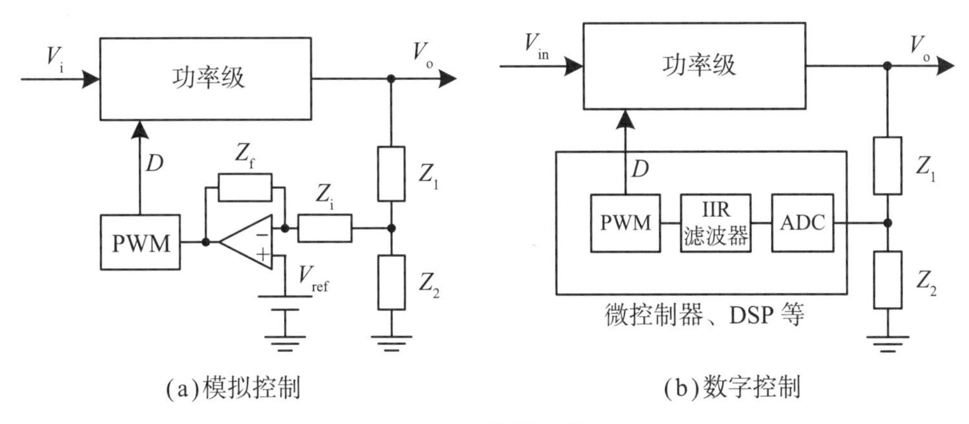

(a)模拟控制　　(b)数字控制

图4.1　控制机构

在数字控制的情况下，检测单元检测到的输出电压信号由ADC转换为数字信号，输入到作为误差放大器的IIR滤波器。IIR滤波器的计算结果输入到PWM单元，生成占空比为D的脉冲电压，通过栅极驱动器驱动功率级的开关器件。

4.2 检测单元的传递函数

输出电压检测单元电路如图4.2所示。通常，插入Z_1、Z_2对输出电压进行分压。在这种情况下，检测电压的分压比为

$$V_{sen} = \frac{Z_1}{Z_1 + Z_2} V_o \tag{4.1}$$

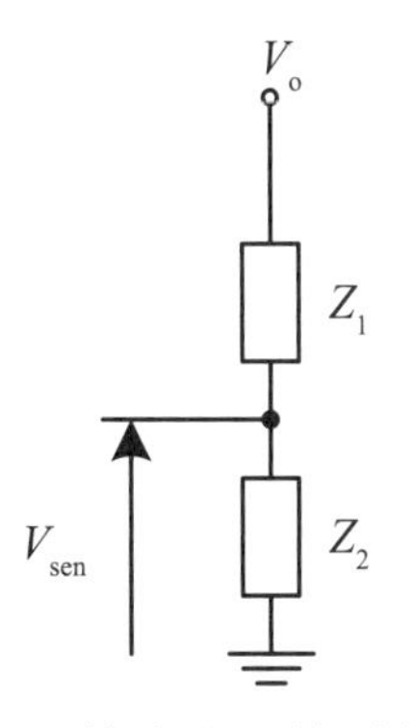

图4.2　输出电压检测单元

接下来，考虑动态特性。当输出电压发生微小变化$\Delta V_o(t)$时，检测电压V_{sen}发生变化$\Delta V_{sen}(t)$，输入变化$V_o \Rightarrow V_o+\Delta V_o(t)$对应输出变化为$V_{sen} \Rightarrow V_{sen}+\Delta V_{sen}(t)$。代入式（4.1），可得

$$V_{sen} + \Delta V_{sen}(t) = \frac{Z_1}{Z_1 + Z_2}\left[V_o + \Delta V_o(t)\right] \tag{4.2}$$

代入稳态并整理，可得

$$\Delta V_{sen}(t) = \frac{Z_1}{Z_1 + Z_2}\Delta V_o(t) \tag{4.3}$$

通过拉普拉斯变换，变换到频域，有

$$\Delta V_{sen}(s) = \frac{Z_1(s)}{Z_1(s) + Z_2(s)}\Delta V_o(s) \tag{4.4}$$

因此，检测单元的传递函数$H(s)$为

$$H(s) = \frac{\Delta V_{sen}(s)}{\Delta V_o(s)} = \frac{Z_1(s)}{Z_1(s) + Z_2(s)} \tag{4.5}$$

如果检测单元（Z_1、Z_2）仅由电阻构成，则如图4.3所示，$H(s)$为

$$H(s) = \frac{R_2}{R_1 + R_2} \tag{4.6}$$

$H(s)$为常数，与频率无关。

如果检测单元包含电容器，如图4.4所示，则要通过计算电阻R_2和电容器C的并联合成阻抗来求Z_2。一般来说，电容器的阻抗为

$$Z_c = \frac{1}{j\omega C}$$

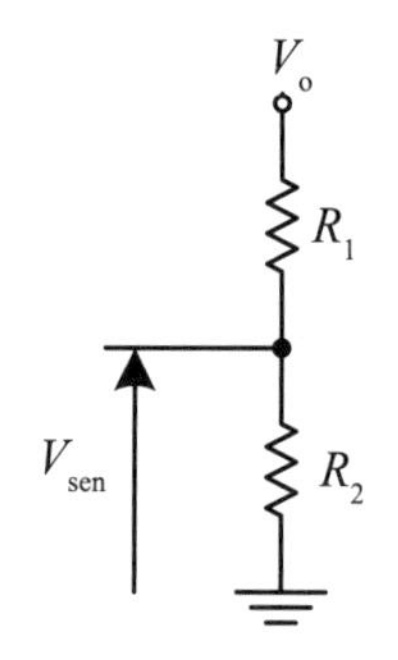

图4.3　检测单元仅由电阻构成时

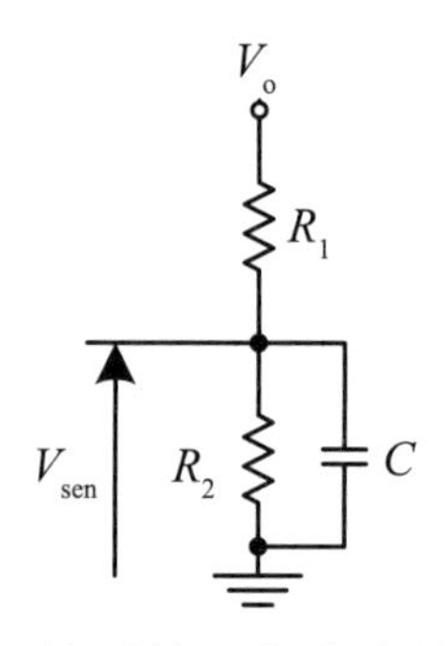

图4.4　检测单元由滤波器构成时

但是，由于最终要进行拉普拉斯变换，所以提前以$j\omega = s$进行计算，以简化计算。因此，Z_2为

$$Z_2(s) = \frac{sC}{1 + sCR_2} \tag{4.7}$$

$H(s)$为

$$H(s) = \frac{\dfrac{sC}{1 + sCR_2}}{R_1 + \dfrac{sC}{1 + sCR_2}} = \frac{sC}{R_1 + sC\left(1 + R_1R_2\right)} \tag{4.8}$$

综上，输出电压检测单元的框图如图4.5所示。

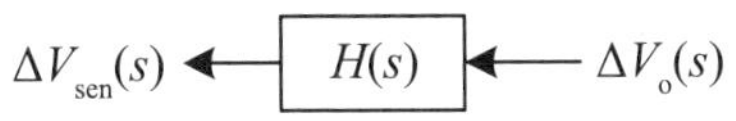

$\Delta V_{sen}(s)$ ← $H(s)$ ← $\Delta V_o(s)$

图4.5　输出电压检测单元的框图

4.3　误差放大单元的传递函数

误差放大单元的电路如图4.6所示 。误差放大器由运算放大器、输入电阻Z_i、反馈电阻Z_f、基准电压V_{ref}构成，放大并输出基于基准电压的误差。输入电阻Z_i、反馈电阻Z_f一般由电阻和电容器构成。另外，误差放大单元是控制机构特别重要的组成部分，对作为功率级的DC-DC变换器起到相位补偿的作用，对开关电源特性有决定性作用。

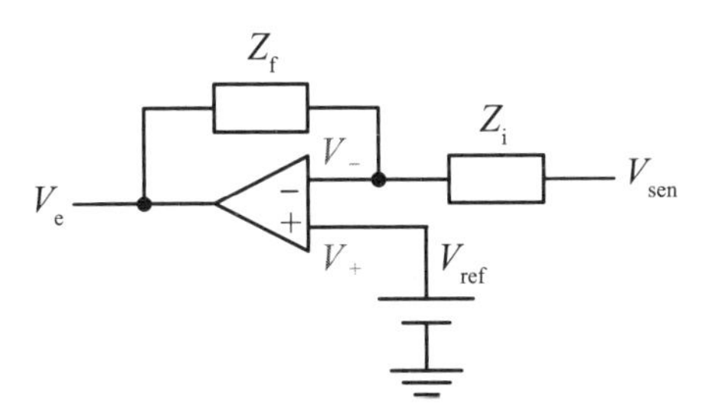

图4.6　误差放大单元电路

设运算放大器的端子电压分别为V_-、V_+，可以推导出以下节点方程：

$$\begin{cases} \dfrac{V_{sen} - V_-}{Z_i} = \dfrac{V_- - V_e}{Z_f} \\ V_+ = V_{ref} \end{cases} \tag{4.9}$$

由式（4.9）第1式可得

$$V_{-}=\frac{Z_{\mathrm{f}}V_{\mathrm{sen}}+Z_{\mathrm{i}}V_{\mathrm{e}}}{Z_{\mathrm{i}}+Z_{\mathrm{f}}} \tag{4.10}$$

对于虚地，$V_{-}=V_{+}$，有

$$V_{\mathrm{ref}}=\frac{Z_{\mathrm{f}}V_{\mathrm{sen}}+Z_{\mathrm{i}}V_{\mathrm{e}}}{Z_{\mathrm{i}}+Z_{\mathrm{f}}} \tag{4.11}$$

因此，误差放大电压V_{e}为

$$V_{\mathrm{e}}=\left(1+\frac{Z_{\mathrm{f}}}{Z_{\mathrm{i}}}\right)V_{\mathrm{ref}}-\frac{Z_{\mathrm{f}}}{Z_{\mathrm{i}}}V_{\mathrm{sen}}=V_{\mathrm{ref}}+\frac{Z_{\mathrm{f}}}{Z_{\mathrm{i}}}\left(V_{\mathrm{ref}}-V_{\mathrm{sen}}\right) \tag{4.12}$$

由该式可知，检测电压V_{sen}小于基准电压V_{ref}时，误差放大电压V_{e}输出较大；反之，当检测电压V_{sen}较大时，误差放大电压V_{e}输出较小。

接下来，考虑动态特性。对检测电压V_{sen}和基准电压V_{ref}施加微小变化$\Delta V_{\mathrm{sen}}(t)$、$\Delta V_{\mathrm{ref}}(t)$时，输入变化$V_{\mathrm{sen}}\Rightarrow V_{\mathrm{sen}}+\Delta V_{\mathrm{sen}}(t)$、$V_{\mathrm{ref}}\Rightarrow V_{\mathrm{ref}}+\Delta V_{\mathrm{ref}}(t)$对应的输出变化为$V_{\mathrm{e}}\Rightarrow V_{\mathrm{e}}+\Delta V_{\mathrm{e}}(t)$。将其代入式（4.12），可得

$$V_{\mathrm{e}}+\Delta V_{\mathrm{e}}(t)=\left(1+\frac{Z_{\mathrm{f}}}{Z_{\mathrm{i}}}\right)\left[V_{\mathrm{ref}}+\Delta V_{\mathrm{ref}}(t)\right]-\frac{Z_{\mathrm{f}}}{Z_{\mathrm{i}}}\left[V_{\mathrm{sen}}+\Delta V_{\mathrm{sen}}(t)\right] \tag{4.13}$$

代入稳态并整理，可得

$$\Delta V_{\mathrm{e}}(t)=\left(1+\frac{Z_{\mathrm{f}}}{Z_{\mathrm{i}}}\right)\Delta V_{\mathrm{ref}}(t)-\frac{Z_{\mathrm{f}}}{Z_{\mathrm{i}}}\Delta V_{\mathrm{sen}}(t) \tag{4.14}$$

通过拉普拉斯变换，变换到频域，有

$$\Delta V_{\mathrm{e}}(s)=\left[1+\frac{Z_{\mathrm{f}}(s)}{Z_{\mathrm{i}}(s)}\right]\Delta V_{\mathrm{ref}}(s)-\frac{Z_{\mathrm{f}}(s)}{Z_{\mathrm{i}}(s)}\Delta V_{\mathrm{sen}}(s) \tag{4.15}$$

误差放大单元的传递函数为

$$G_{\mathrm{c}}(s)=-\left.\frac{\Delta V_{\mathrm{e}}(s)}{\Delta V_{\mathrm{sen}}(s)}\right|_{\Delta V_{\mathrm{ref}}(s)=0}=\frac{Z_{\mathrm{f}}(s)}{Z_{\mathrm{i}}(s)} \tag{4.16}$$

$$G_{\mathrm{r}}(s)=\left.\frac{\Delta V_{\mathrm{e}}(s)}{\Delta V_{\mathrm{ref}}(s)}\right|_{\Delta V_{\mathrm{sen}}(s)=0}=1+\frac{Z_{\mathrm{f}}(s)}{Z_{\mathrm{i}}(s)}=1+G_{\mathrm{c}}(s) \tag{4.17}$$

综上，误差放大单元的框图如图4.7所示。参考电压V_{ref}一般不变，因此，误差放大单元的框图可以简化为图4.8。

ΔVe(s)
Gc(s)
ΔVsen(s)
ΔVref(s)
+
−
+
+

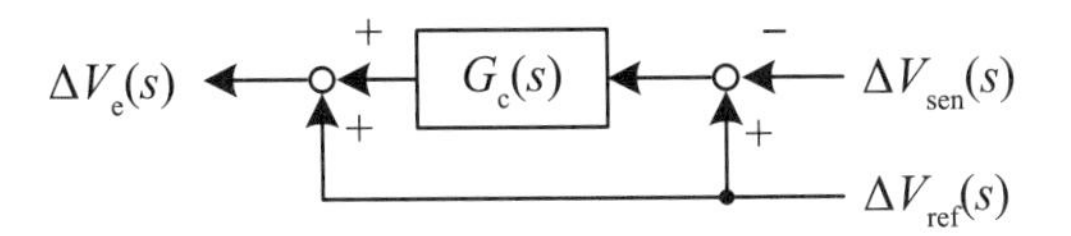

图4.7 误差放大单元框图

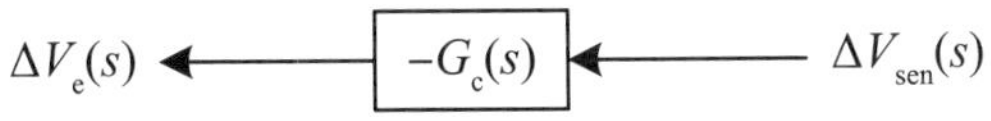

ΔVe(s)
−Gc(s)
ΔVsen(s)

图4.8 忽略参考电压变化的误差放大单元框图

这里，误差放大单元的结构中没有插入输入阻抗，如图4.9所示。有时输出电压检测配置为滤波器，兼具输入阻抗。在这种情况下，由于要推导包括电压检测单元的传递函数，因此，将电压检测单元的传递函数设为$H(s)=1$。

Vo
Zf
Z1
Ve
−
+
Vref
Z2

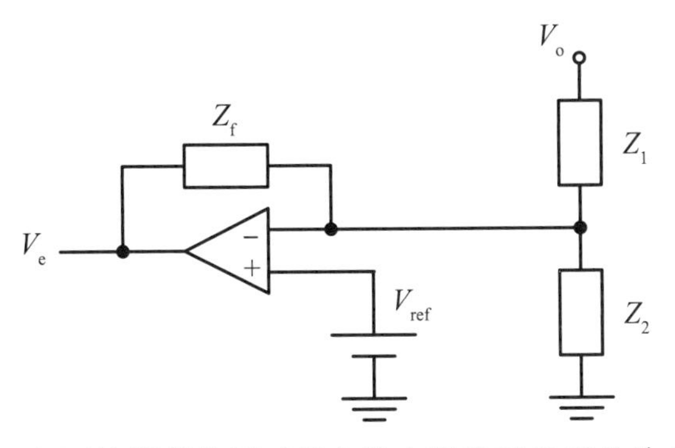

图4.9 电压检测部分同时具有输入阻抗时的误差放大单元

电流通过Z_1流入运算放大器的负端。因此，可以推导出以下节点方程：

$$\begin{cases} \dfrac{V_o - V_-}{Z_1} = \dfrac{V_- - V_e}{Z_f} \\ V_+ = V_{ref} \end{cases} \tag{4.18}$$

由式（4.18）第1式可得

$$V_- = \frac{Z_f V_o + Z_1 V_e}{Z_1 + Z_f} \tag{4.19}$$

对于虚地，$V_- = V_+$，有

$$V_{ref} = \frac{Z_f V_o + Z_1 V_e}{Z_1 + Z_f} \tag{4.20}$$

因此，误差放大电压V_e为

$$V_e = \left(1 + \frac{Z_f}{Z_1}\right) V_{ref} - \frac{Z_f}{Z_1} V_o = V_{ref} + \frac{Z_f}{Z_1}\left(V_{ref} - V_o\right) \tag{4.21}$$

接下来，考虑动态特性。对输出电压V_o和基准电压V_{ref}分别施加微小变化$\Delta V_o(t)$、$\Delta V_{ref}(t)$时，输入变化$V_o \Rightarrow V_o+\Delta V_o(t)$、$V_{ref} \Rightarrow V_{ref}+\Delta V_{ref}(t)$对应的输出变化为$V_e \Rightarrow V_e+\Delta V_e(t)$。将其代入式（4.21），可得

$$V_e + \Delta V_e(t) = \left(1+\frac{Z_f}{Z_1}\right)\left[V_{ref} + \Delta V_{ref}(t)\right] - \frac{Z_f}{Z_1}\left[V_o + \Delta V_o(t)\right] \tag{4.22}$$

代入稳态并整理，可得

$$\Delta V_e(t) = \left(1+\frac{Z_f}{Z_1}\right)\Delta V_{ref}(t) - \frac{Z_f}{Z_1}\Delta V_{sen}(t) \tag{4.23}$$

通过拉普拉斯变换，变换到频域，有

$$\Delta V_e(s) = \left[1+\frac{Z_f(s)}{Z_1(s)}\right]\Delta V_{ref}(s) - \frac{Z_f(s)}{Z_1(s)}\Delta V_{sen}(s) \tag{4.24}$$

误差放大单元的传递函数为

$$G_c(s) = -\left.\frac{\Delta V_e(s)}{\Delta V_{sen}(s)}\right|_{\Delta V_{ref}(s)=0} = \frac{Z_f(s)}{Z_1(s)} \tag{4.25}$$

$$G_r(s) = \left.\frac{\Delta V_e(s)}{\Delta V_{ref}(s)}\right|_{\Delta V_{sen}(s)=0} = 1+\frac{Z_f(s)}{Z_1(s)} = 1+G_c(s) \tag{4.26}$$

由上式可知，Z_2对误差放大器的传递函数没有贡献。而在数字控制中，误差放大器是通过微控制器内置IIR滤波器实现的，与ADC输出进行比较运算。IIR滤波器的详细内容参见第6章。

4.4　PWM电路的传递函数

PWM电路的传递函数有电压模式和电流模式之分。电压模式的传递函数是最基础的，反馈环路只反馈输出电压。通过误差放大器与基准电压作比较得到差分电压，再和斜率波（三角波）比较后决定PWM信号的脉宽，控制输出电压。

PWM电路电压模式工作原理如图4.10所示。电源控制IC内部产生的峰值为V_{ramp}的锯齿波（三角波）与误差放大器的输出电压V_e作比较，当误差放大器电压V_e高于锯齿波时，PWM电路产生输出高电平的周期性脉冲信号；当电压V_e低于锯齿波时，PWM电路产生输出低电平的周期性脉冲信号。锯齿波的频率即开关

频率f_{sw}，占空比D为高电平周期与锯齿波周期之比。当误差放大器电压变化时，占空比D也随之变化。这种由外部信号调制脉冲宽度的操作被称为脉冲宽度调制（PWM）。

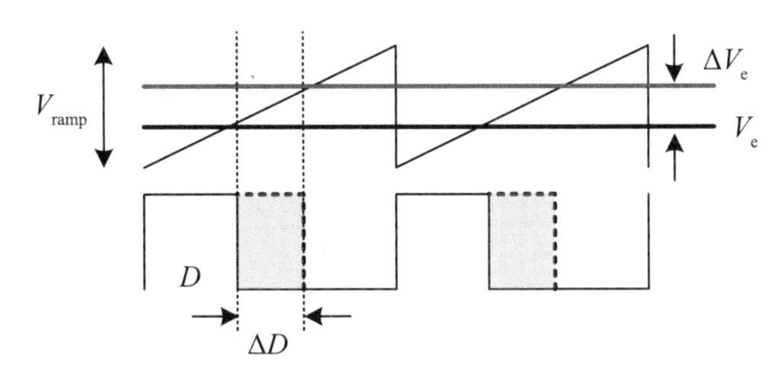

图4.10 PWM电路电压模式工作原理

接下来，考虑动态特性。对误差放大器电压V_e施加微小变化$\Delta V_e(t)$时，输入变化$V_e \Rightarrow V_e+\Delta V_e(t)$对应的输出变化为$D \Rightarrow D+\Delta D(t)$。当$V_e$由锯齿波的最小值变化到最大值（变化幅度为波高值$V_{ramp}$）时，占空比$D$从0变到1。因此，PWM电路的传递函数为

$$F_m = \frac{\Delta D(s)}{\Delta V_e(s)} = \frac{1}{V_{ramp}} \tag{4.27}$$

在数字控制的情况下，传递函数由内部计数器值和ADC参考电压V_{AD_ref}决定。例如，3.3V基准电压，分辨率为8位。

当内部计数器为8bit时，输出电压在0～3.3V变化，占空比在0～100%变化。因此，F_m为

$$F_m = \frac{1}{V_{AD\_ref}} \tag{4.28}$$

4.5 控制机构与开关电源整体框图

综上所述，控制机构框图如图4.11所示。结合在第3章得到的DC-DC变换器框图，可以绘出图4.12所示的开关电源整体框图（带电压反馈控制）。由于开关电源基准电压V_{ref}不会变，可以令$\Delta V_{ref}(t)=0$以简化框图，如图4.13所示。

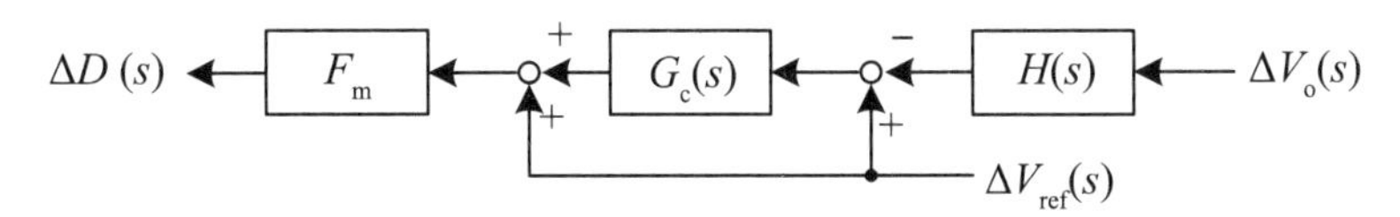

图4.11 控制机构框图

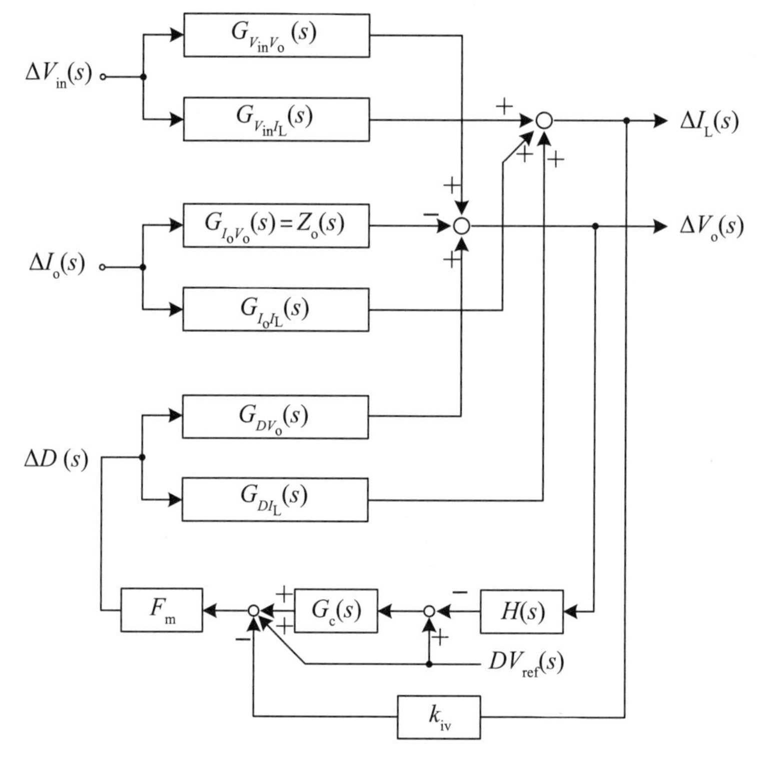

图4.12　开关电源整体框图

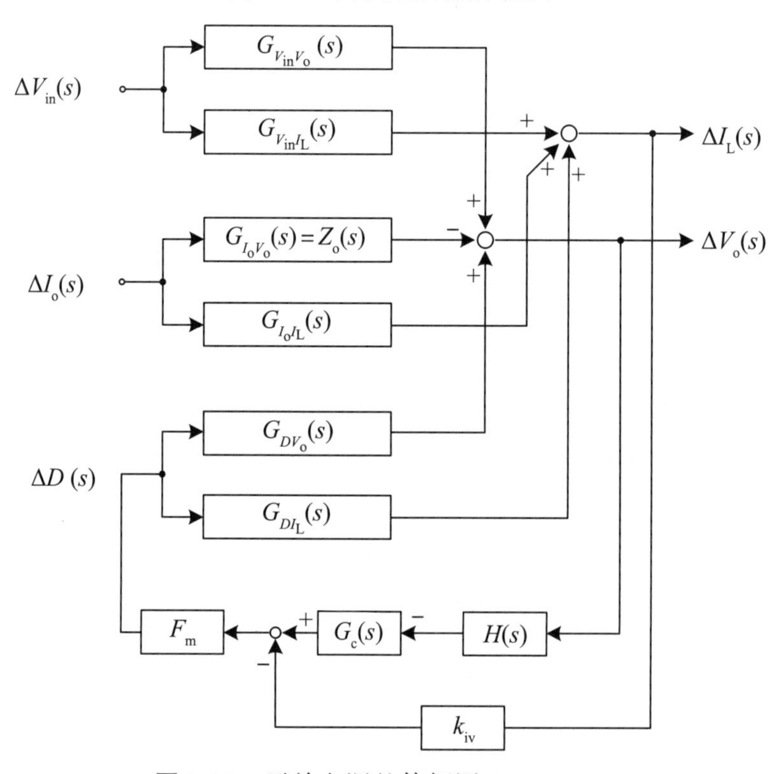

图4.13　开关电源整体框图[$\Delta V_{ref}(t)=0$]

第5章 开关电源的评价指标

控制系统设计的关键是把握好控制对象的特性，设计出满足规格要求的控制系统。前几章基于状态平均法的分析、开关电源的框图，讲解了控制对象DC-DC变换器的特性。本章将介绍开关电源的三个评价指标，以加深对控制系统设计的理解。

· 指标1：开环传递函数（环路增益）。

· 指标2：输出阻抗特性。

· 指标3：输入/输出电压特性（音频纹波衰减率）。

5.1 开环传递函数（环路增益）

开环传递函数（环路增益）是评价系统稳定性的重要函数。为了提高开关电源的性能，通常会采取各种控制措施。但是为了提高性能而牺牲稳定性就本末倒置了。原则是开关电源必须在任何状态下都能稳定运行。因此，不仅要在满足性能要求的前提下稳定运行，还要把握其在稳定性上有多少余量。图5.1所示为只有输出电压反馈时的框图，忽略了电感器电流相关的传递函数，且假设基准电压没有变化。由图5.1求出的开环传递函数如图5.2所示，它表示的是切断输出电压环路，输入电压变化ΔV_o^*时的输出电压响应。

$$T(s)=\frac{\Delta V_o}{\Delta V_o^*}=G_{DV_o}(s)\cdot F_m\cdot G_c(s)\cdot H(s) \tag{5.1}$$

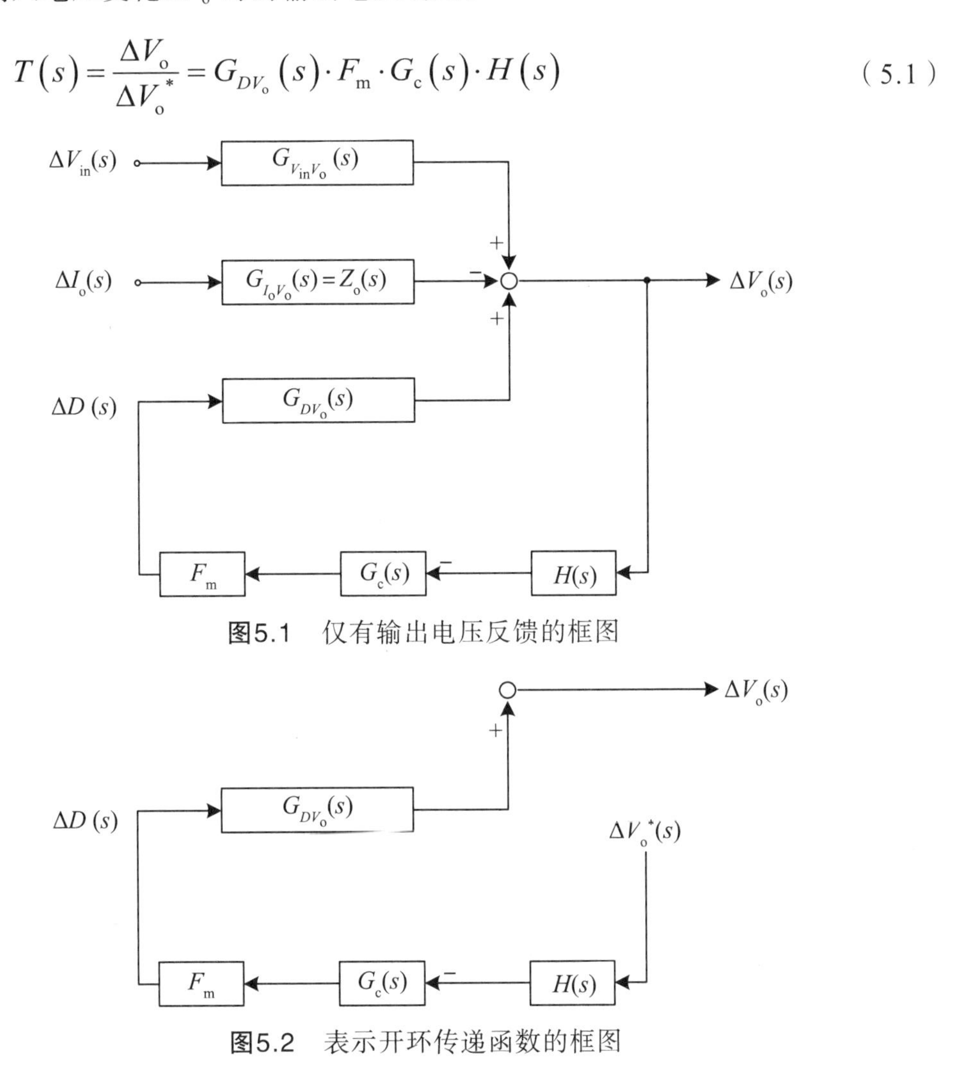

图5.1 仅有输出电压反馈的框图

图5.2 表示开环传递函数的框图

开环传递函数是从开环的特性出发，评价闭环稳定性的函数。伯德图是评价开环传递函数的方法之一。

5.1.1　伯德图与稳定裕度

伯德图是将传递函数的变量进行下述计算后绘制出来的：

$$\begin{cases} \text{Gain（增益）} = 20\log_{10}\left|T\left(j\omega\right)\right| & \text{（dB）} \\ \text{Phase（相位）} = -\arctan\dfrac{\operatorname{Im}T\left(j\omega\right)}{\operatorname{Re}T\left(j\omega\right)} & \text{（°）} \end{cases} \tag{5.2}$$

基于伯德图，不仅可以判断系统是否稳定，还可以简单地读取稳定裕度（增益裕量、相位裕量）——这是衡量系统稳定性的指标。增益裕量、相位裕量的定义如图5.3所示。其中，相位裕量是增益交叉频率（即交叉频率）下相位相对于-180°的余量；增益裕量相位为-180°时交叉频率下的增益相对于0dB的余量。各裕量由下式给出：

$$\begin{cases} G_{\mathrm{M}} = -G\left(f_{180}\right) \\ \phi_{\mathrm{M}} = 180 - \phi\left(f_{\mathrm{bw}}\right) \end{cases} \tag{5.3}$$

系统稳定时，ϕ_M、G_{M}都取正值。对于相位旋转小于180°的系统，其增益裕量为∞。

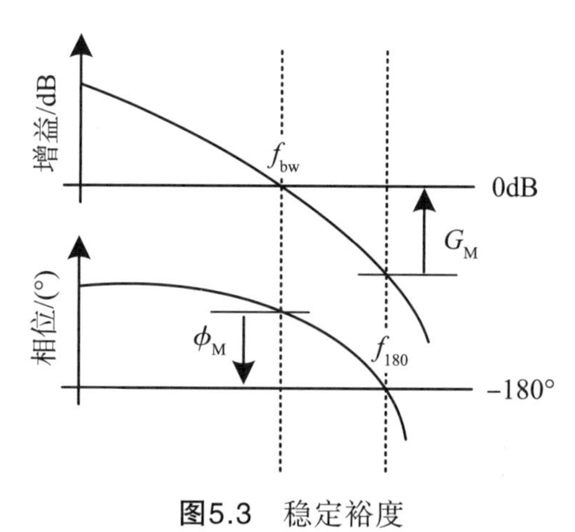

图5.3　稳定裕度

一般来说，伺服机构（跟踪控制）的推荐增益裕量为10～20dB，相位裕量为40°～60°；对于定值控制的机构，推荐增益裕量为3～10dB，相位裕量在20°以上。开关电源属于伺服机构。

5.1.2　时延元件与频率特性

输入信号通过系统，出现在输出端所需的时间，称为“时延”。输出电压V_{o}连续输入到误差放大器，但占空比转换单元在一个周期内仅输出一次误差放大器电压V_e对应的占空比D。占空比D确定后，即使输入和负荷发生变化，也只能在下一个周期反映。最坏的情况下，时延可达一个周期。时延由延迟一个周期T_s的DELTA函数$\delta(u-T_s)$的拉普拉斯变换给出：

$$L\left[\delta\left(u-T_s\right)\right]=e^{-sT_s} \tag{5.4}$$

搞清楚e^{-sT_s}的频率特性，以确定时延对频率特性的影响，是十分必要的。由于数学公式看起来不够直观，这里通过帕德近似（这里是二次近似）进行变形，得到

$$e^{-sT_s}=\frac{1-s\dfrac{T_s}{2}+s^2\dfrac{T_s^2}{12}}{1+s\dfrac{T_s}{2}+s^2\dfrac{T_s^2}{12}} \tag{5.5}$$

时延的传递函数e^{-sT_s}具有移相器（全通滤波器）特性。因此，增益没有变化，保持0dB不变，仅相位旋转。图5.4所示为分析得到的时延的频率特性。这里，开关周期设为5μs（开关频率200kHz），在1/2开关频率处−180° 相位旋转。

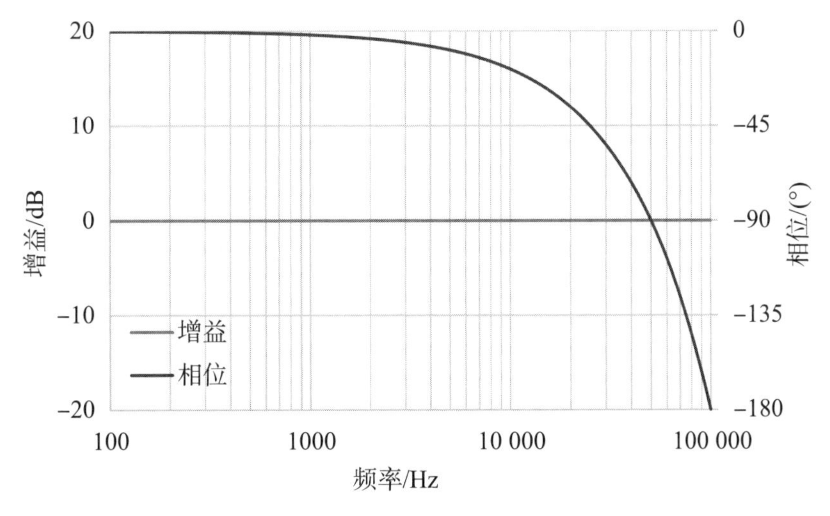

图5.4　时延的频率特性

时延的影响在数字控制电源中尤为明显。这是因为在数字控制中存在各种时延，如将模拟信号转换为数字信号的AD转换器和程序的计算时间。另外，模拟控制也无法脱离采样理论，因此，也会产生和传统数字控制相同的一个周期时延。但是，部分电源控制IC在内部校正时延，频率特性上不会出现时延引起的相位旋转。考虑了时延的开环传递函数为

$$T(s)=\frac{\Delta V_{\mathrm{o}}}{\Delta V_{\mathrm{o}}^{*}}=G_{DV_{\mathrm{o}}}(s)\cdot F_{\mathrm{m}}\cdot G_{\mathrm{c}}(s)\cdot H(s)\cdot e^{-sT_{\mathrm{s}}} \tag{5.6}$$

5.1.3 相位补偿器

上一节对误差放大器作了简单介绍，本节介绍开关电源中常用的Ⅱ型补偿器和Ⅲ型补偿器。Ⅱ型补偿器具有两个极点和一个零点（两极一零），Ⅲ型补偿器具有三个极点和两个零点（三极两零）。它们的反馈电路结构相同，极点和零点的数量取决于输入侧的电路结构。

由运算放大器组成的Ⅱ型补偿器电路如图5.5所示。求出该补偿器的传递函数，对照图4.9，有

$$Z_{\mathrm{f}}(s)=\frac{sR_{\mathrm{f1}}C_{\mathrm{f2}}+1}{s\left(C_{\mathrm{f1}}+C_{\mathrm{f2}}\right)\left(sR_{\mathrm{f1}}\dfrac{C_{\mathrm{f1}}C_{\mathrm{f2}}}{C_{\mathrm{f1}}+C_{\mathrm{f2}}}+1\right)} \tag{5.7}$$

因此，Ⅱ型补偿器的传递函数由式（4.25）给出：

$$\begin{aligned}G_{\mathrm{c}}(s)&=\frac{Z_{\mathrm{f}}(s)}{Z_{1}(s)}\\&=\frac{1}{sR_{1}\left(C_{\mathrm{f1}}+C_{\mathrm{f2}}\right)}\frac{sR_{\mathrm{f}}C_{\mathrm{f2}}+1}{\left(sR_{\mathrm{f}}\dfrac{C_{\mathrm{f1}}C_{\mathrm{f2}}}{C_{\mathrm{f1}}+C_{\mathrm{f2}}}+1\right)}=\frac{\omega_{\mathrm{i}}}{s}\frac{\dfrac{s}{\omega_{\mathrm{z1}}}+1}{\dfrac{s}{\omega_{\mathrm{p1}}}+1}\end{aligned} \tag{5.8}$$

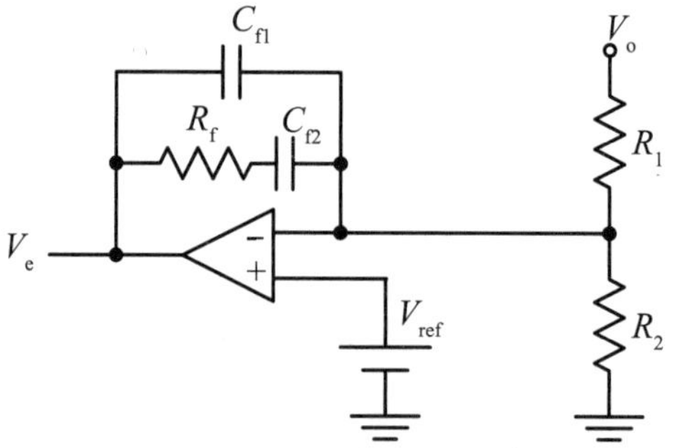

图5.5　Ⅱ型补偿器

一般使$C_{\mathrm{f1}}<<C_{\mathrm{f2}}$，

$$\omega_{\mathrm{i}}=\frac{1}{R_{1}\left(C_{\mathrm{f1}}+C_{\mathrm{f2}}\right)}\approx\frac{1}{R_{1}C_{\mathrm{f2}}},\quad f_{1}=\frac{1}{2\pi R_{1}C_{\mathrm{f2}}} \tag{5.9}$$

$$\omega_{\mathrm{p1}} = \frac{1}{R_{\mathrm{f}}\dfrac{C_{\mathrm{f1}}C_{\mathrm{f2}}}{C_{\mathrm{f1}}+C_{\mathrm{f2}}}} \approx \frac{1}{R_{\mathrm{f}}C_{\mathrm{f1}}},\ f_{\mathrm{p1}} = \frac{1}{2\pi R_{\mathrm{f}}C_{\mathrm{f1}}} \tag{5.10}$$

$$\omega_{\mathrm{z1}} = \frac{1}{R_{\mathrm{f}}C_{\mathrm{f2}}},\ f_{\mathrm{z1}} = \frac{1}{2\pi R_{\mathrm{f}}C_{\mathrm{f2}}} \tag{5.11}$$

Ⅱ型补偿器的大致频率特性如图5.6所示。积分元件增大了低频侧的增益。在这个区域，增益以-20dB/dec的斜率减小。另外，受积分元件的影响，相位始于-90°。

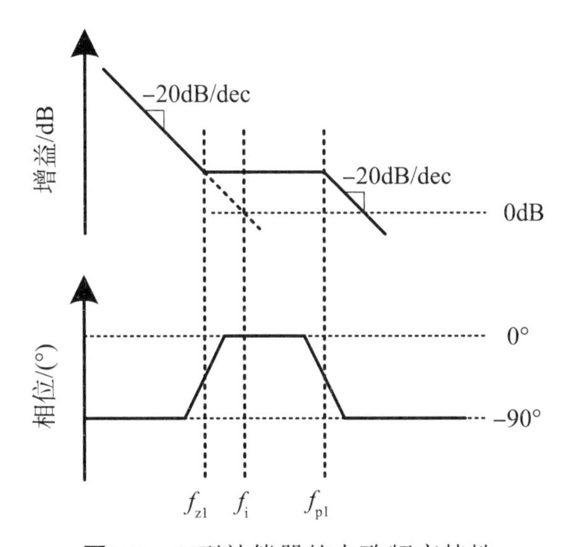

图5.6 II型补偿器的大致频率特性

其次，增益在零点f_{z1}以20dB/dec的斜率增大，故积分元件被取消，斜率变为0dB/dec。在这种情况下，相位前进90°，从-90°变为0°。该区域的相位超前，增加了开环传递函数的相位裕量。此外，在高频侧极点f_{p1}，增益以-20dB/dec的斜率减小，以调整频带使之不至于太宽。相位在延迟元件的作用下再次向-90°方向延迟。

由运算放大器组成的Ⅲ型补偿器电路如图5.7所示。求出该补偿器的传递函数，对照图4.9，有

$$Z_1(s) = \frac{R_1(sR_3C_1+1)}{s(R_1+R_3)C_1+1} \tag{5.12}$$

$$Z_{\mathrm{f}}(s) = \frac{sR_{\mathrm{f}}C_{\mathrm{f2}}+1}{s(C_{\mathrm{f1}}+C_{\mathrm{f2}})\left(sR_{\mathrm{f}}\dfrac{C_{\mathrm{f1}}C_{\mathrm{f2}}}{C_{\mathrm{f1}}+C_{\mathrm{f2}}}+1\right)} \tag{5.13}$$

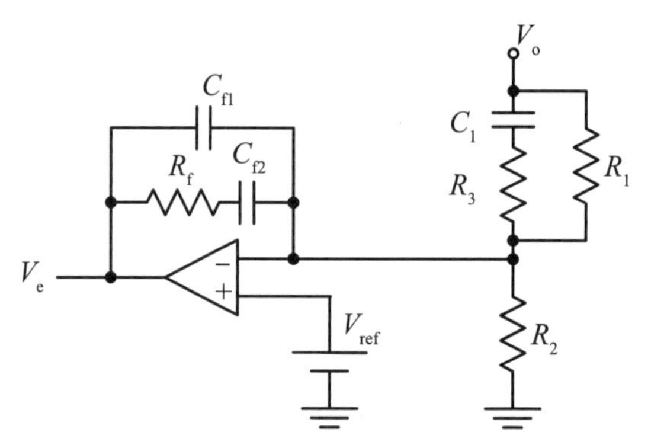

图5.7　Ⅲ型补偿器

因此，Ⅲ型补偿器的传递函数由式（4.25）给出：

$$G_c(s)=\frac{Z_f(s)}{Z_1(s)}=\frac{1}{sR_1\left(C_{f1}+C_{f2}\right)}\frac{\left[s\left(R_1+R_3\right)C_1+1\right]\left(sR_f C_{f2}+1\right)}{\left(sR_3C_1+1\right)\left(sR_f\dfrac{C_{f1}C_{f2}}{C_{f1}+C_{f2}}+1\right)}$$

$$=\frac{\omega_i}{s}\frac{\left(\dfrac{s}{\omega_{z1}}+1\right)\left(\dfrac{s}{\omega_{z2}}+1\right)}{\left(\dfrac{s}{\omega_{p1}}+1\right)\left(\dfrac{s}{\omega_{p2}}+1\right)} \tag{5.14}$$

一般使$C_{f1}<<C_{f2}$、$R_3<<R_1$，

$$\omega_i=\frac{1}{R_1\left(C_{f1}+C_{f2}\right)}\approx\frac{1}{R_1C_{f2}}\text{，}f_i=\frac{1}{2\pi R_1C_{f2}} \tag{5.15}$$

$$\omega_{p1}=\frac{1}{R_3C_1}\text{，}f_{p1}=\frac{1}{2\pi R_3C_1} \tag{5.16}$$

$$\omega_{p2}=\frac{1}{R_f\dfrac{C_{f1}C_{f2}}{C_{f1}+C_{f2}}}\approx\frac{1}{R_fC_{f1}}\text{，}f_{p2}=\frac{1}{2\pi R_fC_{f1}} \tag{5.17}$$

$$\omega_{z1}=\frac{1}{(R_1+R_3)C_1}\approx\frac{1}{R_1C_1}\text{，}f_{z1}=\frac{1}{2\pi R_1C_1} \tag{5.18}$$

$$\omega_{z2}=\frac{1}{R_fC_{f2}}\text{，}f_{z2}=\frac{1}{2\pi R_fC_{f2}} \tag{5.19}$$

Ⅲ型补偿器的大致频率特性如图5.8所示。积分元件增大了低频侧的增益。在此区域，增益以−20dB/dec的斜率减小。另外，受积分元件的影响，相位始于−90°。

其次，增益在零点f_{z1}以20dB/dec的斜率增大，故积分元件被消失，斜率变为0dB/dec。在这种情况下，相位前进90°，从−90°变为0°。在零点f_{z2}，增益再次以20dB/dec的斜率增大，相位向90°前进。通过这两个零点，相位可以大幅超前，增加了开环传递函数的相位裕量。此外，在高频侧极点f_{p2}，增益以−20dB/dec的斜率减小，以调整频带使之不至于太宽。相位在延迟元件的作用下再次向−90°方向延迟。

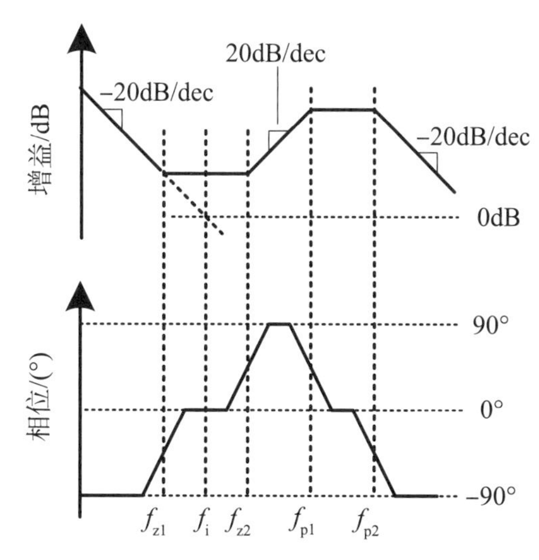

图5.8　Ⅲ型补偿器的大致频率特性

5.1.4　降压型变换器的开环传递函数

在讨论开环传递函数之前，先了解从控制对象，即降压型变换器的占空比到输出电压的传递函数$G_{DV_o}(s)$的频率特性。根据式（3.69），传递函数$G_{DV_o}(s)$由下式给出：

$$G_{DV_o}(s)=\left.\frac{\Delta V_o(s)}{\Delta D(s)}\right|_{\substack{\Delta V_{in}(s)=0\\ \Delta I_o(s)=0}}=\frac{\dfrac{s}{\omega_{esr}}+1}{P(s)}V_{in} \tag{5.20}$$

式中，

$$P(s)=s^2LC+sC(r_L+r_c)+1=\left(\frac{s}{\omega_o}\right)^2+\frac{\delta}{2\omega_o}s+1 \tag{5.21}$$

$$\omega_{\text{esr}} = \frac{1}{Cr_{\text{c}}} \tag{5.22}$$

$$\omega_{\text{o}} = \frac{1}{\sqrt{LC}} \tag{5.23}$$

$$\delta = \frac{r_{\text{L}} + r_{\text{c}}}{2}\sqrt{\frac{C}{L}} \tag{5.24}$$

传递函数$G_{DV_{\text{o}}}(s)$的大致频率特性如图5.9所示。传递函数$G_{DV_{\text{o}}}(s)$为二阶系统，存在谐振峰，这里未予显示。原本的频率特性在拐点区域出现峰值。

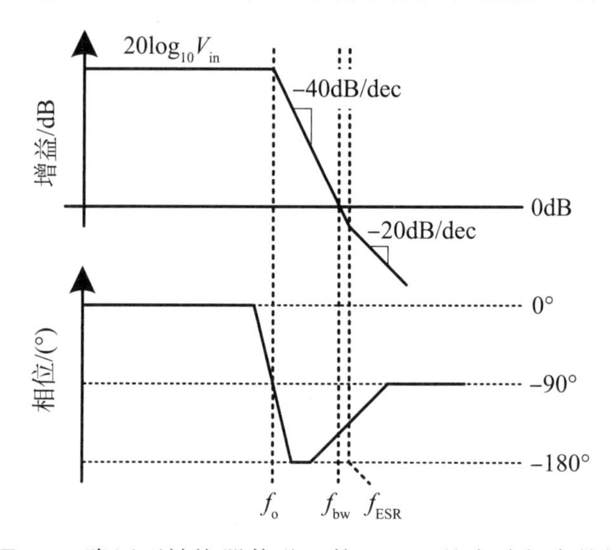

图5.9　降压型转换器传递函数$G_{DV_{\text{o}}}(s)$的大致频率特性

低频侧为直流增益，代入$s = 0$，则为输入电压V_{in}。相位恒定为0°，因为增益没有变化。拐点的频率为

$$f_{\text{o}} = \frac{1}{2\pi\sqrt{LC}}$$

增益以−40dB/dec的斜率减小。相位向−180°旋转。在高频侧，受输出电容器ESR的影响，增益的斜率变缓为20dB/dec，相位向−90°前进。

从损耗的角度看，输出电容器ESR越小越好。但从控制系统设计的角度看，ESR越大，稳定性越高。

接下来，比较传递函数$G_{DV_{\text{o}}}(s)$频率特性的分析结果和实验结果，如图5.10所示。电路参数见表5.1。从分析结果可以看出，直流增益约为21dB，谐振峰出现在3kHz附近。另外，在高频侧，受电容器ESR的影响，相位向−90°前进。实验结果也显示出几乎相同的频率特性，证实了分析的有效性。

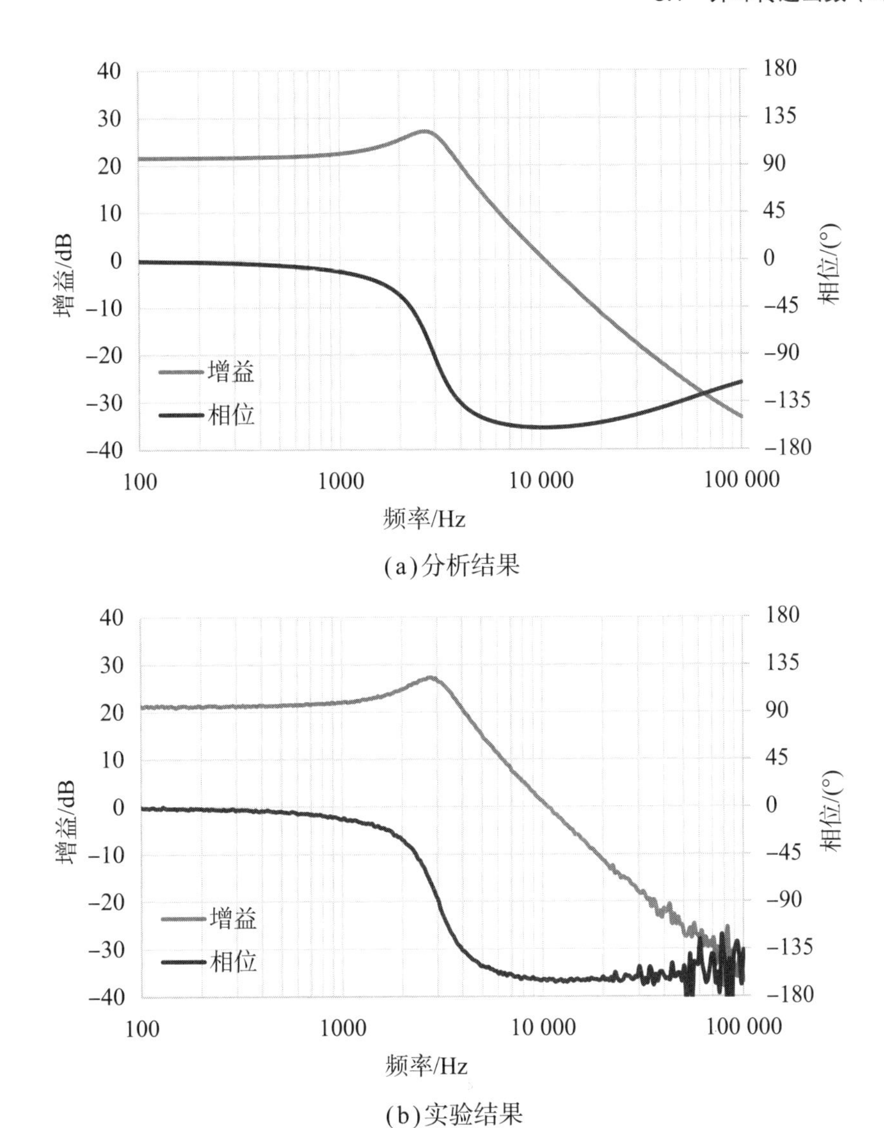

(a)分析结果

(b)实验结果

图5.10 $G_{DV_o}(s)$的频率特性

表 5.1 降压型变换器的电路参数

符 号	说 明	值
V_{in}	输入电压	12V
V_o/I_o	输出条件	5V/5A
L	电 感	10μH
r_L	电感器串联电阻	90mΩ
C	电 容	300μF
r_c	电容器串联电阻	10mΩ
f_{sw}	开关频率	190kHz
F_m	电压－占空比转换增益	0.5
D	开环占空比	0.4

Ⅲ型补偿器的参数是根据$G_{DV_o}(s)$的频率特性设置的。直到现在，补偿器设计的主流还是依赖电路设计者的经验。近年来，各IC厂商提出了简易设计方法，可见于相关应用笔记。设计方法大同小异，下面介绍一个Ⅲ型补偿器的设计实例。

● 补偿器设计步骤

由于开环传递函数的交叉频率f_{bw}设置得高于DC-DC变换器的谐振频率（由LC滤波器决定）f_o，并且低于输出电容器ESR产生的零点f_{esr}，因此，下式成立：

$$f_o \leqslant f_{bw} \leqslant f_{esr}$$

根据这个频率范围，将Ⅲ型补偿器的极点和零点设在

$$f_{z1}, f_{z2} \leqslant f_{bw} \leqslant f_{p1}, f_{p2}$$

总体上，

$$f_{z1} \leqslant f_o \leqslant f_{z2} \leqslant f_{bw} \leqslant f_{p1} \leqslant f_{esr} \leqslant f_{p2}$$

按以下步骤进行设定。

（1）确定交叉频率f_{bw}

交叉频率一般设为开关频率的1/5 ~ 1/10。

（2）求积分器的极点

极点的频率为

$$f_i = \frac{f_{bw}}{F_m V_{in}} \tag{5.25}$$

这是根据在开环传递函数的交叉频率附近成立的近似式估算的结果。

（3）确定零点f_{z1}、f_{z2}

假设

$$f_{z1} = f_{z2} = f_o$$

画出频率特性并进行微调。

（4）确定极点f_{p1}

将极点f_{p1}设为交叉频率的数倍。

（5）确定极点f_{p2}

将输出电容器ESR产生的零点f_{esr}设为极点f_{p2}。

● 补偿器设计实例

（1）确定交叉频率f_{bw}

开关频率设定为190kHz，将交叉频率设为$f_{bw}=20kHz$，约是开关频率的1/10。

（2）求积分器的极点

根据式（5.25），$f_i=3.3kHz$。

（3）确定零点f_{z1}、f_{z2}

零点f_{z1}、f_{z2}与谐振峰一致时，$f_{z1}=f_{z2}=3kHz$。

（4）确定极点f_{p1}

将极点f_{p1}设为交叉频率的5倍，则$f_{p1}=100kHz$。

（5）确定极点f_{p2}

由于电容器ESR产生的零点f_{esr}出现在53kHz附近，$f_{p2}=53kHz$。

由式（5.15）~式（5.19）确定频率的每个参数。首先，确定R_1、R_2。R_1、R_2决定了输出电压的分压比，还需要确定基准电压V_{ref}。将R_2设为适当值，并以此为基础确定其他参数。根据R_2的取值，其他参数可能会变大或变小，因此，确定时要考虑与其他参数的平衡。在此，设定$R_2=1k\Omega$，$V_{ref}=1.6V$，则其他参数确定如下：

$$R_1=R_2\left(\frac{V_o}{V_{ref}}-1\right),\quad R_1=2.125\,k\Omega \tag{5.26}$$

$$C_1=\frac{1}{2\pi f_{z1}R_1},\quad C_1=25.78\,nF \tag{5.27}$$

$$R_3=\frac{1}{2\pi f_{p1}C_1},\quad R_3=61.75\,\Omega \tag{5.28}$$

$$C_{f2}=\frac{1}{2\pi f_i R_1},\quad C_{f2}=22.47\,nF \tag{5.29}$$

$$R_f=\frac{1}{2\pi f_{z2}C_{f2}},\quad R_f=2.44\,k\Omega \tag{5.30}$$

$$C_{f1}=\frac{1}{2\pi f_{p2}R_f},\quad C_{f1}=1.23\,nF \tag{5.31}$$

表 5.2　降压型变换器的Ⅲ型补偿器的参数

符　号	参数值
R_1	2.2kΩ
R_2	1.0kΩ
R_3	68Ω
R_f	2.4kΩ
C_1	22nF
C_{f1}	1.0nF
C_{f2}	22nF

考虑到实际可用的元件有限制，选择接近计算结果的值。Ⅲ型补偿器的参数见表5.2。根据这些参数实现的Ⅲ型补偿器应用于降压型变换器时，开环传递函数的频率特性如图5.11所示。分析结果和实验结果具有良好的一致性，交叉频率达到设计的20kHz左右。此外，可确保60°左右的相位裕量。

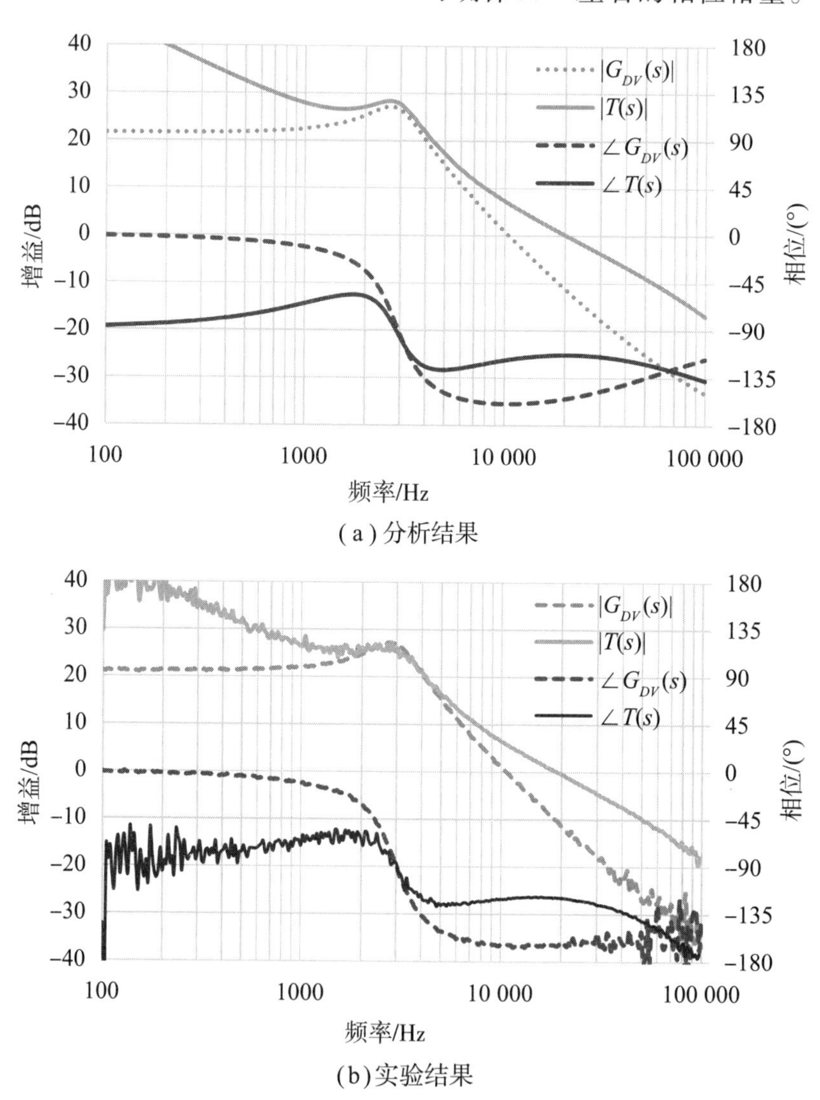

(a) 分析结果

(b) 实验结果

图5.11　开环传递函数的频率特性

5.1.5 升压型变换器的开环传递函数

与降压型变换器一样，先分析从占空比到输出电压的传递函数$G_{DV_o}(s)$的频率特性。根据式（3.87），传递函数$G_{DV_o}(s)$由下式给出：

$$G_{DV_o}(s)=\left.\frac{\Delta V_o(s)}{\Delta D(s)}\right|_{\substack{\Delta V_{in}(s)=0\\ \Delta I_o(s)=0}} \tag{5.32}$$

$$=\frac{1}{D'^3}\frac{-s^2LCr_cI_o+s\left\{D'Cr_cV_{in}-\left[L+Cr_c\left(2r_L+D'r_c\right)\right]I_o\right\}+D'V_{in}-\left(2r_L+D'r_c\right)I_o}{P(s)}$$

式中，

$$P(s)=s^2\frac{LC}{D'^2}+s\frac{C\left(r_L+D'r_c\right)}{D'^2}+1=\left(\frac{s}{\omega_o}\right)^2+\frac{\delta}{2\omega_o}s+1 \tag{5.33}$$

$$\omega_o=\frac{D'}{\sqrt{LC}} \tag{5.34}$$

$$\delta=\frac{r_L+D'r_c}{2D'}\sqrt{\frac{C}{L}} \tag{5.35}$$

式（5.32）太复杂，忽略其中影响较小的项，对其进行近似，可得

$$G_{DV_o}(s)=\left.\frac{\Delta V_o(s)}{\Delta D(s)}\right|_{\substack{\Delta V_{in}(s)=0\\ \Delta I_o(s)=0}}=\frac{1}{D'^3}\frac{-s^2LCr_cI_o+s\left(D'Cr_cV_{in}-LI_o\right)+D'V_{in}}{P(s)}$$

$$=\frac{1}{D'^3}\frac{D'V_{in}\left[-s^2\frac{LCr_cI_o}{D'V_{in}}+s\left(Cr_c-\frac{LI_o}{D'V_{in}}\right)+1\right]}{P(s)} \tag{5.36}$$

$$=\frac{V_{in}}{D'^2}\frac{\left(1+\frac{s}{\omega_{esr}}\right)\left(1+\frac{s}{\omega_{RHP\_Z}}\right)}{P(s)}$$

式中，

$$\omega_{esr}=\frac{1}{Cr_c} \tag{5.37}$$

$$\omega_{RHP\_Z}=\frac{D'V_{in}}{LI_o} \tag{5.38}$$

这样，通过电容器ESR产生的零点ω_{esr}和右半平面的零点ω_{RHP_Z}进行因数分解，式子看起来就清晰了。右半平面的零点随负载电流的变化而变化，根据两个零点的大小关系，传递函数$G_{DV_o}(s)$的大致频率特性如图5.12所示。低频侧是直流增益，代入$s=0$，可得

$$\frac{V_{in}}{D'^2}$$

相位恒定为0°，因为增益没有变化。拐点频率为

$$f_o=\frac{D'}{2\pi\sqrt{LC}}$$

之后，增益以-40dB/dec的斜率减小，相位向-180°延迟。

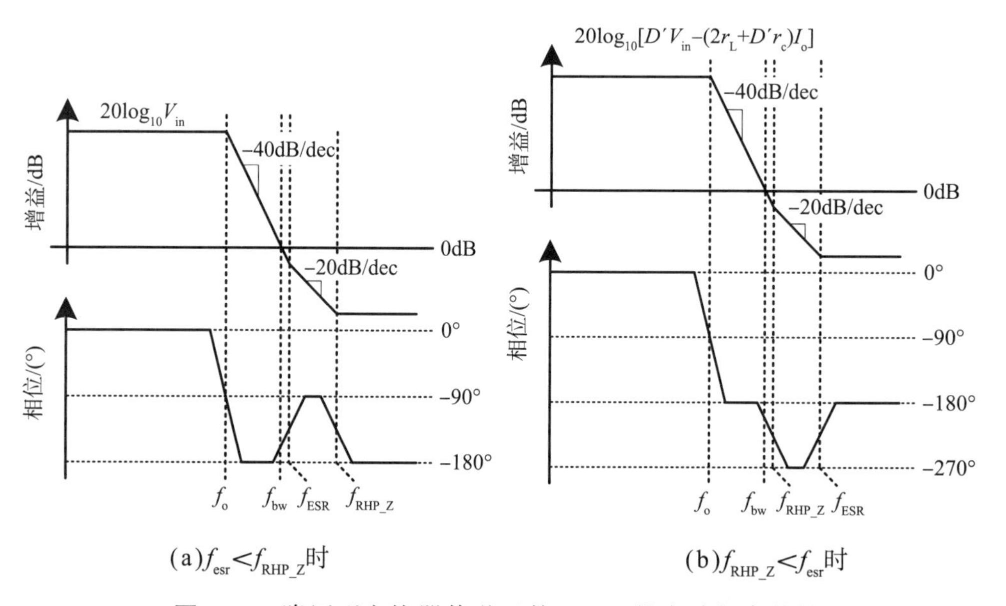

图5.12　降压型变换器传递函数$G_{DV_o}(s)$的大致频率特性

如图5.12(a)所示，当电容器ESR产生的零点出现在低频侧时，受输出电容器ESR的影响，增益的斜率变缓为20dB/dec，相位向-90°前进。此外，在高频侧，受右半平面零点的影响，增益的斜率完全消失，变成水平直线状态，相位则向-180°再次延迟。

如图5.12(b)所示，当右半平面的零点出现在低频侧时，受右半平面零点的影响，增益斜率变缓为20dB/dec，相位向-270°延迟。此外，在高频侧，受输出电容器ESR的影响，增益的斜率完全消失，相位则向-180°前进。

可见，在升压型变换器中，受右半平面零点的影响，稳定性的变化较大。另

外，右半平面的零点随负载条件的变化较大，因此，需要设计符合负载条件的控制系统。通常以最大负载电流，即最坏的情况为基准进行设计。

接下来，比较传递函数$G_{DV_o}(s)$的频率特性的分析结果和实验结果。分析结果如图5.13所示，实验结果如图5.14所示，电路参数见表5.3。根据分析结果，直流增益约为26dB，谐振峰出现在1.5kHz附近。当负载电流为0.5A时，f_{esr}约为50kHz，f_{RHP_Z}约为80kHz，因此相位的超前和滞后相抵消，相位稳定在−180°附近。当负载电流为1.5A时，f_{RHP_Z}约为26kHz，低频侧出现相位滞后，导致相位滞后大于−180°。而在高频侧，受f_{esr}的影响，出现相位超前，但一旦超过−180°就会出现相位滞后，因此稳定性变差。

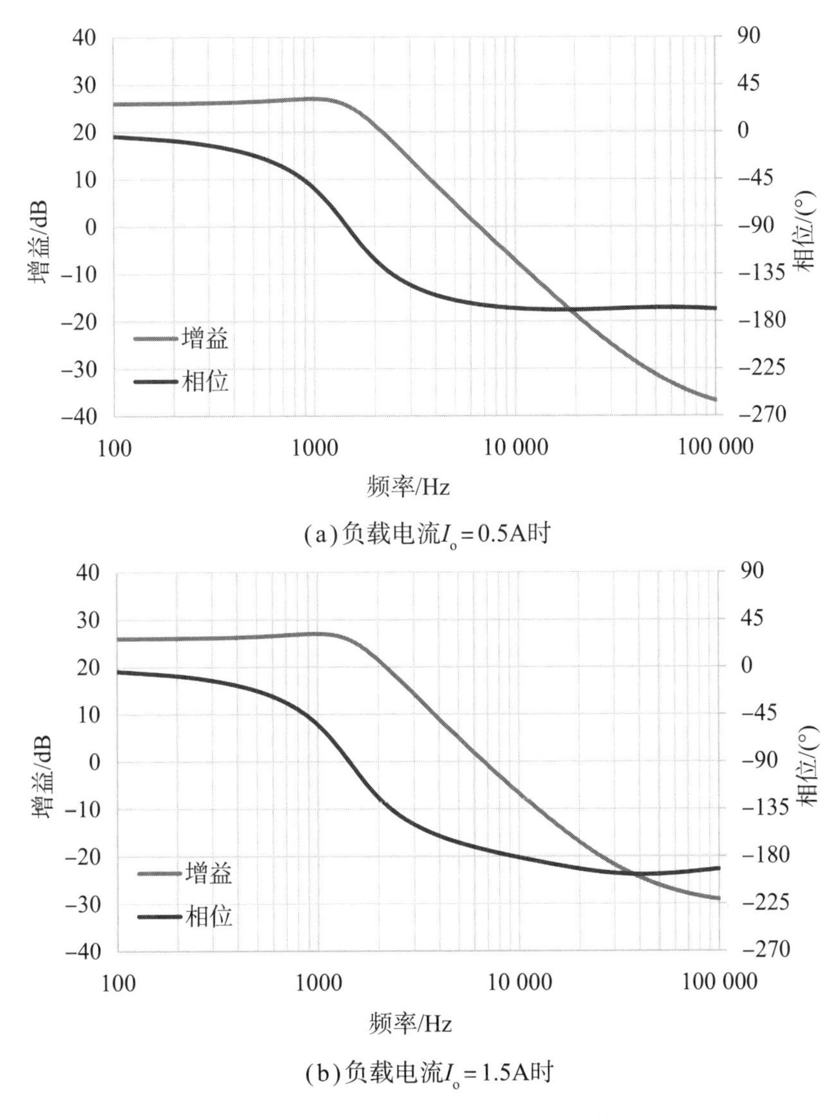

图5.13　$G_{DV_o}(s)$的频率特性（分析结果）

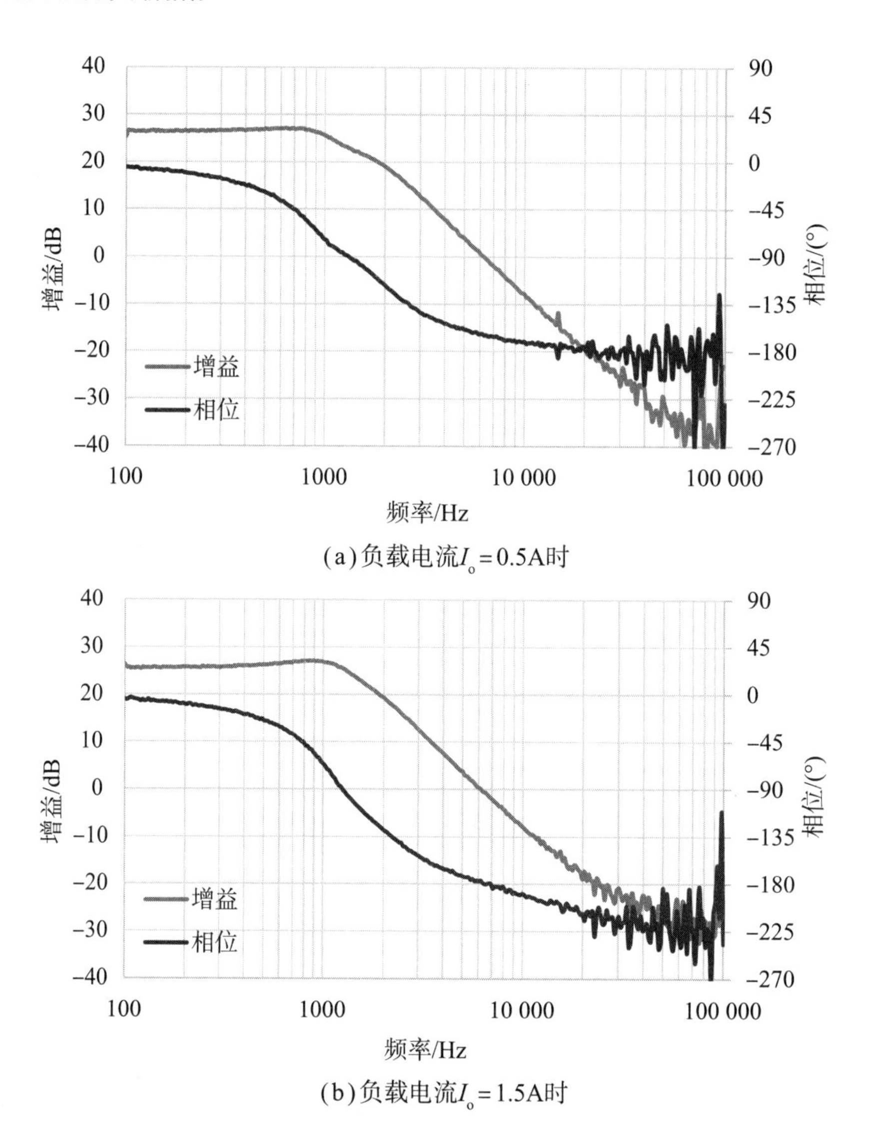

(a) 负载电流I_o = 0.5A时

(b) 负载电流I_o = 1.5A时

图5.14　$G_{DV_o}(s)$的频率特性（实验结果）

表 5.3　升压型变换器的电路参数

符　号	说　明	参数值
V_{in}	输入电压	5V
V_o/I_o	输出条件	10V/2A
L	电　感	10μH
r_L	电感器串联电阻	90mΩ
C	电　容	300μF
r_c	电容器串联电阻	10mΩ
f_{sw}	开关频率	190kHz
F_m	电压 - 占空比转换增益	0.5
D	开环占空比	0.5

Ⅲ型补偿器的参数是根据$G_{DV_o}(s)$的频率特性设定的。在升压型变换器中，补偿器的设计需要考虑右半平面的影响，因而稍微复杂一些。在此，考虑最坏的情况，即负载电流为1.5A。

● 补偿器设计步骤

升压型变换器受右半平面零点的影响，单靠控制系统设计有时很难实现稳定化，可能需要变更功率级设计。f_o与f_{RHP_Z}至少应相差一个数量级，以确保功率级谐振峰f_o引起的相位旋转不受右半平面零点f_{RHP_Z}的影响。因此，有时需要改变设计，使输出电容满足：

$$C > \left(\frac{10I_o}{V_{in}}\right)^2 L \tag{5.39}$$

另外，右半平面的零点f_{RHP_Z}应保持在传递函数的交叉频率f_{esr}的5倍左右，以确保相位裕量不受其影响。因此，下式成立：

$$10f_o \leqslant 5f_{bw} \leqslant f_{RHP\_Z}$$

根据这个频率范围，将Ⅲ型补偿器的极点和零点设在

$$f_{z1}, f_{z2} \leqslant f_{bw} \leqslant f_{p1}, f_{p2}$$

总体上，

$$f_{z1} \leqslant 10f_o \leqslant f_{z2} \leqslant 5f_{bw} \leqslant f_{p1} \leqslant f_{RHP\_Z} \leqslant f_{p2}$$

按以下步骤进行设定。

（1）确定交叉频率f_{bw}

交叉频率设定为f_{RHP_Z}的1/5或更小，以免受右半平面零点的影响。

（2）求积分器的极点

极点的频率为

$$f_i = \frac{f_{bw}V_{in}}{F_m V_o^2} \tag{5.40}$$

这是根据在开环传递函数的交叉频率附近成立的近似式估算的结果。

（3）确定零点f_{z1}、f_{z2}

假设

$$f_{z1}=f_{z2}=f_o$$

画出频率特性并进行微调。

（4）确定极点f_{p1}

将极点f_{p1}设为高于f_{RHP_Z}的频率，以抑制右半平面零点引起的相位旋转的影响。

（5）决定极点f_{p2}

将极点f_{p2}设为交叉频率的数倍。

● 补偿器设计实例

（1）决定交叉频率f_{bw}

右半平面零点f_{RHP_Z}为26kHz。将交叉频率设为f_{RHP_Z}的1/5左右，$f_{bw}=5\text{kHz}$。

（2）求积分器的极点

由式（5.40）可得，$f_i=500\text{Hz}$。

（3）确定零点f_{z1}、f_{z2}

当零点f_{z1}、f_{z2}与谐振峰一致时，$f_{z1}=f_{z2}=1.5\text{kHz}$。

（4）确定极点f_{p1}

极点f_{p1}设为高于f_{RHP_2}的频率，$f_{p1}=30\text{kHz}$。

（5）确定极点

极点设为交叉频率的2倍左右，$f_{p2}=10\text{kHz}$。

由式（5.15）~式（5.19）确定频率的每个参数。与降压型变换器一样，首先确定R_1、R_2。R_1、R_2决定了输出电压的分压比，还需要确定基准电压V_{erf}。将R_2设为适当值，并以此为基础确定其他参数。根据R_2的取值，其他参数可能会变大或变小，因此，确定时要考虑与其他参数的平衡。在此，设定$R_2=1\text{k}\Omega$，$V_{ref}=1.6\text{V}$，则其他参数确定如下：

$$R_1=R_2\left(\frac{V_o}{V_{ref}}-1\right),\qquad R_1=5.25\text{k}\Omega \tag{5.41}$$

$$C_1=\frac{1}{2\pi f_{z1}R_1},\qquad C_1=20.21\text{nF} \tag{5.42}$$

$$R_3 = \frac{1}{2\pi f_{p1} C_1}, \quad R_3 = 262\,\Omega \tag{5.43}$$

$$C_{f2} = \frac{1}{2\pi f_i R_1}, \quad C_{f2} = 60.63\,\text{nF} \tag{5.44}$$

$$R_f = \frac{1}{2\pi f_{z2} C_{f2}}, \quad R_f = 1.75\,\text{k}\Omega \tag{5.45}$$

$$C_{f1} = \frac{1}{2\pi f_{p2} R_f}, \quad C_{f1} = 9.1\,\text{nF} \tag{5.46}$$

考虑到实际可用的元件有限制，选择接近计算结果的值。Ⅲ型补偿器的参数见表5.4。根据这些参数实现的Ⅲ型补偿器应用于升压型变换器时，开环传递函数的频率特性如图5.15所示。分析结果和实验结果具有良好的一致性，交叉频率达到设计的5kHz左右。另外，相位裕量为35° 左右，受右半平面零点的影响，相位裕量变小。

表 5.4　升压型转换器Ⅲ型补偿器的参数

符　号	参数值
R_1	5.1kΩ
R_2	1.0kΩ
R_3	270Ω
R_f	1.8kΩ
C_1	22nF
C_{f1}	10nF
C_{f2}	68nF

最后，确认了非连续导通模式下从占空比到输出电压的传递函数$G_{DV_o}(s)$的频率特性。传递函数$G_{DV_o}(s)$由式（3.124）给出：

$$G_{DV_o}(s) = \left.\frac{\Delta V_o(s)}{\Delta D(s)}\right|_{\substack{\Delta V_{in}(s)=0 \\ \Delta I_o(s)=0}} = \frac{2V_{in}}{D_2}\frac{1}{P(s)} \tag{5.47}$$

式中，

$$P(s) = s\frac{DV_{in}C}{D_2 I_o} + 1 = \frac{s}{\omega_o} + 1 \tag{5.48}$$

$$\omega_o = \frac{D_2 I_o}{DV_{in}C} \tag{5.49}$$

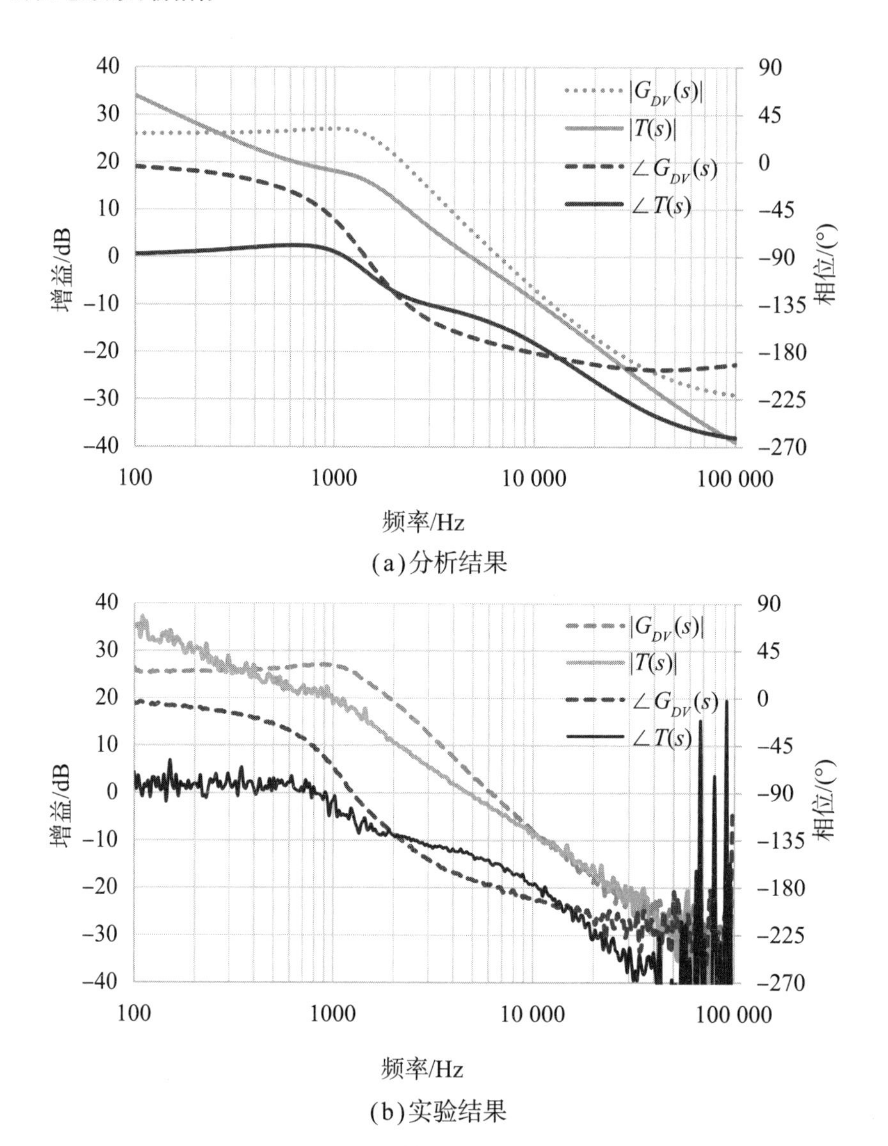

(a)分析结果

(b)实验结果

图5.15　开环传递函数的频率特性

由式（3.115）可知，

$$D_2 = \frac{2LI_o}{DT_sV_{in}} \tag{5.50}$$

在非连续导通模式下，状态变量只能取电容器电压v_c，因此，频率特性呈一次系统特性。传递函数$G_{DV_o}(s)$的大致频率特性如图5.16所示，低频侧为直流增益，恒定为

$$\frac{2V_{in}}{D_2}$$

相位恒定为0°，因为增益没有变化。拐点的频率由式（5.49）确定，之后增益以-20dB/dec的斜率减小，相位向-90°滞后。这里，由于忽略了电容器ESR，即使在高频侧，增益也以-20dB/dec的斜率持续减小。实际上，受电容器ESR的影响，斜率会变缓为20dB/dec，增益特性变得平坦。然而，电容器ESR产生的零点位于几十kHz或更高频率的高频侧，与由式（5.49）确定的拐点相差两个量级以上。因此，可以忽略电容器ESR的影响。另外，从解析式也可以看出，右半平面零点没有出现。

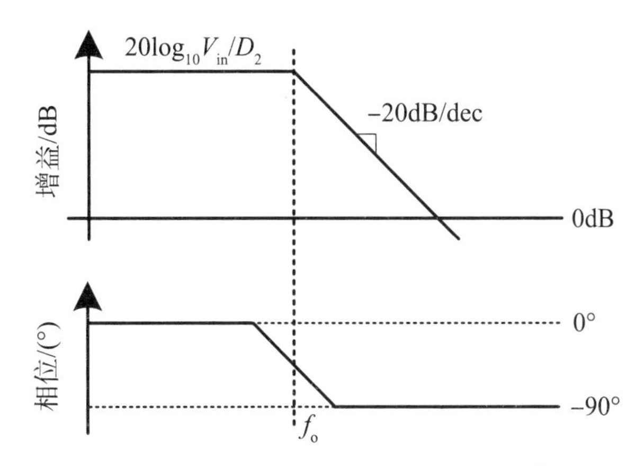

图5.16　降压型变换器$G_{DV_o}(s)$的大致频率特性

接下来，比较传递函数$G_{DV_o}(s)$频率特性的分析结果和实验结果，如图5.17所示。电路参数见表5.3。负载电流设定为0.15A。根据分析结果，直流增益约为33dB，拐点出现在8Hz附近。另外，频率特性呈一阶系统特征，稳定性非常高。实验结果也与分析结果大体一致。

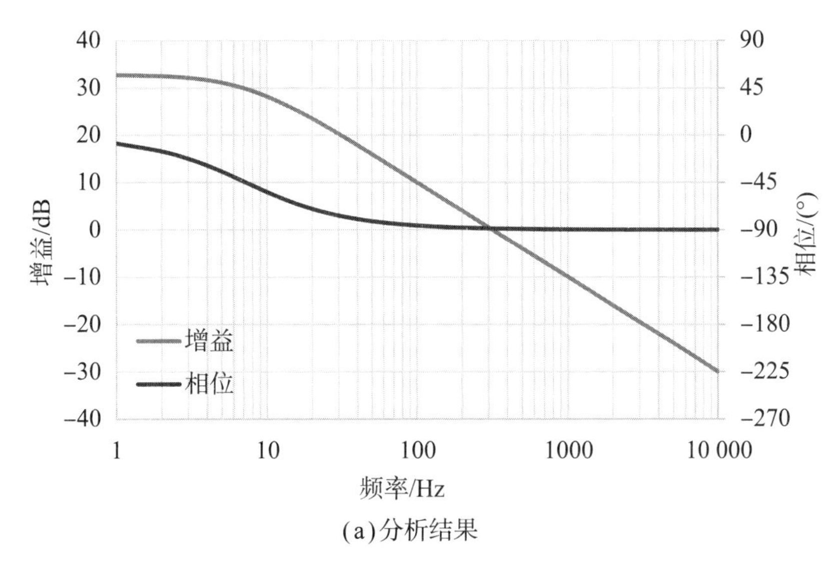

(a)分析结果

图5.17　非连续导通模式下传递函数$G_{DV_o}(s)$的频率特性

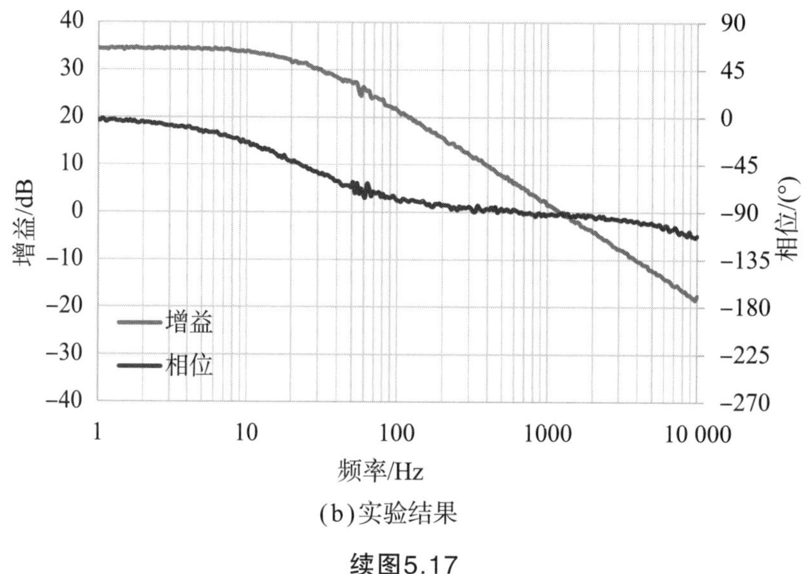

(b) 实验结果

续图5.17

5.2　输出阻抗

输出阻抗是用来评估输出电压V_o相对于负载电流I_o的变化的函数。开关电源输出阻抗越小越好，最理想的是零阻抗。输出阻抗大时，静态的稳态偏差增大，动态的负载电流突变时输出电压振荡变大。对于给负载供电的开关电源，输出阻抗是一项极其重要的特性，通过控制系统设计改善输出阻抗是必不可少的。本节将详细介绍输出阻抗特性，同时就负载电流突变时的输出电压变化进行说明。

5.2.1　开环输出阻抗特性

开环输出阻抗的大致频率特性如图5.18所示。开环输出阻抗在低频时从$Z_o(0)$开始，以20dB/dec的斜率上升，具有感性。接着，在频率f_o处达到谐振峰（与开环传递函数的谐振峰一致），之后以−20dB/dec的斜率减小，变为容性，最终逐

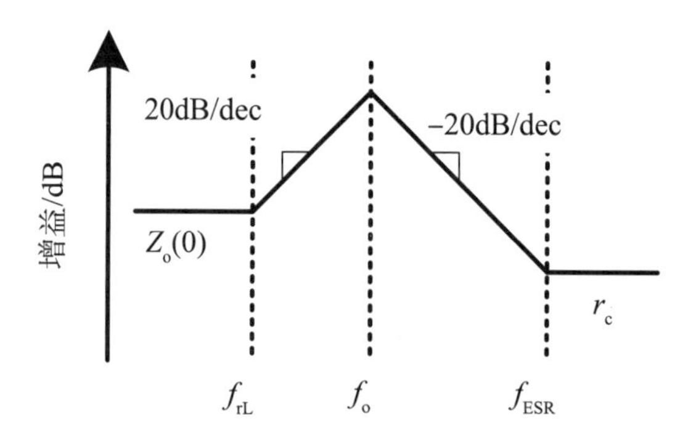

图5.18　开环输出阻抗的频率特性

渐接近输出电容器等效串联电阻r_c（ESR）。具体来说，降压型变换器和升压型变换器的输出阻抗分别由式（5.51）、式（5.52）给出。

降压型变换器：

$$Z_o(s)=\frac{s^2LCr_c+s(L+Cr_Lr_c)+r_L}{P(s)} \tag{5.51}$$

升压型变换器：

$$Z_o(s)=\frac{1}{D'^2}\frac{s^2LCr_c+s\left[L+Cr_c(r_L+DD'r_c)\right]+r_L+DD'r_c}{P(s)} \tag{5.52}$$

对于降压型变换器，$Z_o(0)=r_L$；对于升压型变换器，

$$Z_o(0)=\frac{r_L+DD'r_c}{D'^2}$$

此外，不论是降压型变换器，还是升压型变换器，高频侧$Z_o(\infty)=r_c$。低频和高频的拐点频率是与r_L和r_c相关的频率，因为输出阻抗的分子可分别作如下因数分解。

降压型变换器：

$$\begin{aligned}LCr_c\left(s^2+s\frac{L+Cr_Lr_c}{LCr_c}+\frac{r_L}{LCr_c}\right)&=LCr_c\left[s^2+s\left(\frac{r_L}{L}+\frac{1}{Cr_c}\right)+\frac{r_L}{LCr_c}\right]\\&=LCr_c\left(s+\frac{r_L}{L}\right)\left(s+\frac{1}{Cr_c}\right)\end{aligned} \tag{5.53}$$

由此可得

$$\begin{cases}f_{rL}=\dfrac{r_L}{2\pi L}\\ f_{rc}=\dfrac{1}{2\pi Cr_c}\end{cases} \tag{5.54}$$

升压型变换器：

$$\begin{aligned}&LCr_c\left[s^2+s\frac{L+Cr_c(r_L+DD'r_c)}{LCr_c}+\frac{r_L+DD'r_c}{LCr_c}\right]\\&=LCr_c\left[s^2+s\left(\frac{r_L+DD'r_c}{L}+\frac{1}{Cr_c}\right)+\frac{r_L+DD'r_c}{LCr_c}\right]\end{aligned} \tag{5.55}$$

$$=LCr_c\left(s+\frac{r_L+DD'r_c}{L}\right)\left(s+\frac{1}{Cr_c}\right)$$

由此可得

$$\begin{cases} f_{rL}=\dfrac{r_L+DD'r_c}{2\pi L} \\ f_{rc}=\dfrac{1}{2\pi Cr_c} \end{cases} \tag{5.56}$$

另外，输出阻抗峰值出现的频率为f_o，可以由$s=j\omega_o$时的阻抗值得到，忽略微小项并近似。

降压型变换器：

$$Z_{o\_p}=\frac{L}{C(r_L+r_c)} \tag{5.57}$$

升压型变换器：

$$Z_{o\_p}=\frac{L}{C(r_L+D'r_c)} \tag{5.58}$$

这里简要介绍各变换器的静态特性。如上所述，对于降压转换器，$Z_o(0)=r_L$，这是一个与工作点无关的恒定值。降压型变换器的负载特性（实测值）如图5.19所示，电路参数见表5.1。改变工作点（即占空比）时，由表示稳态输出电压的式（3.62）可知，只有截距改变，斜率不变。此外，式（3.62）所示的输

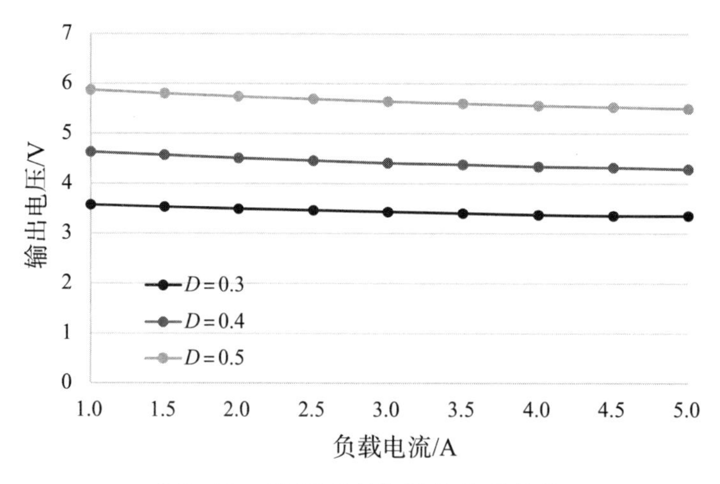

图5.19　降压型变换器的负载特性

出电压的斜率与$Z_o(0)$一致，表明输出阻抗的稳态值，即$Z_o(0)$决定了负载特性的斜率。随着内部损耗的增加，稳态偏差变大。要减小稳态偏差，就必须减小电感器内部损耗。

同时，对于升压型变换器：

$$Z_o(0)=\frac{r_L+DD'r_c}{D'^2}$$

其受工作点的影响较大。因此，当工作点改变时，负载特性的斜率也发生变化。

升压型变换器的负载特性（实测值）如图5.20所示，电路参数见表5.1。改变工作点（占空比）时，由表示稳态输出电压的式（3.38）可知，截距与斜率都会发生变化。此外，式（3.38）所示的输出电压的斜率与$Z_o(0)$一致，表明$Z_o(0)$决定了负载特性的斜率，这一点与降压型变换器相同。对于升压型变换器，表示$Z_o(0)$的式子涉及输出电容器ESR，但由于乘以D和D'（均小于1），影响相对较小。通过减小电感器损耗，可以显著改善稳态偏差。

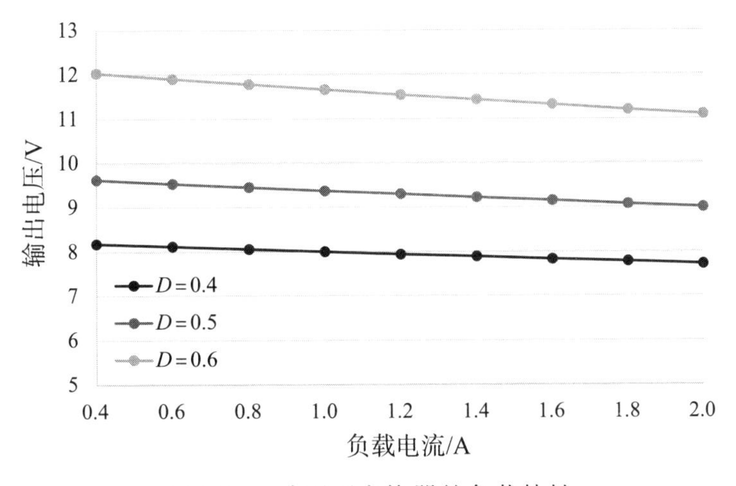

图5.20 升压型变换器的负载特性

下面以降压型变换器为例，比较输出阻抗$Z_o(0)$频率特性的分析结果和实验结果，如图5.21所示。电路参数见表5.1。根据分析结果，低频侧阻抗约为-20dBΩ，与电感器串联电阻值基本一致；高频侧阻抗约为-40dBΩ，与电容器串联电阻值基本一致。另外，谐振峰出现在3kHz附近，这便是变换器的谐振峰。实验结果也呈现几乎相同的频率特性，证实了分析的有效性。

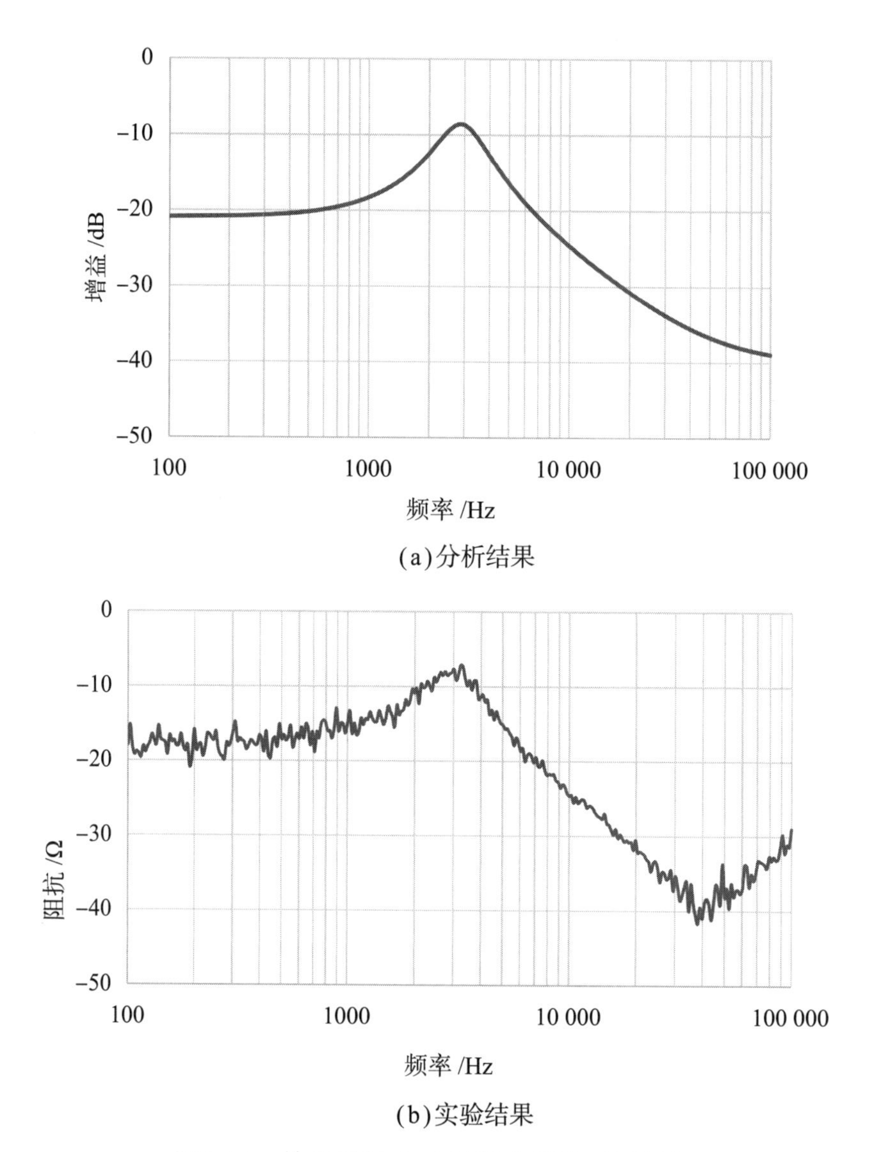

图5.21　输出阻抗$Z_o(0)$的频率特性（开环）

5.2.2　闭环输出阻抗特性

闭环输出阻抗可以通过图5.22所示的框图获得。输出电压$\Delta V_o(s)$对负载电流$\Delta I_o(s)$变化的响应：

$$\Delta V_o = G_{DV_o}(s)\cdot F_m \cdot G_c(s)\cdot H(s)\cdot \Delta V_o - Z_o(s)\cdot \Delta I_o \tag{5.59}$$

由此可得

$$Z_{oc}(s) = \frac{\Delta V_o}{\Delta I_o} = \frac{Z_o(s)}{1 + G_{DV_o}(s)\cdot F_m \cdot G_c(s)\cdot H(s)} = \frac{Z_o(s)}{1+T(s)} \tag{5.60}$$

由上式可知，闭环输出阻抗是开环输出阻抗除以特征方程$1+T(s)$得到的函数。闭环输出阻抗的大致频率特性如图5.23所示。与开环输出阻抗一样，其在低频侧为恒定值，$Z_o(0)/1+T(0)$，受电压反馈的影响变小。因此，可以通过控制电压反馈来改善负载特性。

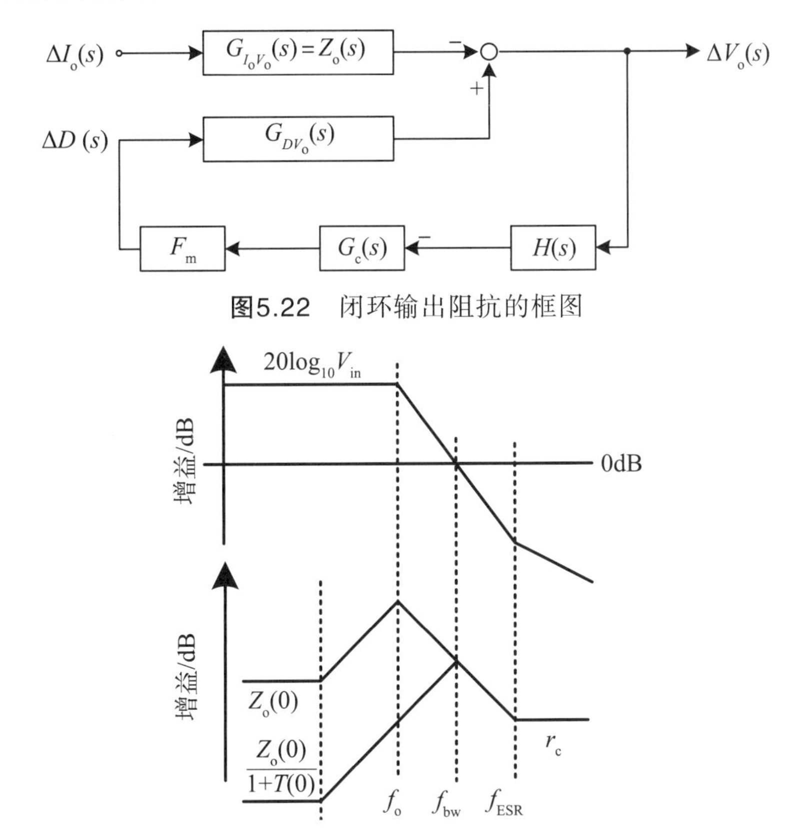

图5.22 闭环输出阻抗的框图

图5.23 闭环输出阻抗的大致频率特性

闭环输出阻抗的峰值移动到开环传递函数的交叉频率。输出阻抗峰值出现的频率为f_{bw}，可以由$s=j\omega_{bw}$的阻抗值得到，忽略微小项并近似。

降压型变换器：

$$Z_{oc\_p}=\frac{L}{C\left(r_L+\frac{f_{bw}}{f_o}r_c\right)} \tag{5.61}$$

升压型变换器：

$$Z_{oc\_p}=\frac{L}{C\left(r_L+\frac{f_{bw}}{f_o}D'r_c\right)} \tag{5.62}$$

可以看出，交叉频率与输出阻抗峰值有很大关系，通过宽带化可以降低输出阻抗。与开环特性类似，闭环输出阻抗最终逐渐接近输出电容器等效串联电阻r_c（ESR）。由此可知，高频侧的阻抗不能通过控制系统设计来改变。

下面以降压型变换器为例，比较闭环输出阻抗$Z_o(s)$频率特性的分析结果和实验结果，如图5.24所示。电路参数见表5.1、表5.2。分析结果表明，低频侧阻抗受积分器的影响被充分降低，而高频侧阻抗约为−40dBΩ，相较开环没有变化。另外，谐振峰移动到20kHz附近，这是开环传递函数的交叉频率。实验结果呈现的频率特性也大致相同。

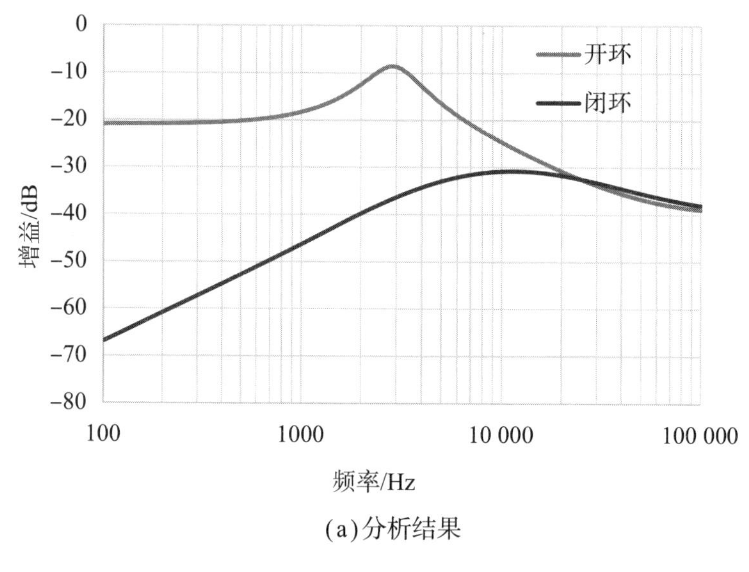

(a)分析结果

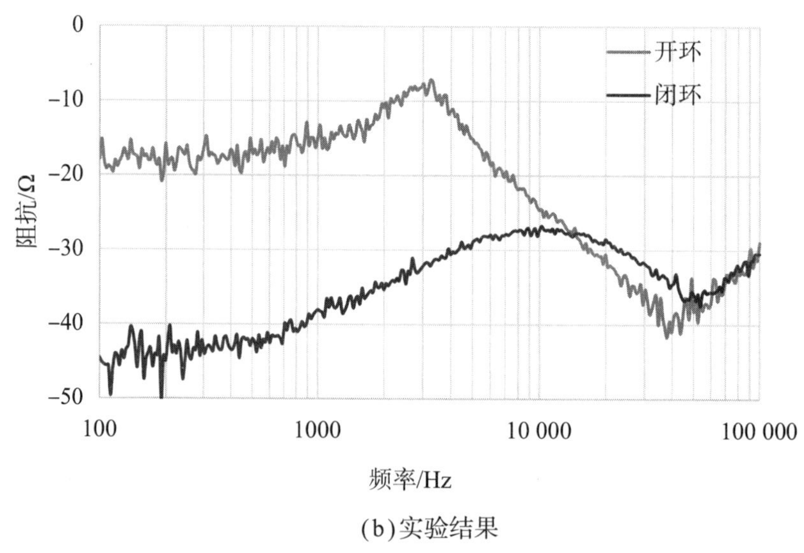

(b)实验结果

图5.24　输出阻抗的频率特性（闭环）

5.2.3 负载突变时的输出电压响应

从输出阻抗阶跃响应（单位阶跃响应）中，可以清晰地看到输出电压对负载电流突变的时间响应波形，该时间响应为二次响应，呈现阻尼振荡，如图5.25所示。作为快速响应性的指标，稳定时间足够短固然重要，但输出电压的下冲程度才是关键。相位裕量大，衰减就会迅速收敛，稳定时间就会变短。阶跃响应是观察振荡如何稳定的最佳方法，但很难直观地预测会发生何种程度的下冲。因此，有必要关注负载电流突变时的输出电压波动机制，据此估计下冲量。负载电流突变后，由于时延的关系，电感器电流不会立即变化。即使时延结束，电感器电流开始增大，也不会立即变化，而是逐渐增大，经过振荡收敛至输出电流。电感器电流延迟是输出电压波动的原因。如果电感器电流小于负载电流，负载供电就会跟不上。在这种情况下，电容器释放储存的电荷，以保障输出。这种电荷释放会导致输出电压出现下冲。

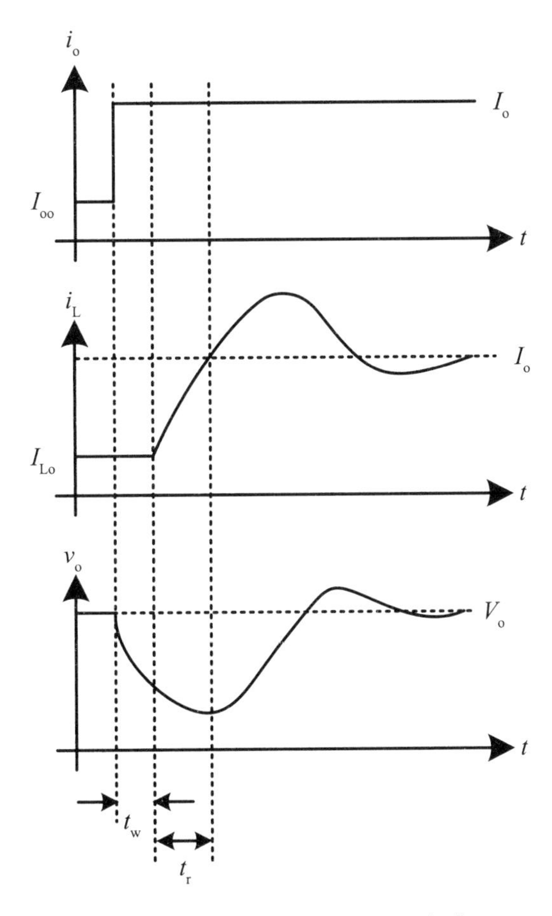

图5.25 负载突变时的电压变化

当负载电流等于输出电流时，输出电压取最小值，通过电荷变化可以估计负载突变时输出电压的下冲量。为此，必须掌握电感器电流的变化。表示电感器电流对闭环中负载电流变化的响应的传递函数，可通过图5.26所示的框图得到。

$$\begin{cases}\Delta I_{\mathrm{L}}=G_{I_{\mathrm{o}}I_{\mathrm{L}}}(s)\cdot\Delta I_{\mathrm{o}}-G_{DI_{\mathrm{L}}}(s)\cdot F_{\mathrm{m}}\cdot G_{\mathrm{c}}(s)\cdot H(s)\cdot\Delta V_{\mathrm{o}}\\ \Delta V_{\mathrm{o}}=G_{DV_{\mathrm{o}}}(s)\cdot F_{\mathrm{m}}\cdot G_{\mathrm{c}}(s)\cdot H(s)\cdot\Delta V_{\mathrm{o}}-Z_{\mathrm{o}}(s)\cdot\Delta I_{\mathrm{o}}\end{cases}\tag{5.63}$$

消去ΔV_{o}，有

$$\frac{\Delta I_{\mathrm{L}}}{\Delta I_{\mathrm{o}}}=G_{I_{\mathrm{o}}I_{\mathrm{L}}}(s)-G_{DI_{\mathrm{L}}}(s)\cdot F_{\mathrm{m}}\cdot G_{\mathrm{c}}(s)\cdot H(s)\cdot\frac{Z_{\mathrm{o}}(s)}{1+T(s)}\tag{5.64}$$

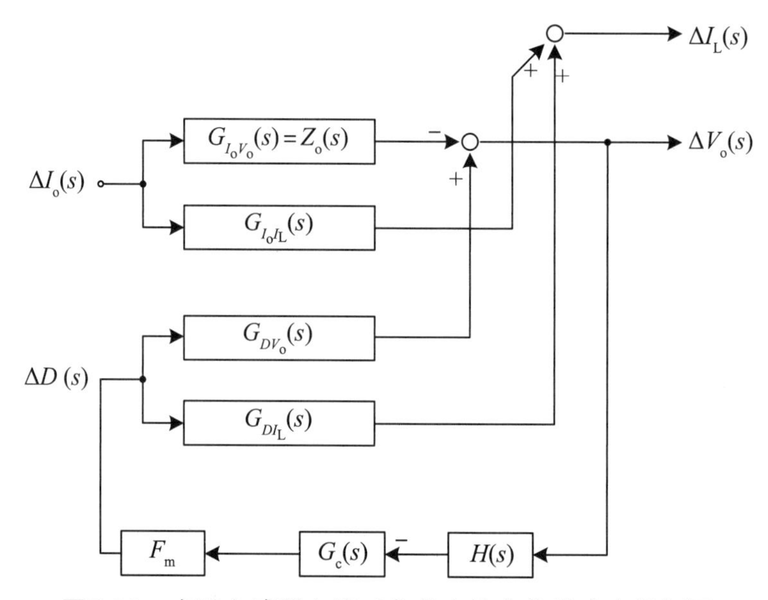

图5.26　表示电感器电流对负载电流变化的响应的框图

如果对这个阶跃响应进行拉普拉斯逆变换，便可求出电感器的时间响应波形中首次出现$i_{\mathrm{L}}=i_{\mathrm{o}}$的时间：

$$t_{\mathrm{r}}=\frac{1}{4f_{\mathrm{bw}}}\tag{5.65}$$

其计算非常复杂，在此省略具体过程。

综上可知，在电感器电流与负载电流相等之前，损失的电荷量推导如下。

假设时延为1个开关周期，则时延周期内电荷损失引起的电压变化，可由长方形面积求出：

$$\Delta V_{\mathrm{W}}=\frac{1}{C}\int i_{\mathrm{L}}(t)\mathrm{d}t=\frac{1}{C}T_{\mathrm{s}}\Delta I_{\mathrm{o}}=\frac{\Delta I_{\mathrm{o}}}{Cf_{\mathrm{sw}}} \tag{5.66}$$

在电感器电流增大期间，电荷损失引起的电压变化可通过对电感器电流上升的线性近似，由三角形面积求出：

$$\Delta V_{\mathrm{iL}}=\frac{1}{C}\int i_{\mathrm{L}}(t)\mathrm{d}t=\frac{1}{C}\frac{1}{2}t_{\mathrm{r}}\Delta I_{\mathrm{o}}=\frac{t_{\mathrm{r}}\Delta I_{\mathrm{o}}}{2C}=\frac{\Delta I_{\mathrm{o}}}{8Cf_{\mathrm{bw}}} \tag{5.67}$$

所以，整体的电压变化为

$$\Delta V_{\mathrm{o}}=\Delta V_{\mathrm{W}}+\Delta V_{\mathrm{iL}}=\frac{\Delta I_{\mathrm{o}}}{Cf_{\mathrm{sw}}}+\frac{\Delta I_{\mathrm{o}}}{8Cf_{\mathrm{bw}}}=\left(\frac{1}{f_{\mathrm{sw}}}+\frac{1}{8f_{\mathrm{bw}}}\right)\frac{\Delta I_{\mathrm{o}}}{C} \tag{5.68}$$

负载电流以1A/μs的斜率从1.5A突变为2.0A时的输出电压波动，由开关频率190kHz、交叉频率20kHz、输出电容300μF确定：

$$\Delta V_{\mathrm{o}}=\left(\frac{1}{f_{\mathrm{sw}}}+\frac{1}{8f_{\mathrm{bw}}}\right)\frac{\Delta I_{\mathrm{o}}}{C}=\left(\frac{1}{190\times10^{3}}+\frac{1}{8\times20\times10^{3}}\right)\frac{1}{300\times10^{-6}}=38(\mathrm{mV}) \tag{5.69}$$

实验结果如图5.27所示。实验结果表明，负载电流突变时的输出电压变化约为35mV，大致与分析结果一致。

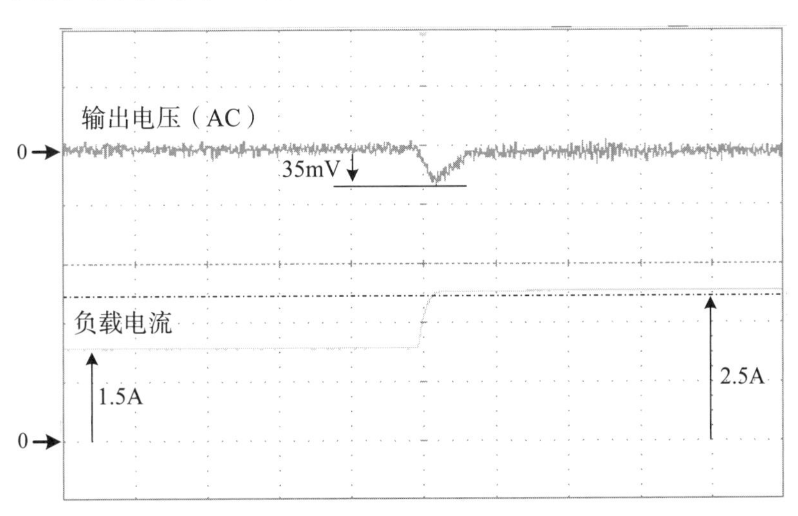

图5.27　负载电流突变时的输出电压响应

5.3　输入/输出电压特性

输入/输出电压特性是评价输入电压变化如何影响输出的函数。除了开关电源直流输入电压变化，还可以用来评价交流输入整流引起的脉动电流影响，以及电机等引起的输入电压变化。

5.3.1　开环输入/输出电压特性

开环输入/输出电压特性的大致频率特性如图5.28所示。开环输入/输出电压特性从低频侧的$G_{V_{in}V_o}(s)$开始出现谐振峰，谐振峰的频率为变换器的谐振频率f_o，之后增益以−40dB/dec的斜率减小。在高频侧，受输出电容器ESR的影响，增益的斜率变缓为20dB/dec。

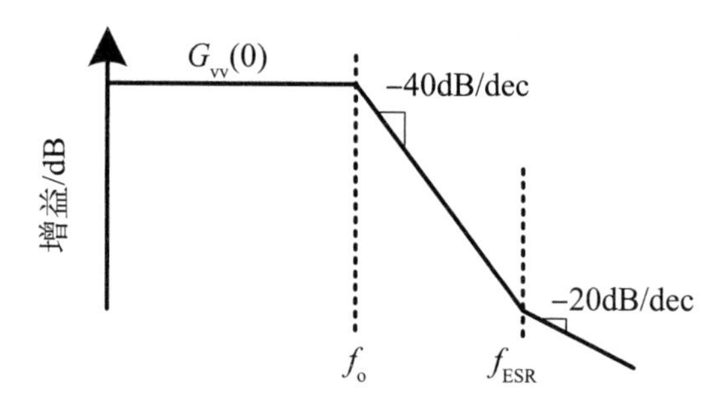

图5.28　开环输入/输出电压特性的大致频率特性

降压型变换器和升压型变换器的输入/输出电压特性分别由式（5.70）和式（5.71）分别给出。

降压型变换器：

$$G_{V_{in}V_o}(s) = D\frac{\dfrac{s}{\omega_{esr}}+1}{P(s)} \tag{5.70}$$

升压型变换器：

$$G_{V_{in}V_o}(s) = \frac{1}{D'}\frac{\dfrac{s}{\omega_{esr}}+1}{P(s)} \tag{5.71}$$

对于降压型变换器，$G_{V_{in}V_o}(0) = D$；对于升压型变换器，$G_{V_{in}V_o}(0) = 1/D'$。

下面，以降压型变换器为例，比较输入/输出电压特性频率特性的分析结果和实验结果，如图5.29所示。电路参数见表5.1。分析结果表明，直流增益约为−8dB，谐振峰出现在3kHz附近。

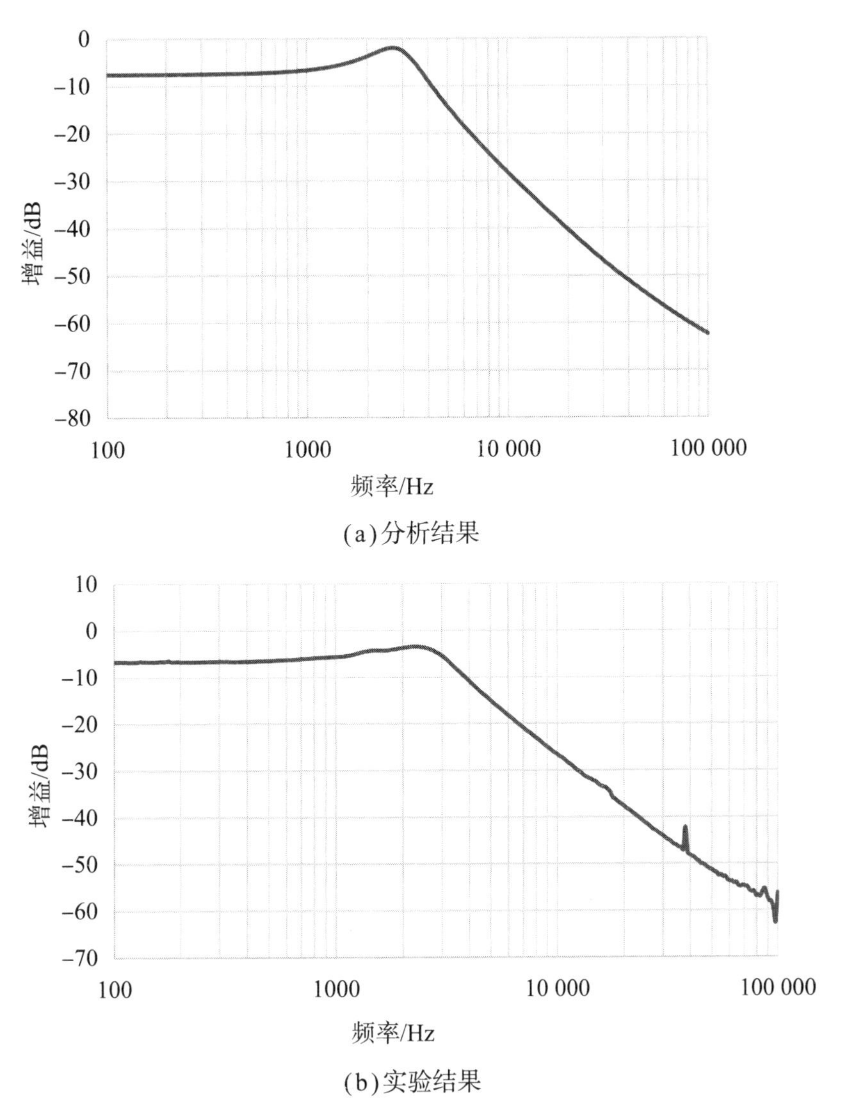

图5.29 开环输入/输出电压特性的频率特性

在高频侧，受电容器ESR的影响，增益斜率变缓。实验结果也显示了几乎相同的频率特性，证实了分析的有效性。在输入电压上叠加交流幅值时，输出电压响应波形如图5.30所示。在直流电压上叠加幅值5V、频率500Hz的正弦波。从频率特性来看，500Hz时的增益约为-8dB，即0.4倍左右。输出电压波形的幅值为输入电压幅值的一半左右，与频率特性上的倍率一致。

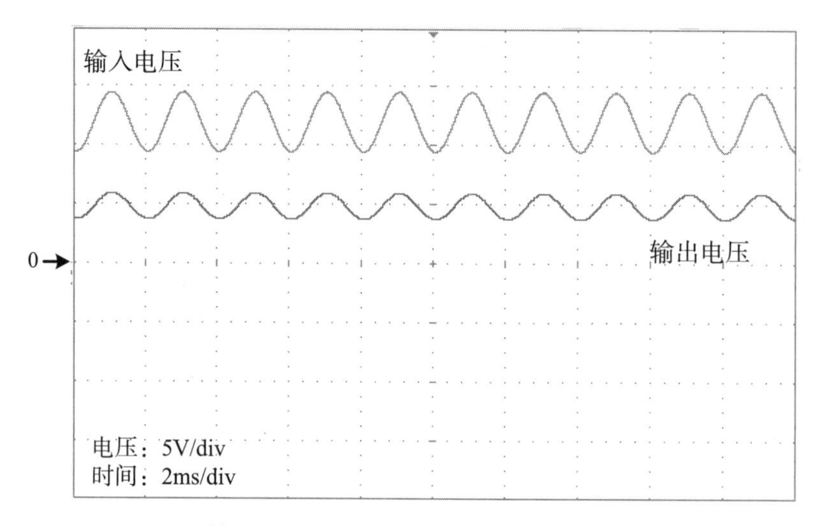

图5.30　输入电压变化对应的输出电压响应（开环）

5.3.2　闭环输入/输出电压特性

闭环输入/输出电压特性可以通过图5.31所示的框图得到。输出电压$\Delta V_{o}(s)$对负载电流变化$\Delta I_{o}(s)$的响应为

$$\Delta V_{o}=G_{DV_{o}}(s)\cdot F_{m}\cdot G_{c}(s)\cdot H(s)\cdot\Delta V_{o}-G_{V_{in}V_{o}}(s)\cdot\Delta V_{in}$$

由此可得

$$\frac{\Delta V_{o}}{\Delta V_{in}}=\frac{G_{V_{in}V_{o}}(s)}{1+G_{DV_{o}}(s)\cdot F_{m}\cdot G_{c}(s)\cdot H(s)}=\frac{G_{V_{in}V_{o}}(s)}{1+T(s)}$$

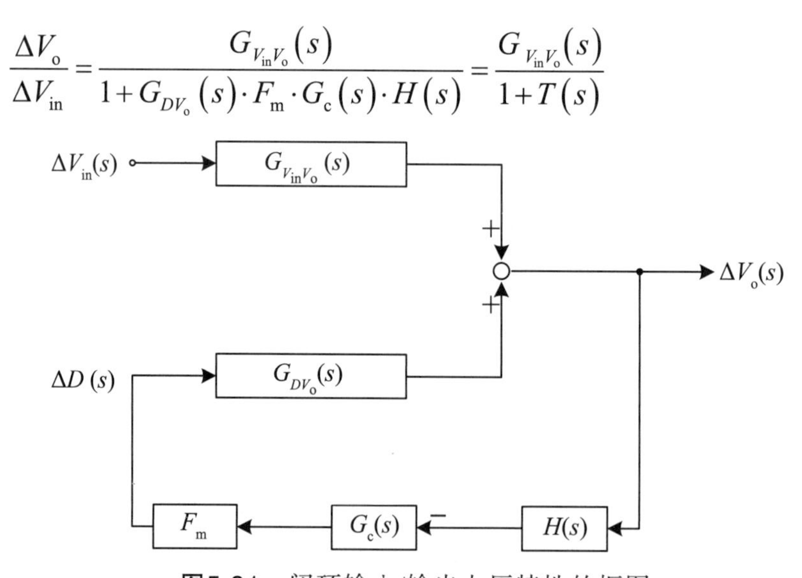

图5.31　闭环输入/输出电压特性的框图

由上式可知，闭环输入/输出电压特性是开环输入/输出电压特性除以特征方程$1+T(s)$得到的函数。闭环输入/输出电压特性的大致频率特性如图5.32所示。

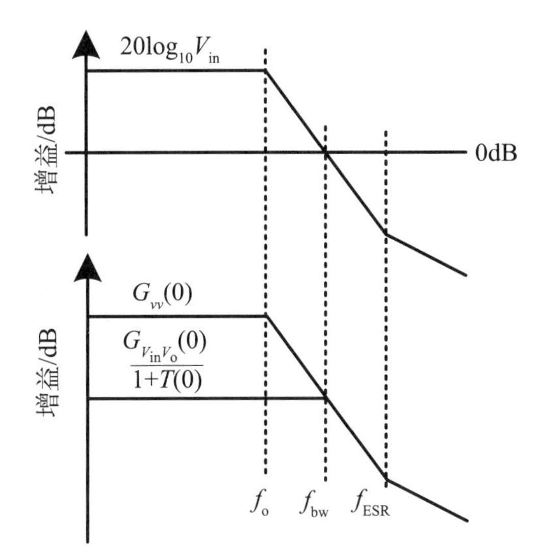

图5.32 闭环输入/输出电压特性的频率特性

与开环特性一样，其在低频侧为恒定值，$G_{V_{in}V_o}(0)/1+T(0)$，受电压反馈的影响变小。另外，闭环的输入/输出电压特性的峰值移动到开环传递函数的交叉频率。

下面以降压型变换器为例，比较闭环输入/输出电压特性频率特性的分析结果和实验结果，如图5.33所示。电路参数见表5.1、表5.2。分析结果表明，低频侧的增益受积分器的影响而降得非常低。实验结果也呈现大致相同的频率特性。

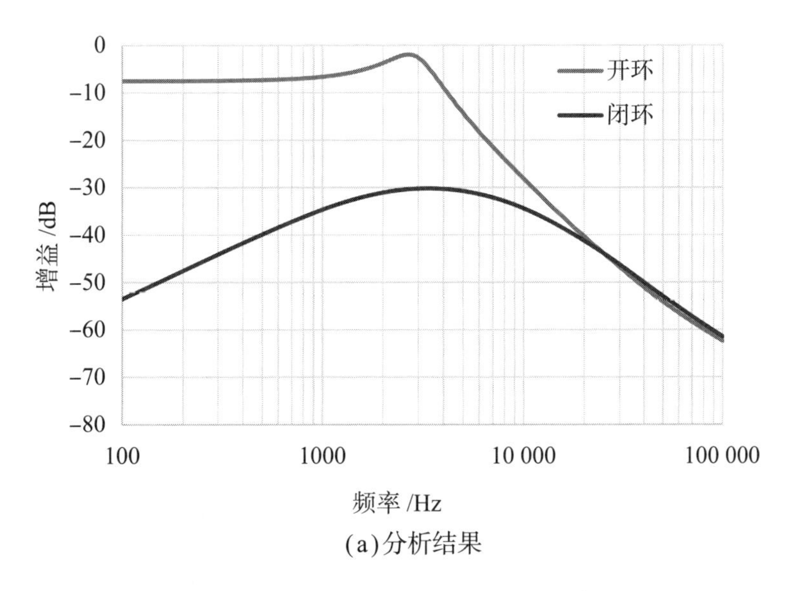

(a)分析结果

图5.33 开环输入/输出电压特性的频率特性

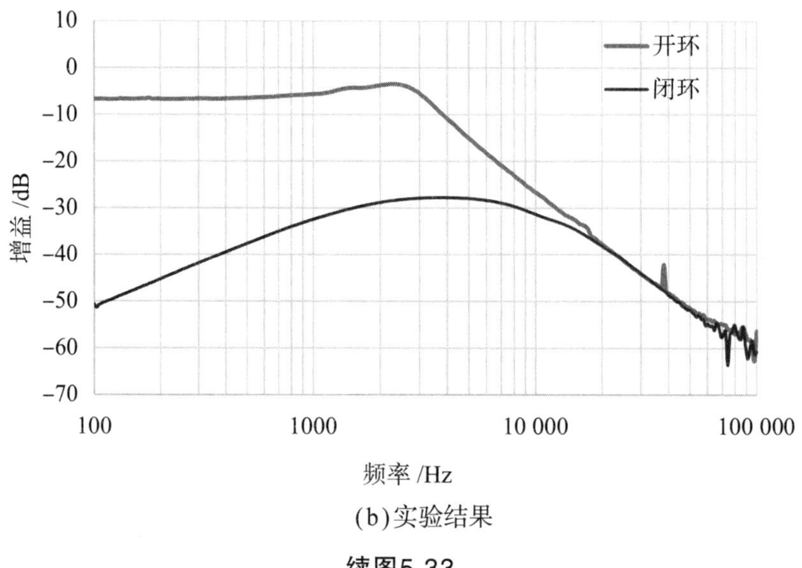

(b)实验结果

续图5.33

与开环类似，输入电压叠加交流幅值时的输出电压响应波形如图5.34所示。在直流电压上叠加幅值5V、频率500Hz的正弦波。从频率特性来看，500Hz时的增益约为-40dB，即0.01倍左右。输出电压波形中未见交流幅值，可见输入电压变化完全被控制系统抑制了。

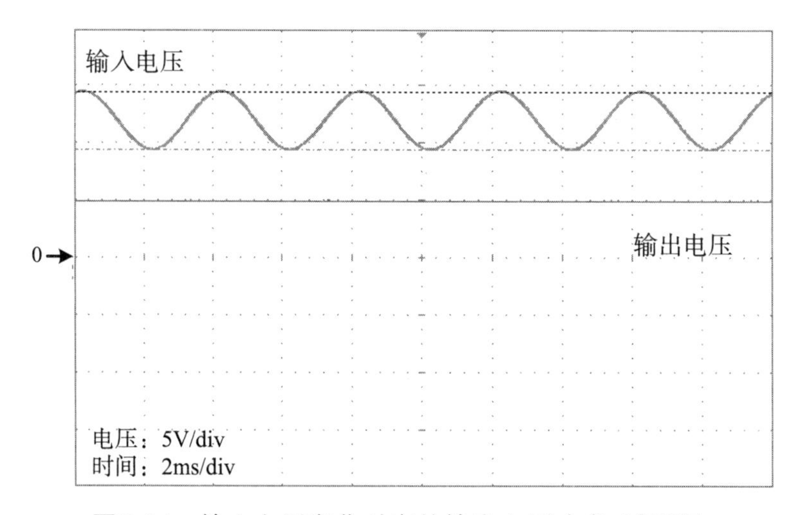

图5.34　输入电压变化对应的输出电压响应（闭环）

第6章
开关电源的数字控制

使用微控制器和其他设备的数字控制系统设计大致有两种。一种是将整个系统表示为差分方程，对其进行z变换，使用离散系统模型在z域进行设计。另一种是将整个系统表示为微分方程，对其进行拉普拉斯变换，在s域进行设计，也被称为数字再设计。数字再设计是一种利用模拟控制的经验，让控制系统设计变得更加容易的一种方法，只通过z变换将补偿器离散化。

本章将介绍上述两种数字控制系统的构建方法。

6.1 数字信号处理基础

在说明开关电源的数字控制之前，先介绍数字信号处理基础知识。

如图6.1所示，模拟信号是相对于连续变量（时间）连续变化的信号（函数）。根据信号（函数）的变量（时间）和值是连续量还是离散量，信号可以分为4类，见表6.1。数字信号本质上是既要讨论作为离散量的多值（量化）信号，又要讨论离散时间的采样值信号。数字信号处理是把信号用数字或符号表示成序列，通过通用或专用信号处理设备，用数字的计算方法进行处理（如滤波、变换、增强、估计、识别等），以达到提取信息便于应用的目的。尽管多值（量化）取决于AD转换器的分辨率，但随着AD转换器的低成本化、高分辨率化，量化处理在一般的开关电源中已不成问题。本节主要讨论离散时间的采样值信号。

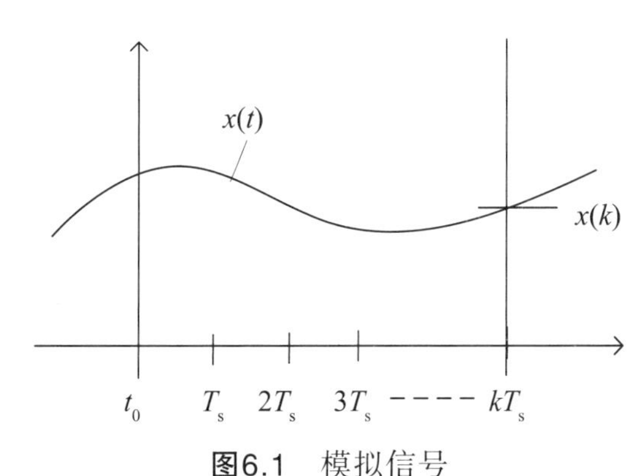

图6.1 模拟信号

表 6.1 信号类型

	连续值	离散值
连续变量（时间）	模拟信号	多值（量化）
离散变量（时间）	采样值信号	数字信号

6.1.1 傅里叶变换与z变换

● 时间离散化（采样）

设k为信号序列的编号，t_0为基准值，则采样时间$t[k]$为

$$t[k]=t_0+kT_s \tag{6.1}$$

假设连续的原始信号序列为$x(k)$，则采样值$x[k]$为

$$x[k]=x(t[k])=x(t_0+kT_s) \tag{6.2}$$

傅里叶变换是将连续时域的周期函数（信号）、非周期函数（信号）变换到频域。拉普拉斯变换在此基础上增加了一个衰减项，使暂态现象也能在频域中处理。也就是说，拉普拉斯转换是将傅里叶变换的$e^{-j\omega}$乘以衰减项e^{δ}作为$e^{-(\delta+j\omega)}$，从而避免发散问题。将这个思路应用于离散时域中的周期函数（信号），将其变换到频域就是z变换。这些变换的对应关系见表6.2。

表 6.2　各种变换的对应关系

周期函数、非周期函数（无衰减项） $s=-j\omega$	暂态（有衰减项） $s=\delta+j\omega$
连续时间傅里叶变换	拉普拉斯变换
离散时间傅里叶变换	z 变换

● 连续时间傅里叶变换

假设原始信号为连续时间定义的$f(t)$，则连续时间傅里叶变换可表示为

$$F(\omega)=\int_{-\infty}^{\infty} f(t)e^{-j\omega t}\mathrm{d}t \tag{6.3}$$

式中，$F(\omega)$被称为$f(t)$的频谱。

● 离散时间傅里叶变换（单位圆上）

接下来，考虑原始信号是在离散时间定义的$x(k)$信号的傅里叶变换（离散时间傅里叶变换）。积分以$\sum$表示，有

$$X(\omega)=\sum_{k=-\infty}^{\infty} x(k)e^{-j\omega k} \tag{6.4}$$

在此，设$z=e^{j\omega}$，则有

$$X(z)=\sum_{k=-\infty}^{\infty} x(k)z^{-k} \tag{6.5}$$

这就是z变换的定义式。

如图6.2所示，傅里叶变换在复数平面位于虚轴（频率轴），而在离散时间平面位于单位圆。到此为止的讨论都不涉及衰减项，只针对频率轴。

● 添加衰减项

添加衰减项r，并由式（6.6）定义z，代入式（6.5），则z变换后的$X(z)$可用式（6.7）表示。

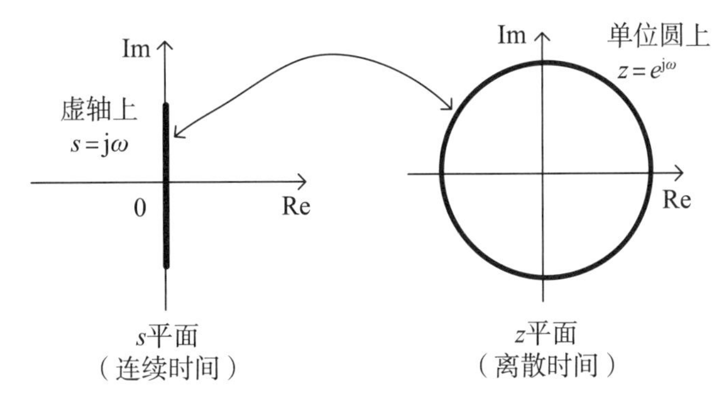

图6.2 傅里叶连续时间（s平面）→离散时间（z平面）的映射

$$z = re^{j\omega} \tag{6.6}$$

$$X(z) = X(re^{j\omega}) = \sum_{k=-\infty}^{\infty} x(k)\left(re^{j\omega}\right)^{-k} = \sum_{k=-\infty}^{\infty}\left[x(k)r^{-k}\right]e^{-jk\omega} \tag{6.7}$$

换句话说，$X(re^{j\omega})$是离散时间信号$x(k)$乘以衰减项的实指数r^{-k}的离散时间傅里叶变换，是具有衰减项的拉普拉斯变换的离散时间版。

● z变换的性质

下面，对线性和时间轴推移进行说明。

（1）线性

$$Z[ax(k)+by(k)] = aX(z)+bY(z) \tag{6.8}$$

（2）时间轴推移（时延）

$$\begin{aligned}
&\boldsymbol{Z}[x(k-m)]\\
&=\sum x(k-m)z^{-k}\\
&=\sum x(k-m)z^{-(k-m)}z^{-m}\\
&=z^{-m}\sum x(k-m)z^{-(k-m)}\\
&=z^{-m}\sum x(n)z^{-n}\\
&=z^{-m}X(z)
\end{aligned} \tag{6.9}$$

注意，式（6.9）的变形，假设$k-m=n$，$n>0$。

以上是离散时间的重要性质，以及从时间轴到频率轴的转换。

6.1.2 数字分辨率

分辨率包括输出（电压、电流）分辨率和时间分辨率。

● 输出（电压、电流）分辨率

假设分辨率的位数为N，则分辨率为$2N$。

例如，12位，$2^{12}=4096$，如果输出为3.3V，则分辨率为3.3V/4096≈0.8mV。所需的分辨率高低因应用而异，对于一般的DC-DC变换器，10～11位基本上就够用了。

● 时间分辨率（PWM分辨率）

假设PWM载波频率为f_{PWM}，获得N位分辨率的时钟频率f_{CLK}为

$$f_{CLK}=f_{PWM}\times 2^N$$

例如，当$f_{CLK}=100$kHz、$N=12$（$2^N=4096$）时，所需的f_{CLK}约为4GHz，这不现实。以前，CPU的时钟频率低，时间分辨率低，在脉冲上表现为极限环，存在纹波电压大等问题，现在的CPU在时钟方面具有高分辨率功能，时间分辨率的问题基本上得以解决。

6.1.3　数字控制的延迟因素

数字控制结构产生的延迟，大致可分为四种。

① 采样（AD转换）引起的延迟。

② 运算时间导致的延迟。

③ 输出处理（PWM）引起的延迟。

④ 采样周期（控制周期）导致的延迟。

图6.3所示为采用数字再设计方法时，数字控制系统的一系列动作时序。简单起见，图中显示的是从时刻0开始采样，在1个开关周期内从AD捕获到PWM输出结束的情况。图6.3(a)所示为采样周期和开关周期相等（每个周期采样）的情况，图6.3(b)所示为每2个开关周期进行一次采样的情况。

● 采样（AD转换）引起的延迟

图6.4所示为采样的框图和动作时序。在第一个模拟量转换为数字量的点，由于采样保持和AD转换而发生延迟。在采样保持（S&H）电路中，检测到的信号（输出电压、电流等）保持在电容器中，但是电容器充放电是需要时间的，这

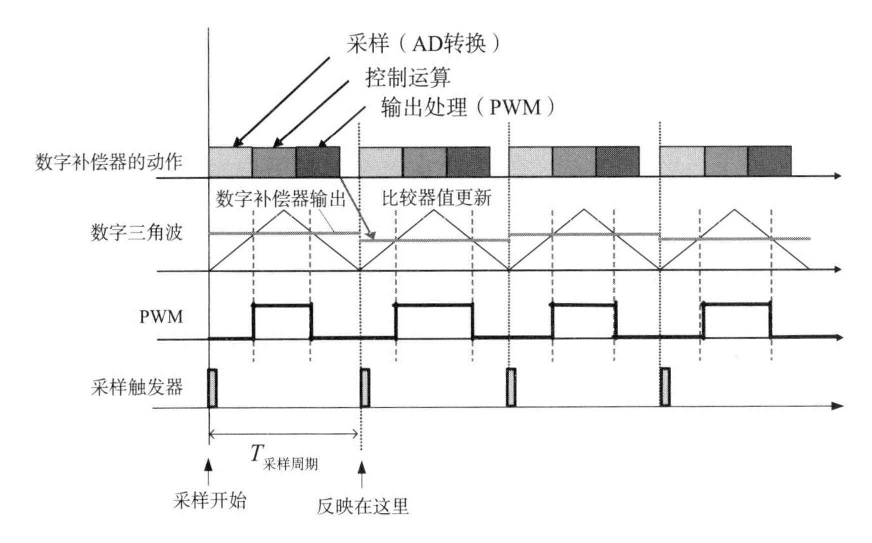

(a)每个周期采样时

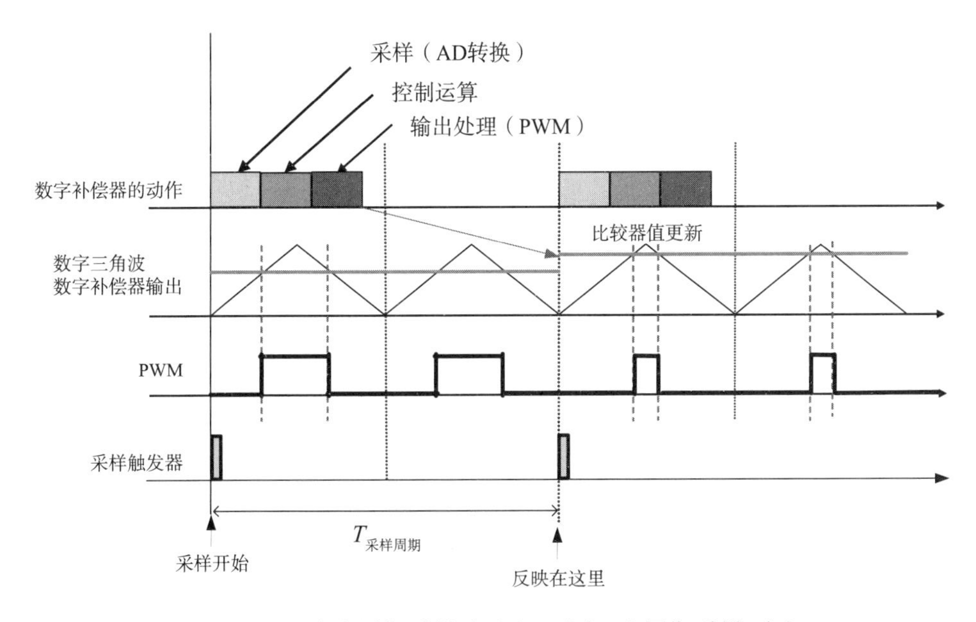

(b)多个周期采样时（这里为每2个周期采样1次）

图6.3 数字再设计的时序

是延迟之一。接着，保持的电压信号被AD转换器离散化[1)]，转换为所需位数的数字信号，AD转换也是需要时间的，这是延迟之二。采样保持时间与AD转换时间之和就是采样时间。

1）离散方法也会影响延迟。例如，同一个积分环节，使用双线性变化法和前向欧拉法就存在一个采样周期的延时差别，设计离散化算法时要特别注意。

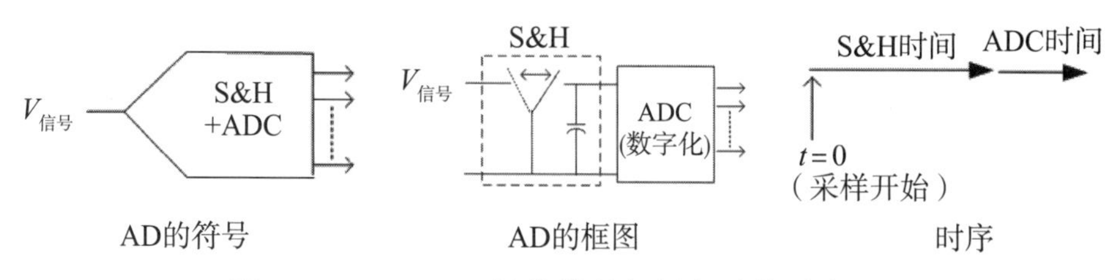

图6.4　S&H、AD转换器的框图与动作时序

例如，如果AD转换器数据表标记的是“1MHz”，则从检测信号采样开始到AD转换器输出数字信号所需的时间为1μs。

● 运算时间（CPU）导致的延迟

运算时间是指CPU（DSP、微控制器等）接收数字化AD转换器的输出信号后，输出补偿器计算结果所需的时间。运算和输出处理导致延迟的具体时间取决于很多因素，如算法的复杂程度。这个延时有时是无法避免的，除非使用更高性能的处理器，或者使用协处理器专门完成复杂任务，所用的时间受编程技巧、冗余度、代码精细度等的影响。例如，第5章所述Ⅲ型补偿器（数字三阶IIR滤波器）的运算需要50步，100MHz时钟（周期10ns）将产生50 × 10ns = 0.5μs延迟。

● PWM输出处理引起的延迟

PWM输出的是运算结果与数字三角波的比较结果，从模拟信号的角度看就是占空比。对于物理量本身，在一个孤立采样点上是无法计算的，至少要有两个点并知道两点间的时间差。这个时间差同时也会造成相位的滞后，利用数值分析技术中的逆梯形微分可以有效消除这种延时。

● 采样周期（控制周期）导致的延迟

数字控制技术一般使用定时采样，每次采样时，采集到的数据和实际数据是一致的，但在下一次采样时刻到来之前，系统只能使用本次采样时刻采集到的数据，这意味着控制使用的都是“旧”的数据，相当于系统在两次采样时刻之间运行在某种开环状态下。这样的延迟平均下来是1/2采样时间，提高采样频率自然可以减小延迟，但这需要更快的A-D转换器。

根据上述采样（AD转换）时间、运算时间、PWM输出处理时间的总和，确定采样周期$T_{采样周期}$，且应确保留有余量。

要加速控制响应，建议按图6.3(a)进行每个周期采样。但是，如果从采样开始到输出处理完成的时间比$T_{采样周期}$长，则会导致控制崩溃。此外，当从采样开始到PWM输出处理的时间较长，或者不要求快速响应时，可以如图6.3(b)所示，在多个开关周期内进行一次采样，该采样周期会成为系统延迟，包含在开环传递函数中：

$$\mathrm{He}(s)=e^{-sT_{\text{采样周期}}} \tag{6.10}$$

6.2　基于离散值系统对象模型的数字控制

本节将以降压型变换器为例，介绍一种先推导差分方程，然后求取串联补偿型离散值系统对象模型的控制系统设计方法。

首先是差分方程的推导，如第3章所述，差分方程可用下式表示：

$$\frac{\bar{\boldsymbol{x}}\left(\overline{k+1}T_{\mathrm{s}}\right)-\bar{\boldsymbol{x}}\left(kT_{\mathrm{s}}\right)}{T_{\mathrm{s}}}=\boldsymbol{A}\bar{\boldsymbol{x}}\left(kT_{\mathrm{s}}\right)+\boldsymbol{b}V_{\mathrm{in}}+\boldsymbol{c}I_{\mathrm{o}} \tag{6.11}$$

两边乘以T_{s}，将$\boldsymbol{x}(kT_{\mathrm{s}})$项移项，整理后可得

$$\boldsymbol{x}\left(\overline{k+1}T_{\mathrm{s}}\right)=\left(I+\boldsymbol{A}T_{\mathrm{s}}\right)\boldsymbol{x}(kT_{\mathrm{s}})+\boldsymbol{b}T_{\mathrm{s}}V_{\mathrm{i}}+\boldsymbol{c}T_{\mathrm{s}}I_{\mathrm{o}} \tag{6.12}$$

另外，关于输出电压，下式成立：

$$v_{\mathrm{o}}\left(kT_{\mathrm{s}}\right)=\boldsymbol{dx}\left(kT_{\mathrm{s}}\right)-\boldsymbol{e}I_{\mathrm{o}} \tag{6.13}$$

这里，状态变量设为

$$\boldsymbol{x}(k)=\left[i_{\mathrm{L}}(k)\quad v_{\mathrm{c}}(k)\right]^{\mathrm{T}}$$

kT_{s}是表示第k周期的符号，简便起见，将其直接替换成k，差分方程和输出方程变为

$$\boldsymbol{x}(k+1)=\boldsymbol{A}_{\mathbf{z}}\mathbf{x}(k)+\boldsymbol{b}_{\mathbf{z}}V_{\mathrm{i}}+\boldsymbol{c}_{\mathbf{z}}I_{\mathrm{o}} \tag{6.14}$$

$$v_{\mathrm{o}}(k)=\boldsymbol{d}_{\mathrm{z}}\boldsymbol{x}(k)+\boldsymbol{e}_{\mathrm{z}}I_{\mathrm{o}} \tag{6.15}$$

式中，

$$\boldsymbol{A}_{\mathbf{z}}=\boldsymbol{I}+\boldsymbol{A}T_{\mathrm{s}}=\begin{pmatrix}1-\dfrac{r_{\mathrm{L}}+r_{\mathrm{c}}}{L}T_{\mathrm{s}} & -\dfrac{1}{L}T_{\mathrm{s}}\\ \dfrac{1}{C}T_{\mathrm{s}} & 1\end{pmatrix},\ \boldsymbol{b}_{\mathbf{z}}=\boldsymbol{b}T_{\mathrm{s}}=\begin{pmatrix}\dfrac{D}{L}T_{\mathrm{s}}\\ 0\end{pmatrix},\boldsymbol{c}_{\mathbf{z}}=\boldsymbol{c}T_{\mathrm{s}}=\begin{pmatrix}\dfrac{r_{\mathrm{c}}}{L}T_{\mathrm{s}}\\ -\dfrac{1}{C}T_{\mathrm{s}}\end{pmatrix} \tag{6.16}$$

$$\boldsymbol{d}_{\mathrm{z}}=\boldsymbol{d}=\left(r_{\mathrm{c}}\quad 1\right),\ \boldsymbol{e}_{\mathrm{z}}=\boldsymbol{e}=\left(-r_{\mathrm{c}}\right)$$

接下来，通过差分方程求取静态特性。在稳态下，下式成立：

$$\boldsymbol{x}(k+1)-\boldsymbol{x}(k)=0 \tag{6.17}$$

将上式代入式（6.14）和式（6.15）并整理，可得

$$\boldsymbol{X}=-\left(\boldsymbol{A}_{\mathbf{z}}-\boldsymbol{I}\right)^{-1}\left(\boldsymbol{b}_{\mathbf{z}}V_{\mathrm{i}}+\boldsymbol{c}_{\mathbf{z}}I_{\mathrm{o}}\right) \tag{6.18}$$

$$V_{\mathrm{o}}=\boldsymbol{d}_{\mathbf{z}}\boldsymbol{X}+\boldsymbol{e}_{\mathbf{z}}I_{\mathrm{o}} \tag{6.19}$$

其中，$\boldsymbol{x}(k)$和$v(k)$的稳态值取$\boldsymbol{X}$、V_{o}。

将式（6.16）的系数矩阵代入上式并整理，可得

$$\boldsymbol{X}=\begin{pmatrix} I_{\mathrm{L}} \\ V_{\mathrm{c}} \end{pmatrix}=\begin{pmatrix} I_{\mathrm{o}} \\ DV_{\mathrm{i}}-r_{\mathrm{L}}I_{\mathrm{o}} \end{pmatrix} \tag{6.20}$$

$$V_{\mathrm{o}}=DV_{\mathrm{i}}-r_{\mathrm{L}}I_{\mathrm{o}} \tag{6.21}$$

与第3章的结果一致。

接着，求取动态特性。如第3章所述，假设在稳态下对输入V_{in}、占空比D、输出电流I_{o}施加微小变化$\Delta V_{\mathrm{in}}(k)$、$\Delta D(k)$、$\Delta I_{\mathrm{o}}(k)$时，状态变量$\boldsymbol{X}$、输出电压$V_{\mathrm{o}}$产生微小变化$\Delta\boldsymbol{X}(k)$、$\Delta V_{\mathrm{o}}(k)$，输入变化$V_{\mathrm{in}}\Rightarrow V_{\mathrm{in}}+\Delta V_{\mathrm{in}}(k)$、$D\Rightarrow D+\Delta D(k)$、$I_{\mathrm{o}}\Rightarrow I_{\mathrm{o}}+\Delta I_{\mathrm{o}}(k)$对应的输出变化为$\boldsymbol{X}\Rightarrow\boldsymbol{X}+\Delta\boldsymbol{X}(k)$、$V_{\mathrm{o}}\Rightarrow V_{\mathrm{o}}+\Delta V_{\mathrm{o}}(k)$。将这些代入状态方程和输出方程，有

$$\begin{cases} \boldsymbol{X}(k+1)+\Delta\boldsymbol{X}(k+1)=\left[\boldsymbol{A}_{\mathbf{z}}+\dfrac{\partial\boldsymbol{A}_{\mathbf{z}}}{\partial D}\Delta D(k)\right]\left[\boldsymbol{X}(k)+\Delta\boldsymbol{X}(k)\right] \\ \qquad\qquad +\left[\boldsymbol{b}_{\mathbf{z}}+\dfrac{\partial\boldsymbol{b}_{\mathbf{z}}}{\partial D}\Delta D(k)\right]\left[V_{\mathrm{i}}+\Delta V_{\mathrm{i}}(k)\right] \\ \qquad\qquad +\left[\boldsymbol{c}_{\mathbf{z}}+\dfrac{\partial\boldsymbol{c}_{\mathbf{z}}}{\partial D}\Delta D(k)\right]\left[I_{\mathrm{o}}+\Delta I_{\mathrm{o}}(k)\right] \\ V_{\mathrm{o}}+\Delta V_{\mathrm{o}}(k)=\left[\boldsymbol{d}_{\mathbf{z}}+\dfrac{\partial\boldsymbol{d}_{\mathbf{z}}}{\partial D}\Delta D(k)\right]\left[\boldsymbol{X}(k)+\Delta\boldsymbol{X}(k)\right] \\ \qquad\qquad +\left[\boldsymbol{e}_{\mathbf{z}}+\dfrac{\partial\boldsymbol{e}_{\mathbf{z}}}{\partial D}\Delta D(k)\right]\left[I_{\mathrm{o}}+\Delta I_{\mathrm{o}}(k)\right] \end{cases} \tag{6.22}$$

展开，忽略二次微小项并线性近似，可得

$$
\begin{cases}
\Delta \boldsymbol{X}(k+1) = \boldsymbol{A}_{\mathbf{z}} \Delta \boldsymbol{X}(k) \\
\qquad\qquad + \left[\dfrac{\partial \boldsymbol{A}_{\mathbf{z}}}{\partial D} \boldsymbol{X}(k) + \dfrac{\partial \boldsymbol{b}_{\mathbf{z}}}{\partial D} V_{\mathrm{i}} + \dfrac{\partial \boldsymbol{c}_{\mathbf{z}}}{\partial D} I_{\mathrm{o}} \right] \Delta D(k) + \boldsymbol{b}_{\mathbf{z}} \Delta V_{\mathrm{i}}(k) + \boldsymbol{c}_{\mathbf{z}} \Delta I_{\mathrm{o}}(k) \\
\Delta V_{\mathrm{o}}(k) = \boldsymbol{d}_{\mathbf{z}} \Delta \boldsymbol{X}(k) + \left[\dfrac{\partial \boldsymbol{d}_{\mathbf{z}}}{\partial D} \boldsymbol{X}(k) + \dfrac{\partial \boldsymbol{e}_{\mathbf{z}}}{\partial D} I_{\mathrm{o}} \right] \Delta D(k) + \boldsymbol{e}_{\mathbf{z}} \Delta I_{\mathrm{o}}(k)
\end{cases} \tag{6.23}
$$

对于降压型变换器，系数矩阵中只有$\boldsymbol{b}_{\mathrm{z}}$包含占空比$D$。因此，如果用占空比$D$对其他系数矩阵进行偏微分，则结果为0。将这些结果代入式（6.23）并整理，则表示降压型变换器动态特性的差分方程为

$$
\begin{cases}
\Delta \boldsymbol{X}(k+1) = \boldsymbol{A}_{\mathbf{z}} \Delta \boldsymbol{X}(k) + \dfrac{\partial \boldsymbol{b}_{\mathbf{z}}}{\partial D} V_{\mathrm{i}} \Delta D(k) + \boldsymbol{b}_{\mathbf{z}} \Delta V_{\mathrm{i}}(k) + \boldsymbol{c}_{\mathbf{z}} \Delta I_{\mathrm{o}}(k) \\
\Delta V_{\mathrm{o}}(k) = \boldsymbol{d}_{\mathbf{z}} \Delta \boldsymbol{X}(k) + \boldsymbol{e}_{\mathbf{z}} \Delta I_{\mathrm{o}}(k)
\end{cases} \tag{6.24}
$$

在时域，传递函数是通过拉普拉斯变换得到的。而在离散时域，脉冲传递函数是通过z变换得到的，在z变换中分别表示为$\Delta X(k+1) \to z\Delta X(z)$、$\Delta X(k) \to \Delta X(z)$、$\Delta D(k) \to \Delta D(z)$、$\Delta V_{\mathrm{i}}(k) \to \Delta V_{\mathrm{i}}(z)$、$\Delta I_{\mathrm{o}}(k) \to \Delta I_{\mathrm{o}}(z)$、$\Delta V_{\mathrm{o}}(k) \to \Delta V_{\mathrm{o}}(z)$。因此，如果对式（6.24）进行$z$变换并整理，则有

$$
\begin{cases}
\Delta \boldsymbol{X}(z) = \left(z\boldsymbol{I} - \boldsymbol{A}_{\mathbf{z}} \right)^{-1} \left[\dfrac{\partial \boldsymbol{b}_{\mathbf{z}}}{\partial D} V_{\mathrm{i}} \Delta D(z) + \boldsymbol{b}_{\mathbf{z}} \Delta V_{\mathrm{i}}(z) + \boldsymbol{c}_{\mathbf{z}} \Delta I_{\mathrm{o}}(z) \right] \\
\Delta V_{\mathrm{o}}(z) = \boldsymbol{d}_{\mathbf{z}} \Delta \boldsymbol{X}(z) + \boldsymbol{e}_{\mathbf{z}} \Delta I_{\mathrm{o}}(z)
\end{cases} \tag{6.25}
$$

每个变化的脉冲传递函数如下：

$$
\begin{cases}
\left. \dfrac{\Delta \boldsymbol{X}(z)}{\Delta D(z)} \right|_{\substack{\Delta V_{\mathrm{in}}(z)=0 \\ \Delta I_{\mathrm{o}}(z)=0}} = \left. \dfrac{\Delta}{\Delta D(z)} \begin{bmatrix} I_{\mathrm{L}}(z) \\ V_{\mathrm{c}}(z) \end{bmatrix} \right|_{\substack{\Delta V_{\mathrm{in}}(z)=0 \\ \Delta I_{\mathrm{o}}(z)=0}} = \left(z\boldsymbol{I} - \boldsymbol{A}_{\mathbf{z}} \right)^{-1} \dfrac{\partial \boldsymbol{b}_{\mathbf{z}}}{\partial D} V_{\mathrm{i}} \\
\left. \dfrac{\Delta \boldsymbol{X}(z)}{\Delta V_{\mathrm{in}}(z)} \right|_{\substack{\Delta D(z)=0 \\ \Delta I_{\mathrm{o}}(z)=0}} = \left. \dfrac{\Delta}{\Delta V_{\mathrm{in}}(z)} \begin{bmatrix} I_{\mathrm{L}}(z) \\ V_{\mathrm{c}}(z) \end{bmatrix} \right|_{\substack{\Delta D(z)=0 \\ \Delta I_{\mathrm{o}}(z)=0}} = \left(z\boldsymbol{I} - \boldsymbol{A}_{\mathbf{z}} \right)^{-1} \boldsymbol{b}_{\mathbf{z}} \\
\left. \dfrac{\Delta \boldsymbol{X}(z)}{\Delta I_{\mathrm{o}}(z)} \right|_{\substack{\Delta V_{\mathrm{in}}(z)=0 \\ \Delta D(z)=0}} = \left. \dfrac{\Delta}{\Delta I_{\mathrm{o}}(z)} \begin{bmatrix} I_{\mathrm{L}}(z) \\ V_{\mathrm{c}}(z) \end{bmatrix} \right|_{\substack{\Delta V_{\mathrm{in}}(z)=0 \\ \Delta D(z)=0}} = \left(z\boldsymbol{I} - \boldsymbol{A}_{\mathbf{z}} \right)^{-1} \boldsymbol{c}_{\mathbf{z}}
\end{cases} \tag{6.26}
$$

$$
\begin{cases}
\left.\dfrac{\Delta V_{\mathrm{o}}(z)}{\Delta D(z)}\right|_{\substack{\Delta V_{\mathrm{in}}(z)=0\\ \Delta I_{\mathrm{o}}(z)=0}} = \boldsymbol{d}_{\mathbf{z}}\left(z\boldsymbol{I}-\boldsymbol{A}_{\mathbf{z}}\right)^{-1}\dfrac{\partial \boldsymbol{b}_{\mathbf{z}}}{\partial D}V_{\mathrm{i}} \\
\left.\dfrac{\Delta V_{\mathrm{o}}(z)}{\Delta V_{\mathrm{in}}(z)}\right|_{\substack{\Delta D(z)=0\\ \Delta I_{\mathrm{o}}(z)=0}} = \boldsymbol{d}_{\mathbf{z}}\left(z\boldsymbol{I}-\boldsymbol{A}_{\mathbf{z}}\right)^{-1}\boldsymbol{b}_{\mathbf{z}} \\
\left.\dfrac{\Delta V_{\mathrm{o}}(z)}{\Delta I_{\mathrm{o}}(z)}\right|_{\substack{\Delta V_{\mathrm{in}}(z)=0\\ \Delta D(z)=0}} = \boldsymbol{d}_{\mathbf{z}}\left(z\boldsymbol{I}-\boldsymbol{A}_{\mathbf{z}}\right)^{-1}\boldsymbol{c}_{\mathbf{z}}+\boldsymbol{e}_{\mathbf{z}}
\end{cases}
\tag{6.27}
$$

这里，如果只从式（6.26）中提取出电感器电流变化部分，定义为脉冲传递函数，则有

$$
\begin{cases}
\left.\dfrac{\Delta I_{\mathrm{L}}(z)}{\Delta D(z)}\right|_{\substack{\Delta V_{\mathrm{in}}(z)=0\\ \Delta I_{\mathrm{o}}(z)=0}} = G_{DI_{\mathrm{L}}}(z) \\
\left.\dfrac{\Delta I_{\mathrm{L}}(z)}{\Delta V_{\mathrm{in}}(z)}\right|_{\substack{\Delta D(z)=0\\ \Delta I_{\mathrm{o}}(z)=0}} = G_{V_{\mathrm{in}}I_{\mathrm{L}}}(z) \\
\left.\dfrac{\Delta I_{\mathrm{L}}(z)}{\Delta I_{\mathrm{o}}(z)}\right|_{\substack{\Delta V_{\mathrm{in}}(z)=0\\ \Delta D(z)=0}} = G_{I_{\mathrm{o}}I_{\mathrm{L}}}(z)
\end{cases}
\tag{6.28}
$$

同样，对应输出电压的脉冲传递函数为

$$
\begin{cases}
\left.\dfrac{\Delta V_{\mathrm{o}}(z)}{\Delta D(z)}\right|_{\substack{\Delta V_{\mathrm{in}}(z)=0\\ \Delta I_{\mathrm{o}}(z)=0}} = G_{DV_{\mathrm{o}}}(z) \\
\left.\dfrac{\Delta V_{\mathrm{o}}(z)}{\Delta V_{\mathrm{in}}(z)}\right|_{\substack{\Delta D(z)=0\\ \Delta I_{\mathrm{o}}(z)=0}} = G_{V_{\mathrm{in}}V_{\mathrm{o}}}(z) \\
\left.\dfrac{\Delta V_{\mathrm{o}}(z)}{-\Delta I_{\mathrm{o}}(z)}\right|_{\substack{\Delta V_{\mathrm{in}}(z)-0\\ \Delta D(z)=0}} = G_{I_{\mathrm{o}}V_{\mathrm{o}}}(z) = Z_{\mathrm{o}}(z)
\end{cases}
\tag{6.29}
$$

综上所述，可以画出离散值系统对象模型中DC-DC变换器的框图，如图6.5所示。下面，具体求解脉冲传递函数。

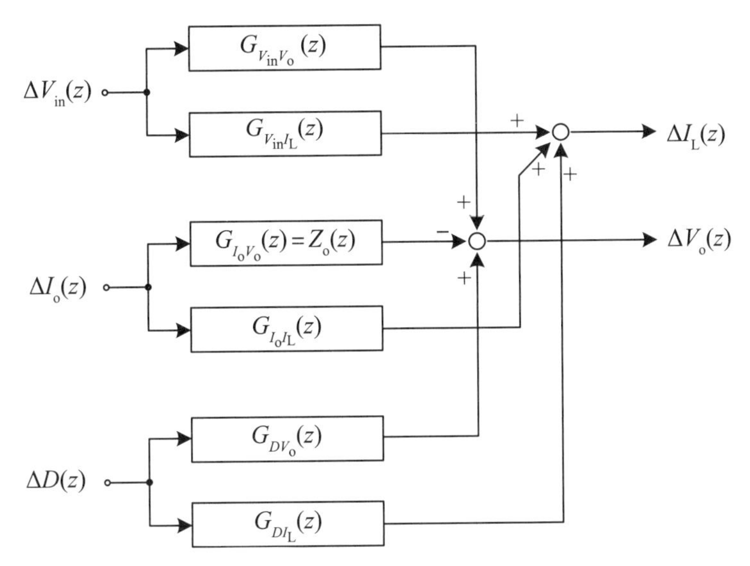

图6.5 离散值系统对象模型中DC-DC变换器的框图

所有式子共有的$(z\boldsymbol{I}-\boldsymbol{A}_2)^{-1}$如下：

$$
\begin{aligned}
\left(zI-\boldsymbol{A}_{\mathbf{z}}\right)^{-1} &= \begin{pmatrix} z-1+\dfrac{r_L+r_c}{L}T_s & \dfrac{1}{L}T_s \\ -\dfrac{1}{C}T_s & z-1 \end{pmatrix}^{-1} \\
&= \frac{1}{P(z)}\begin{bmatrix} z-1 & -\dfrac{T_s}{L} \\ \dfrac{T_s}{C} & z+\dfrac{(r_L+r_c)T_s}{L}-1 \end{bmatrix}
\end{aligned} \tag{6.30}
$$

式中，

$$
P(z)=z^2-\frac{2L-(r_L+r_c)T_s}{L}z+\frac{LC-(r_L+r_c)CT_s+T_s^2}{LC} \tag{6.31}
$$

然后，求偏微分$\dfrac{\partial \boldsymbol{b}}{\partial D}$，得到

$$
\frac{\partial \boldsymbol{b}_{\mathbf{z}}}{\partial D}=\frac{\partial}{\partial D}\begin{pmatrix} \dfrac{D}{L}T_s \\ 0 \end{pmatrix}=\begin{pmatrix} \dfrac{T_s}{L} \\ 0 \end{pmatrix} \tag{6.32}
$$

将这些结果代入离散时域中动态特性的基本式，即式（6.26）、式（6.27），整理后得

$$\left\{\begin{aligned}
G_{DX}(z) &= \left.\frac{\Delta \boldsymbol{X}(z)}{\Delta D(z)}\right|_{\substack{\Delta V_{\text{in}}(z)=0\\ \Delta I_{\text{o}}(z)=0}} = \frac{1}{P(z)}\begin{bmatrix} \dfrac{T_{\text{s}}(z-1)}{L} \\ \dfrac{T_{\text{s}}^{2}}{LC} \end{bmatrix} V_{\text{i}} \\
G_{V_{\text{in}}X}(z) &= \left.\frac{\Delta \boldsymbol{X}(z)}{\Delta V_{\text{in}}(z)}\right|_{\substack{\Delta D(z)=0\\ \Delta I_{\text{o}}(z)=0}} = \frac{1}{P(z)}\begin{bmatrix} \dfrac{T_{\text{s}}(z-1)}{L} \\ \dfrac{T_{\text{s}}^{2}}{LC} \end{bmatrix} \\
G_{I_{\text{o}}X}(z) &= \left.\frac{\Delta \boldsymbol{X}(z)}{\Delta I_{\text{o}}(z)}\right|_{\substack{\Delta V_{\text{in}}(z)=0\\ \Delta D(z)=0}} = \frac{1}{P(z)}\left\{\begin{matrix} \dfrac{T_{\text{s}}[r_{\text{c}}C(z-1)+T_{\text{s}}]}{LC} \\ -\dfrac{T_{\text{s}}[L(z-1)+r_{\text{L}}T_{\text{s}}]}{LC} \end{matrix}\right\}
\end{aligned}\right. \tag{6.33}$$

$$\left\{\begin{aligned}
G_{DV_{\text{o}}}(z) &= \left.\frac{\Delta V_{\text{o}}(z)}{\Delta D(z)}\right|_{\substack{\Delta V_{\text{in}}(z)=0\\ \Delta I_{\text{o}}(z)=0}} = \frac{1}{P(z)}(r_{\text{c}} \quad 1)\begin{bmatrix} \dfrac{T_{\text{s}}(z-1)}{L} \\ \dfrac{T_{\text{s}}^{2}}{LC} \end{bmatrix} V_{\text{in}} = \frac{Cr_{\text{c}}(z-1)+T_{\text{s}}}{P(z)LC}T_{\text{s}}V_{\text{in}} \\
G_{V_{\text{in}}V_{\text{o}}}(z) &= \left.\frac{\Delta V_{\text{o}}(z)}{\Delta V_{\text{in}}(z)}\right|_{\substack{\Delta D(z)=0\\ \Delta I_{\text{o}}(z)=0}} = \frac{1}{P(z)}(r_{\text{c}} \quad 1)\begin{bmatrix} \dfrac{T_{\text{s}}(z-1)}{L} \\ \dfrac{T_{\text{s}}^{2}}{LC} \end{bmatrix} = \frac{Cr_{\text{c}}(z-1)+T_{\text{s}}}{P(z)LC} \\
Z_{\text{o}}(z) &= \left.\frac{\Delta V_{\text{o}}(z)}{-\Delta I_{\text{o}}(z)}\right|_{\substack{\Delta V_{\text{in}}(z)=0\\ \Delta D(z)=0}} = \frac{1}{P(z)}(r_{\text{c}} \quad 1)\left\{\begin{matrix} \dfrac{T_{\text{s}}[Cr_{\text{c}}(z-1)+T_{\text{s}}]}{LC} \\ -\dfrac{T_{\text{s}}[L(z-1)+r_{\text{L}}T_{\text{s}}]}{LC} \end{matrix}\right\} - r_{\text{c}} \\
&= \frac{LCr_{\text{c}}z^{2}+[(Cr_{\text{L}}r_{\text{c}}+L)T_{\text{s}}-2LCr_{\text{c}}]z+r_{\text{L}}T_{\text{s}}^{2}-(Cr_{\text{L}}r_{\text{c}}+L)T_{\text{s}}+LCr_{\text{c}}}{P(z)LC}
\end{aligned}\right. \tag{6.34}$$

如果只从式（6.33）中提取出电感器电流变化对应的脉冲传递函数，则有

$$
\begin{cases}
G_{DI_{\mathrm{L}}}(z)=\left.\dfrac{\Delta I_{\mathrm{L}}(z)}{\Delta D(z)}\right|_{\substack{\Delta V_{\mathrm{in}}(z)=0\\ \Delta I_{\mathrm{o}}(z)=0}}=\dfrac{1}{P(z)}\dfrac{T_{\mathrm{s}}(z-1)V_{\mathrm{i}}}{L}\\[2ex]
G_{V_{\mathrm{in}}I_{\mathrm{L}}}(z)=\left.\dfrac{\Delta I_{L}(z)}{\Delta V_{\mathrm{in}}(z)}\right|_{\substack{\Delta D(z)=0\\ \Delta I_{\mathrm{o}}(z)=0}}=\dfrac{1}{P(z)}\dfrac{T_{\mathrm{s}}(z-1)}{L}\\[2ex]
G_{I_{\mathrm{o}}I_{\mathrm{L}}}(z)=\left.\dfrac{\Delta I_{\mathrm{L}}(z)}{\Delta I_{\mathrm{o}}(z)}\right|_{\substack{\Delta V_{\mathrm{in}}(z)=0\\ \Delta D(z)=0}}=\dfrac{1}{P(z)}\dfrac{T_{\mathrm{s}}\left[r_{\mathrm{c}}C(z-1)+T_{\mathrm{s}}\right]}{LC}
\end{cases}
\tag{6.35}
$$

考虑与第4章相同的结构，可以画出离散值系统对象模型中控制机构的框图，如图6.6所示。注意，假设基准电压V_{ref}的变化为0。此外，$SH(z)$为时延元件。将该控制机构的框图和主电路的框图结合起来，就可以构建整体的开关电源框图，如图6.7所示。

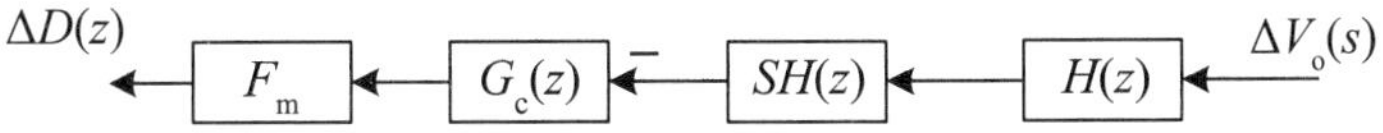

$\Delta D(z)$ ← F_{m} ← $G_{\mathrm{c}}(z)$ ←(−) $SH(z)$ ← $H(z)$ ← $\Delta V_{\mathrm{o}}(s)$

图6.6 离散值系统对象模型中控制机构的框图

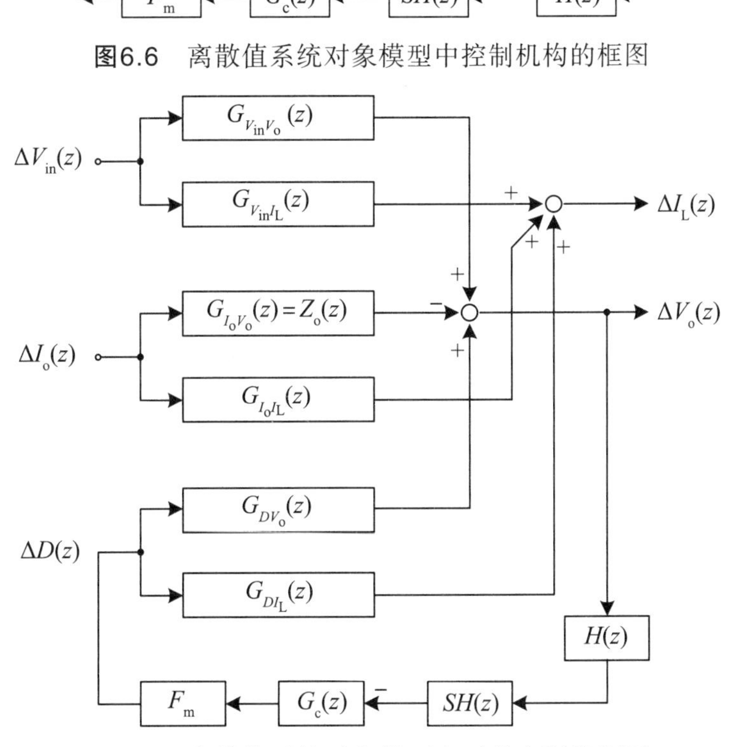

图6.7 离散值系统对象模型中开关电源的框图

离散值控制系统的稳定条件是，闭环脉冲传递函数的所有极点都存在于复数平面上以原点0为中心的半径为1的单位圆内。闭环中输入电压变化对应的输出电

压的脉冲传递函数$G_{V_{in}V_{o\text{-闭环}}}(z)$为

$$G_{V_{in}V_{o\text{-闭环}}}(z)=\frac{G_{V_{in}V_o}(z)}{1+F_m G_{DV_o}(z)G_c(z)SH(z)} \tag{6.36}$$

控制系统设计方法包括极点配置法和使用评价函数的最优控制设计法。对于离散值控制系统，很难设计考虑频率特性的控制系统，因为不能像模拟控制系统那样绘制伯德图。对开关电源来说，稳定裕度往往是比判断稳定与否更重要的指标。出于这个原因，现在常用的是下一节要讲的“数字再设计”。

6.3 数字再设计

数字再设计是先用模拟补偿器设计控制系统，再通过s–z变换再现等效数字补偿器（IIR滤波器）的方法。根据二自由度结构法和数字再设计理论，对于多输入–多输出的采样控制系统，这里提出一种鲁棒控制器的数字再设计方法，并给出采样系统的实现结构。其优点是可以利用以往积累的模拟补偿器设计知识。本节将介绍从模拟补偿器到数字补偿器的转换（s–z变换），以及在微控制器和DSP上实现所需的递归式的推导。

6.3.1 从模拟补偿器到数字补偿器的转换

从模拟补偿器到数字补偿器的转换（s–z变换）方法有很多。但模拟补偿器处理的是连续量，而数字补偿器处理的是离散值，因此会产生“转换误差”，无法再现完全相同的特性。特别是s–z变换方法不同，转换误差不尽相同。这里对s–z变换的基本方法进行说明，如前向欧拉法、后向欧拉法、双线性变换。从s域到z域的变换（s–z变换），是一种在数值计算中使用差分法和梯形法的变换。

● 前向欧拉法

前向欧拉法是一种使用第k-1采样周期的值进行逼近的方法，如图6.8所示。假设第k个采样周期的$x(t)$为$x(k)$，第k+1个采样周期的$x(t)$为$x(k+1)$，则两个采样周期之间的$x(t)$的斜率为

$$x'(k)=\frac{x(k+1)-x(k)}{T} \tag{6.37}$$

设$x'(k)=y(k)$，两边乘以T并整理，可得

$$x(k+1)=x(k)+Ty(k) \tag{6.38}$$

利用时移定理进行z变换，可得

$$zX(z)=X(z)+TY(z) \tag{6.39}$$

整理后得

$$Y(z)=\frac{z-1}{T}X(z) \tag{6.40}$$

另外，利用微分定理对$x'(k)=y(k)$进行拉普拉斯变换，有

$$Y(s)=sX(s) \tag{6.41}$$

考虑到式（6.40）与式（6.41）的对应关系，有

$$s=\frac{z-1}{T} \tag{6.42}$$

根据式（6.42），可以通过前向欧拉法实现s–z变换。

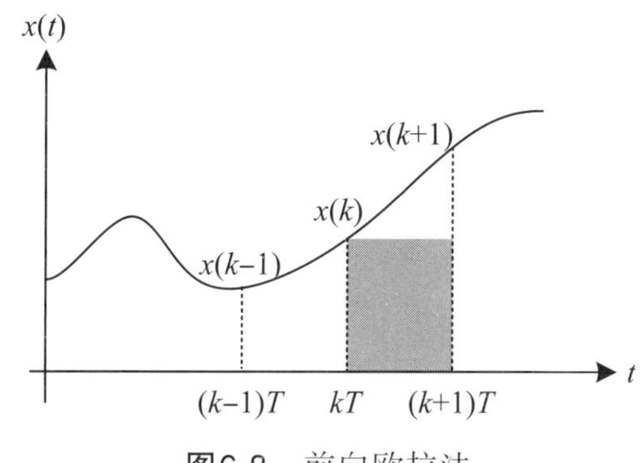

图6.8 前向欧拉法

● 后向欧拉法

后向欧拉法是一种利用第k个采样周期的值进行逼近的方法，如图6.9所示。假设第k个采样周期的$x(t)$为$x(k)$，第$k-1$个采样周期的$x(t)$为$x(k-1)$，则两个采样周期之间的$x(t)$的斜率为

$$x'(k)=\frac{x(k)-x(k-1)}{T} \tag{6.43}$$

设$x'(k)=y(k)$，两边乘以T，整理可得

$$x(k)=x(k-1)+Ty(k) \tag{6.44}$$

利用时移定理进行z变换，可得

$$X(z)=\frac{1}{z}x(z)+TY(z) \tag{6.45}$$

整理后得

$$Y(z)=\frac{z-1}{zT}X(z) \tag{6.46}$$

另外，利用微分定理对$x'(k)=y(k)$进行拉普拉斯变换，有

$$Y(s)=sX(s) \tag{6.47}$$

考虑到式（6.46）与式（6.47）的对应关系，有

$$s=\frac{z-1}{zT} \tag{6.48}$$

根据式（6.48），可以利用后向欧拉法实现s–z变换。

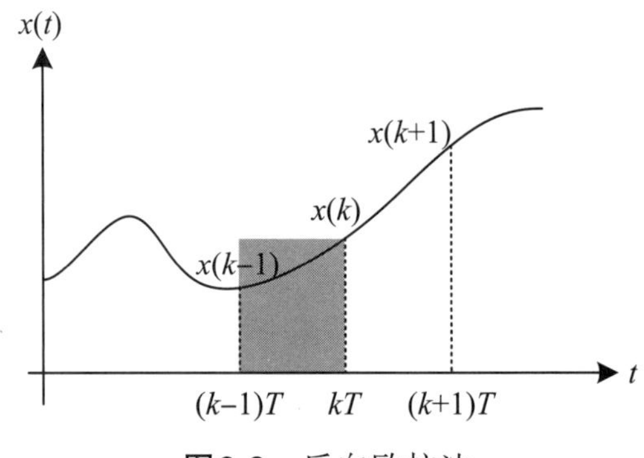

图6.9　后向欧拉法

● 双线性变换

双线性变换是一种利用第k个采样周期的值和第k+1个采样周期的值近似地求出梯形面积并进行变换的方法，如图6.10所示。

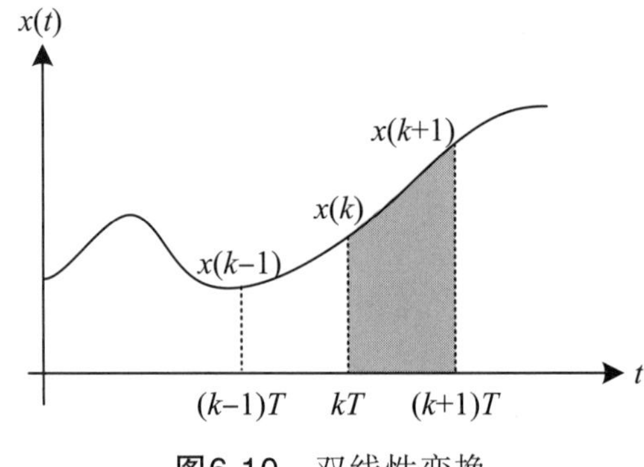

图6.10　双线性变换

假设第k个采样周期的$x(t)$为$x(k)$，第$k+1$个采样周期的$x(t)$为$x(k+1)$，则面积$s(k)$定义如下：

$$s(k)=\int_{kT}^{(k+1)T}x(k)\mathrm{d}t=\int_{-\infty}^{(k+1)T}x(k)\mathrm{d}t-\int_{-\infty}^{kT}x(k)\mathrm{d}t \tag{6.49}$$

这里，设$\int x(k)\mathrm{d}t=y(k)$，则

$$s(k)=y(k+1)-y(k) \tag{6.50}$$

梯形的面积为

$$s(k)=\frac{T}{2}\left[x(k+1)+x(k)\right] \tag{6.51}$$

将上式代入式（6.50），可得

$$y(k+1)-y(k)=\frac{T}{2}\left[x(k+1)+x(k)\right] \tag{6.52}$$

利用时移定理进行z变换，有

$$zY(z)-Y(z)=\frac{T}{2}\left[zX(z)+X(z)\right] \tag{6.53}$$

整理后得

$$Y(z)=\frac{T}{2}\frac{z+1}{z-1}X(z) \tag{6.54}$$

另外，利用积分定理对$\int x(k)\mathrm{d}t=y(k)$进行拉普拉斯变换，有

$$Y(s)=\frac{1}{s}X(s) \tag{6.55}$$

考虑到式（6.54）和式（6.55）的对应关系，有

$$s=\frac{2}{T}\frac{z-1}{z+1} \tag{6.56}$$

根据式（6.56），可以利用双线性变换实现s–z变换。从图6.8～图6.10可以看出，双线性变换的误差非常小。其缺点是与前向欧拉法和后向欧拉法相比，运算量非常大，增大了微控制器和DSP的负担。近年来，随着微控制器和DSP的性能提高，双线性变换得到广泛应用。

6.3.2 通过双线性变换实现模拟补偿器的数字转换

这里以第5章介绍的Ⅲ型补偿器为例，介绍基于双线性变换的s–z变换。

Ⅲ型补偿器的传递函数由式（5.18）给出：

$$G_{\mathrm{c}}(s)=\frac{\omega_{\mathrm{i}}}{s}\frac{\left(\dfrac{s}{\omega_{\mathrm{z1}}}+1\right)\left(\dfrac{s}{\omega_{\mathrm{z2}}}+1\right)}{\left(\dfrac{s}{\omega_{\mathrm{p1}}}+1\right)\left(\dfrac{s}{\omega_{\mathrm{p2}}}+1\right)} \tag{6.57}$$

将式（6.56）代入上式进行双线性变换，可得

$$G_{\mathrm{c}}(z)=\frac{b_0+b_1z^{-1}+b_2z^{-2}+b_3z^{-3}}{1-a_1z^{-1}-a_2z^{-2}-a_3z^{-3}} \tag{6.58}$$

式中，

$$\begin{cases} a_1=\dfrac{24+4T\left(\omega_{\mathrm{z1}}+\omega_{\mathrm{z2}}\right)-2\omega_{\mathrm{z1}}\omega_{\mathrm{z2}}T^2}{8+4T\left(\omega_{\mathrm{z1}}+\omega_{\mathrm{z2}}\right)+2\omega_{\mathrm{z1}}\omega_{\mathrm{z2}}T^2} \\ a_2=\dfrac{-24+4T\left(\omega_{\mathrm{z1}}+\omega_{\mathrm{z2}}\right)+2\omega_{\mathrm{z1}}\omega_{\mathrm{z2}}T^2}{8+4T\left(\omega_{\mathrm{z1}}+\omega_{\mathrm{z2}}\right)+2\omega_{\mathrm{z1}}\omega_{\mathrm{z2}}T^2} \\ a_3=\dfrac{8-4T\left(\omega_{\mathrm{z1}}+\omega_{\mathrm{z2}}\right)+2\omega_{\mathrm{z1}}\omega_{\mathrm{z2}}T^2}{8+4T\left(\omega_{\mathrm{z1}}+\omega_{\mathrm{z2}}\right)+2\omega_{\mathrm{z1}}\omega_{\mathrm{z2}}T^2} \\ K=\dfrac{\omega_{\mathrm{i}}\omega_{\mathrm{z1}}\omega_{\mathrm{z2}}}{\omega_{\mathrm{p1}}\omega_{\mathrm{p2}}} \\ b_0=K\dfrac{4\mathrm{T}+2T^2\left(\omega_{\mathrm{p1}}+\omega_{\mathrm{p2}}\right)+\omega_{\mathrm{p1}}\omega_{\mathrm{p2}}T^3}{8+4T\left(\omega_{\mathrm{z1}}+\omega_{\mathrm{z2}}\right)+2\mathrm{cd}T^2} \\ b_1=K\dfrac{-4T+2T^2\left(\omega_{\mathrm{p1}}+\omega_{\mathrm{p2}}\right)+3\omega_{\mathrm{p1}}\omega_{\mathrm{p2}}T^3}{8+4T\left(\omega_{\mathrm{z1}}+\omega_{\mathrm{z2}}\right)+2\mathrm{cd}T^2} \\ b_2=K\dfrac{-4T-2T^2\left(\omega_{\mathrm{p1}}+\omega_{\mathrm{p2}}\right)+3\omega_{\mathrm{p1}}\omega_{\mathrm{p2}}T^3}{8+4T\left(\omega_{\mathrm{z1}}+\omega_{\mathrm{z2}}\right)+2\mathrm{cd}T^2} \\ b_3=K\dfrac{4T-2T^2\left(\omega_{\mathrm{p1}}+\omega_{\mathrm{p2}}\right)+\omega_{\mathrm{p1}}\omega_{\mathrm{p2}}T^3}{8+4T\left(\omega_{\mathrm{z1}}+\omega_{\mathrm{z2}}\right)+2\mathrm{cd}T^2} \end{cases} \tag{6.59}$$

根据式（6.58），Ⅲ型补偿器的框图如图6.11所示。

补偿器的脉冲传递函数$G_{\mathrm{c}}(z)$可以用输入IN(z)和输出OUT(z)之比表示：

$$G_{\mathrm{c}}(z)=\frac{\mathrm{OUT}(z)}{\mathrm{IN}(z)}=\frac{b_0+b_1z^{-1}+b_2z^{-2}+b_3z^{-3}}{1-a_1z^{-1}-a_2z^{-2}-a_3z^{-3}} \tag{6.60}$$

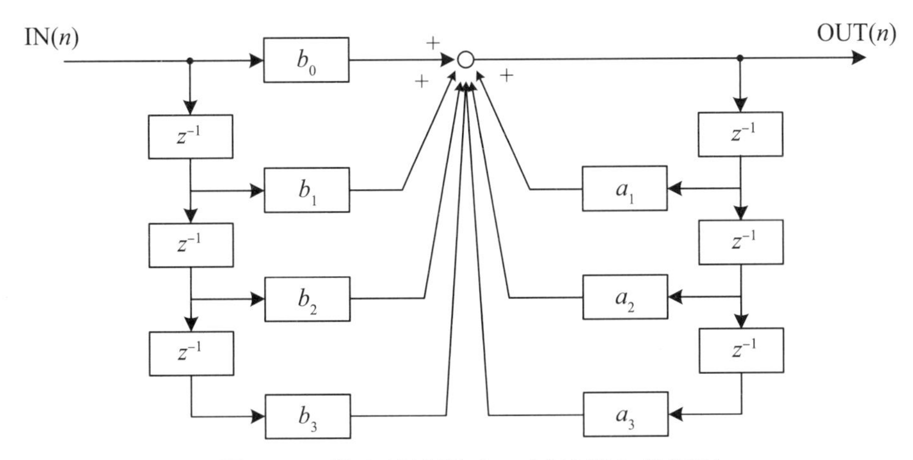

图6.11 数字滤波器（IIR滤波器）的框图

可作如下变形：

$$\begin{aligned}\text{OUT}(z)=&\left(b_0+b_1z^{-1}+b_2z^{-2}+b_3z^{-3}\right)\text{IN}(z)\\&+\left(a_1z^{-1}+a_2z^{-2}+a_3z^{-3}\right)\text{OUT}(z)\end{aligned} \tag{6.61}$$

这里，如果将IN(z)、OUT(z)分别替换为IN[z]、OUT[z]，则z^{-1}项可以替换为[n−1]，z^{-2}项可以替换为[n−2]，z^{-3}项可以替换为[n−3]，递归式为

$$\begin{aligned}\text{OUT}[n]=&b_0\text{IN}[n]+b_1\text{IN}[n-1]+b_2\text{IN}[n-2]+b_3\text{IN}[n-3]\\&+a_1\text{OUT}[n-1]+a_2\text{OUT}[n-2]+a_3\text{OUT}[n-3]\end{aligned} \tag{6.62}$$

在微控制器和DSP上实现该递归式，即可实现数字滤波器。

接下来，考虑数字控制开关电源开环传递函数的特征。如上所述，数字控制中会出现各种时延，进行每个开关周期采样时，最坏的情况下会产生1个开关周期的延迟。因此，开环传递函数如第5章所说的那样，要用包含时延的形式来表达。包含时延的开环传递函数可参见第5章的相关内容，其方程如下：

$$T(s)=\frac{\Delta V_{\text{o}}}{\Delta V_{\text{o}}^{*}}=G_{DV_{\text{o}}}(s)\cdot F_{\text{m}}\cdot G_{\text{c}}(s)\cdot H(s)\cdot e^{-sT_{\text{s}}} \tag{6.63}$$

简单起见，这里以比例控制为例，考察开环传递函数的频率特性。

本书使用STM32开发板作为数字控制的微控制器。STM32开发板上AD转换器的参考电压为3.3V。根据式（4.28），电压–占空比转换增益$F_{\text{m}}=0.3$。另外，进行数字控制时要注意，电压检测单元安装在微控制器外部。模拟控制的电压检测增益是以包含在补偿器传递函数中的形式推导出的，但是数字控制的电压检测增益不包含在补偿器传递函数中，必须提高电压检测增益。这里，检测增益设定在1/3倍左右，见表5.2。综上可知，若将比例增益为设为10倍，则式（6.63）中的$F_m \cdot G_c(s) \cdot H(s) = 1$。因此，就能等效地观测$T(s) = G_{DV_o}(s)^* e^{-sT_s}$的频率特性，从而能够详细掌握时延对开环传递函数的影响。

开环传递函数频率特性的分析结果和实验结果如图6.12所示。增益特性几乎没有变化，但相位特性有很大不同。可见，受输出电容器ESR的影响，$G_{DV_o}(s)$的相位向−90° 超前；而实施数字控制后，受时延的影响，相位在−180° 之后明显滞后。插入Ⅲ型补偿器时，预计在模拟控制中确保有约60° 的相位裕量，在数字控制中约为25° ，减小了35° 左右。综上，在数字控制中，时延引起的相位滞后影响很大，提前留出足够相位裕量的补偿器设计十分有必要。

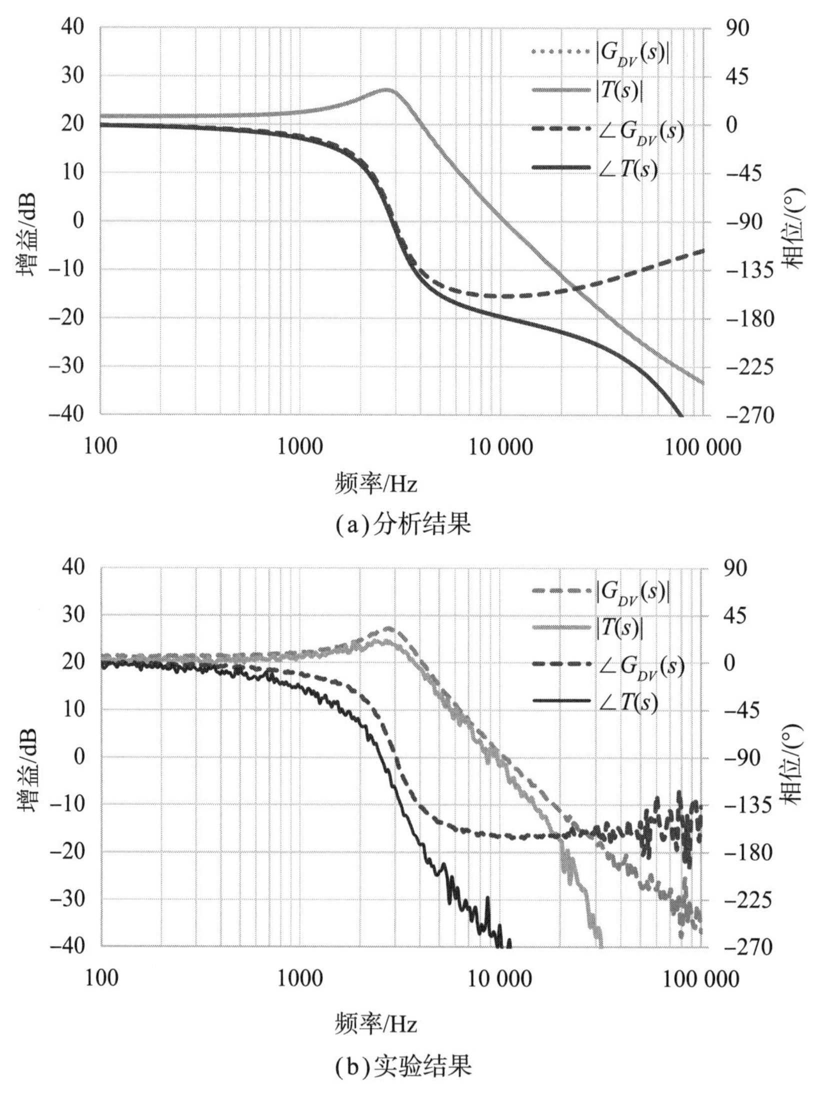

图6.12　数字控制开关电源开环传递函数的频率特性

第7章

PFC变换器基础与控制系统设计

之前探讨的主要是DC-DC变换器，本章研究PFC变换器这种典型的AC-DC变换器。AC-DC变换器的瞬时动作与DC-DC变换器相同，可以扩展上一章的分析。本章将通过状态平均法推导PFC变换器的对象模型，并举例说明控制系统设计方法，同时说明模拟控制和数字控制的特性差异。

7.1 什么是PFC变换器

PFC的全称是“功率因数校正”（power factor correction）。功率因数代表有效功率与视在功率之间的关系，也就是有效功率与视在功率的比值。功率因素值越大，说明电源利用率越高。开关电源是一种电容输入型电路，其电流和电压之间的相位差会造成功率变换损失，因此，需要PFC电路提高功率因数。常见的PFC可分为被动式PFC（无源PFC）和主动式PFC（有源PFC）两种。

大多数常用电子设备都是将工频50Hz或60Hz交流电压转换为直流电压。将交流电压转换为直流电压的电路被称为整流电路，有电容输入型和扼流圈输入型两种。

图7.1所示为电容输入型整流电路及其动作波形的示例。

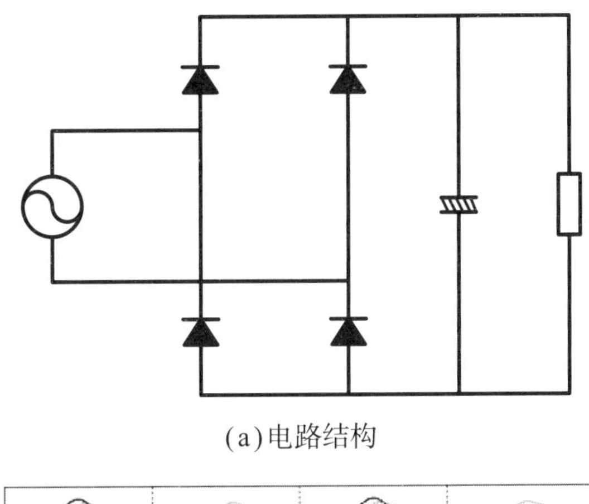

(a)电路结构

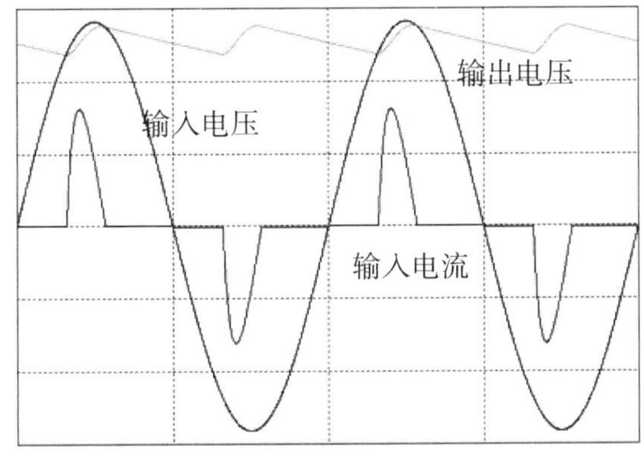

(b)动作波形

图7.1　电容输入型整流电流

该电路由二极管整流桥和用于平滑整流后的脉动电压的大容量电容器构成，其特点是可以通过简单的电路结构将交流电压转换为直流电压。但是，由输入电流的动作波形明显可见，电流通过的时间范围（导通时间）是有限的，并且电流的峰值较高。

扼流圈输入型在此基础上进行了改进，图7.2所示为扼流圈输入型整流电路结构及动作波形的示例。

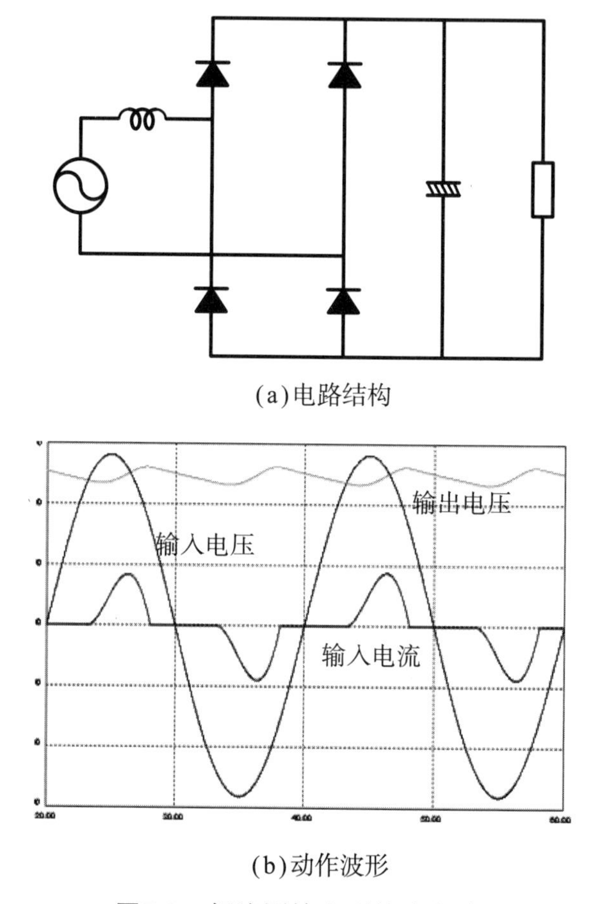

(a)电路结构

(b)动作波形

图7.2　扼流圈输入型整流电路

扼流圈输入型整流电路通过在输入线上插入扼流圈，延长导通时间并降低了电流峰值。但是，扼流圈的电感值必须在毫亨级且工作频率为工频，因此，体积大，也很重。

上述整流电路，出于电路结构的原因，输入电流波形呈脉冲状，包含许多谐波电流。这些高次谐波电流可能会损害市电系统连接的其他设备，这是很现实的问题。输入功率因数PF是衡量电源电路谐波电流产生量的指标。

功率因数PF的定义如下：

$$\mathrm{PF}=\frac{P_{\mathrm{e}}}{P_{\mathrm{a}}} \tag{7.1}$$

式中，P_{e}为有功功率；P_{a}为视在功率。

如果用输入电压v_{i}和输入电流i_{i}表示，则式（7.1）可改写为

$$\mathrm{PF}=\frac{\int_0^T v_{\mathrm{i}} i_{\mathrm{i}} \mathrm{d}t}{\sqrt{\int_0^T v_{\mathrm{i}}^2 \mathrm{d}t}\sqrt{\int_0^T i_{\mathrm{i}}^2 \mathrm{d}t}} \tag{7.2}$$

式中，T是1个周期的时间。

在大多数情况下，输入电压v_{i}为正弦波，但输入电流i_{i}不一定是正弦波。因此，如果输入电压v_{i}和输入电流i_{i}为

$$v_{\mathrm{i}}=V_{\mathrm{i}}\sin\omega t \tag{7.3}$$

$$i_{\mathrm{i}}=\sum_{n=1}^{\infty} I_n \sin\left(n\omega t+\theta_n\right) \tag{7.4}$$

则式（7.2）可改写为

$$\mathrm{PF}=\frac{I_1}{\sqrt{\sum_{n=1}^{\infty} I_n^2}}\cos\theta \tag{7.5}$$

此外，当输入电流i_{i}为正弦波时，式（7.5）可改写为

$$\mathrm{PF}=\cos\theta \tag{7.6}$$

这是众所周知的公式，功率因数仅由输入电压和输入电流的相位差决定。

顺便说一句，式（7.5）可分解为

$$\mathrm{PF}_{\mathrm{h}}=\frac{I_1}{\sqrt{\sum_{n=1}^{\infty} I_n^2}} \tag{7.7}$$

$$\mathrm{PF}_{\mathrm{f}}=\cos\theta \tag{7.8}$$

式中，PF_{f}为基波功率因数；PF_{h}为谐波功率因数或功率畸变因数。

前述电容输入型和扼流圈输入型整流电路存在的问题是功率因数低下，主因是电流波形失真引起的谐波功率因数的影响。PFC变换器就是通过开关动作使电流波形与电压波形相似，从而改善输入功率因数的电路。

PFC变换器不仅可以改善输入功率因数，还可以将输出电压控制在任意电压值。

7.2 电路形式

PFC变换器的电路形式有两种：

① 交流型（无整流桥）。

② 直流型。

交流型适用于大容量PFC变换器，直流型适用于小容量PFC变换器。

交流型是将图7.2(a)中的二极管桥替换为开关器件的电路形式，如图7.3所示。直流型的电路形式如图7.4所示，在图7.1(a)中二极管桥之后使用了DC-DC变

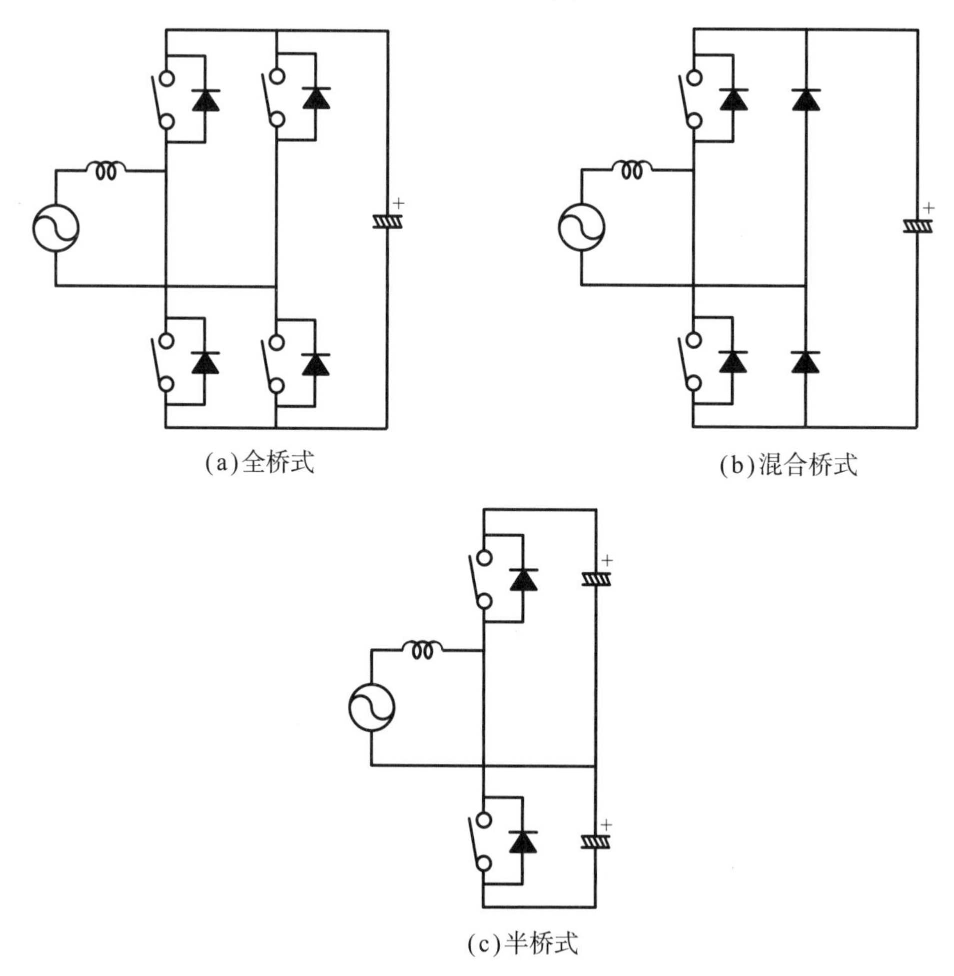

图7.3　交流型PFC变换器的电路形式

换器。交流型多用于1kW以上输出功率的PFC变换器，直流型则多用于几百瓦的小输出功率PFC变换器。另外，直流型使用隔离型DC-DC变换器，就变成了隔离型PFC变换器。图7.5所示为使用反激式变换器的隔离型PFC变换器电路示例。这种电路形式适用于50W以下的PFC变换器，AC适配器几乎都采用这种电路形式。

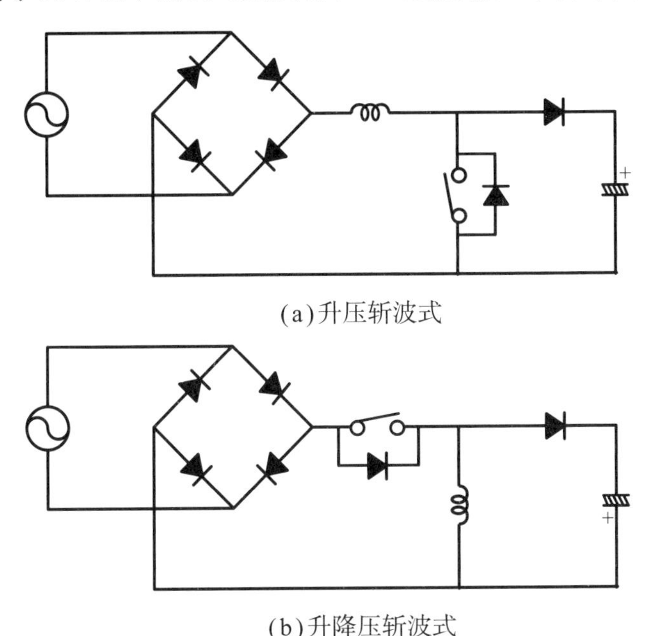

(a)升压斩波式

(b)升降压斩波式

图7.4 直流型PFC变换器的电路形式

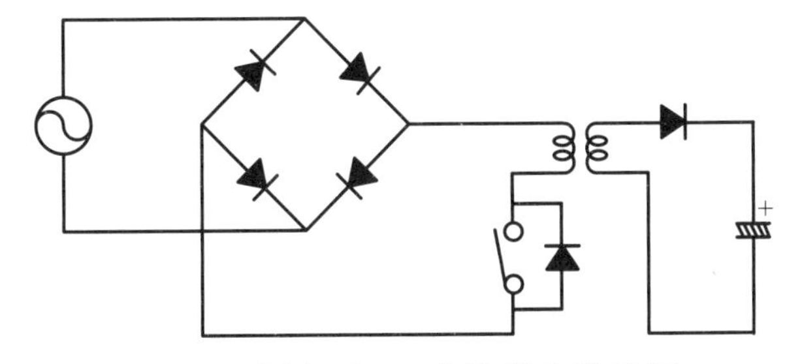

图7.5 隔离型PFC变换器电路示例

7.3 控制方式

PFC变换器的代表性控制方式如下：

① 非连续导通模式（DCM）。

② 临界导通模式（TCM）。

③ 连续导通模式（CCM）。

PFC变换器的输入电流必须是正弦波电流，控制方式正是根据使输入电流成为正弦波的整形方式来划分的。不同控制方式的电流波形如图7.6所示。

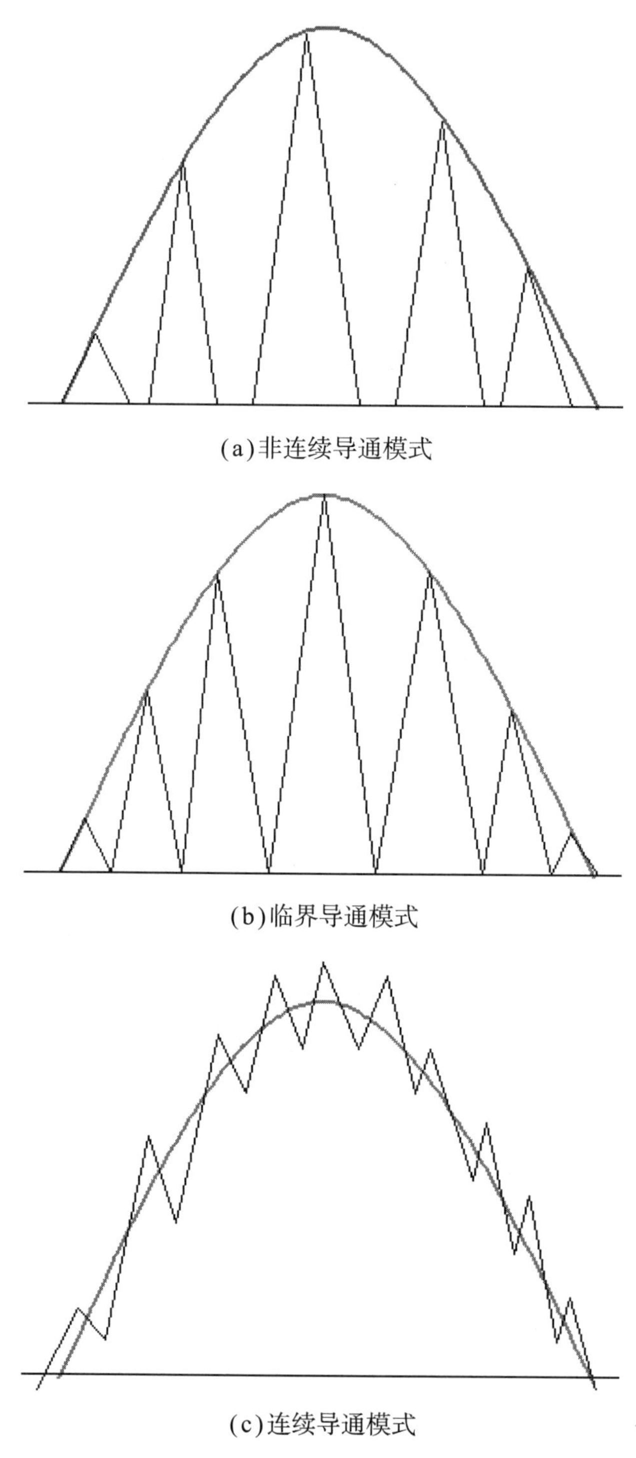

(a)非连续导通模式

(b)临界导通模式

(c)连续导通模式

图7.6　PFC变换器的控制方式

非连续导通模式如图7.6(a)所示，存在输入电流不流动的阶段，其特点是电流不连续。由于电流不连续阶段的存在，输入电流的谐波成分较多，峰值也较高，故常用于50W以下的小容量PFC变换器。工作在DCM状态下的PFC变换器是目前最常用的变换器类型。

临界导通模式如图7.6(b)所示，是一种将输入电流控制为以0为底边的三角波状电流的方式。与非连续导通模式相比，输出相同功率时，其输入电流的谐波电流成分较少，峰值也较低。这种控制方式多用于输出功率小于200W的PFC变换器。

连续导通模式如图7.6(c)所示，是一种将电流控制为以正弦波为中心的三角波状电流的方式。与其他两种方式不同，其纹波电流成分较少，且全域的动作电流几乎都不为0。这种方式常用于输出功率在几百瓦的大容量PFC变换器。

7.4　控制系统结构

PFC变换器控制系统的特征是只有占空比d这一个控制输入，但控制输出有两个，即输入功率因数（输入电流波形）和输出电流。因此，表面上看好像是存在两个控制输入的控制系统。

如前所述，PFC变换器是将交流功率转换为直流功率的电路。因此，输出电容器C具有较大的容量。C的容量设计要求之一是将纹波电压抑制为系统频率的两倍，以便将交流电转换为直流电。一般来说，

$$\frac{1}{2\pi R_o C} \leqslant 1\ (\mathrm{Hz}) \tag{7.9}$$

另外，输入功率因数是通过使输入电流波形与输入电压波形相似来控制的。为此，输入功率因数控制所需的带宽（f_{bw}）应为系统频率的20倍左右，在千赫兹级。

由于这种控制带宽的差异，控制输入可以根据d和输入电流峰值（或有效值）I_L两个因素来考虑，通过d控制输入电流波形，通过I_L控制输出电压（解耦）。图7.7所示是PFC变换器的控制系统结构，可以分成两个部分设计。当然，实际上是一个控制系统。

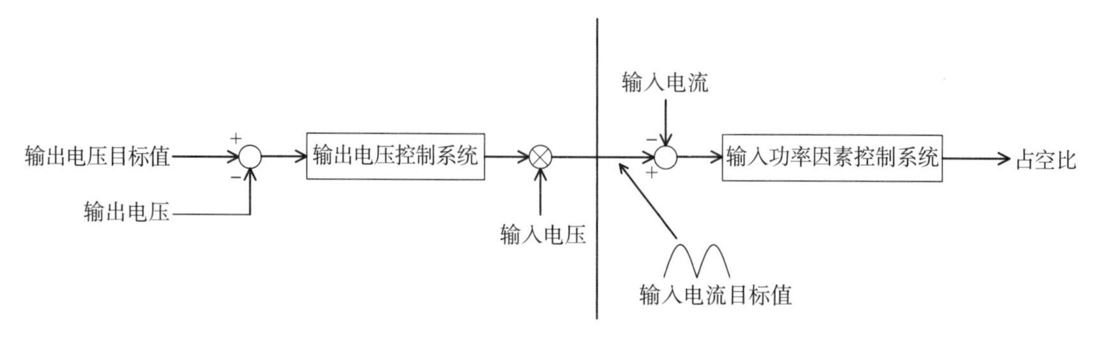

图7.7　PFC变换器的控制系统结构

7.5 基于模拟控制的输入控制系统设计

本节介绍PFC变换器的输入功率因数控制系统设计实例。值得注意的是，设计实例的电路控制方式一般为连续导通模式，是由全波整流电路和升压型变换器组成的电路形式（图7.8）。

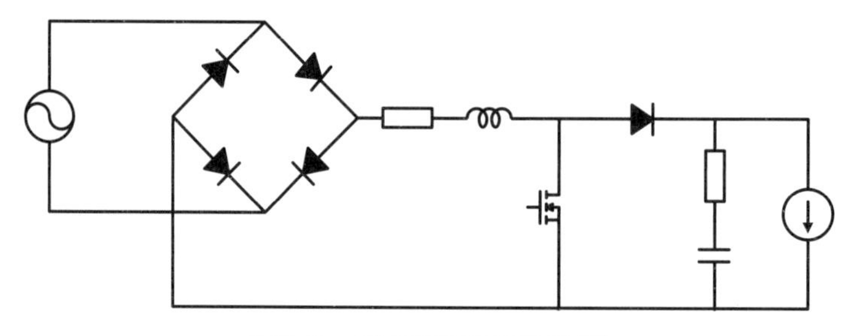

图7.8　升压型PFC变换器

输入电压v_i为交流电压：

$$v_{\mathrm{i}} = V_{\mathrm{i}} \sin(\omega t) \tag{7.10}$$

在此，设

$$v_{\mathrm{ir}} = |v_{\mathrm{i}}| \tag{7.11}$$

则图7.8所示电路就变成了图7.9所示电路，可以认为其是升压型（DC-DC）PFC变换器的等效电路。

该电路中的输入电流为电感器电流i_{L}。此后，输入电流皆称为电感器电流。

参考第3章的内容，状态平均方程如下：

$$\frac{\mathrm{d}\boldsymbol{x}}{\mathrm{d}t} = \boldsymbol{A}\boldsymbol{x} + \boldsymbol{b}v_{\mathrm{ir}} + \boldsymbol{c}i_{\mathrm{o}} \tag{7.12}$$

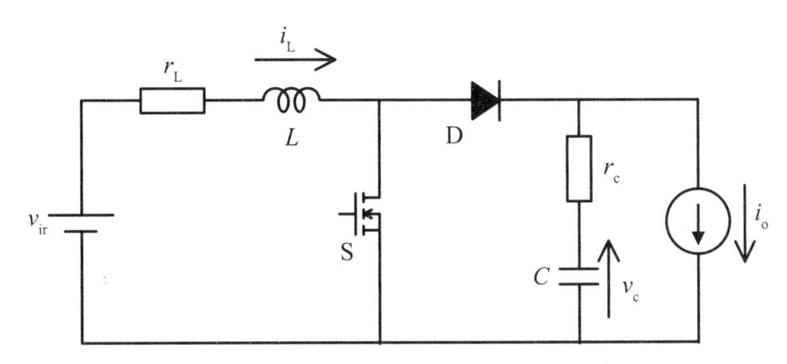

图7.9 升压型PFC变换器的等效电路

式中，

$$\boldsymbol{x}=\begin{bmatrix} i_L \\ v_c \end{bmatrix},\quad \boldsymbol{A}=\begin{bmatrix} -\dfrac{r_L+d'r_c}{L} & -\dfrac{d'}{L} \\ \dfrac{d'}{C} & 0 \end{bmatrix},\quad \boldsymbol{b}=\begin{bmatrix} \dfrac{1}{L} \\ 0 \end{bmatrix},\quad \boldsymbol{c}=\begin{bmatrix} \dfrac{d'r_c}{L} \\ -\dfrac{1}{C} \end{bmatrix} \tag{7.13}$$

这里，v_{ir}、i_o、d之所以用小写，是因为它们不是常值，而是时间的函数。

如前所述，PFC变换器控制系统的输入功率因数控制和输出电压控制可以分开设计。因此，可以用不同于第3章介绍的方法推导控制对象的传递函数。

先说输入功率因数控制。由式（7.13）可知，i_L为

$$\frac{\mathrm{d}i_L}{\mathrm{d}t}=-\frac{r_L-d'r_c}{L}i_L-\frac{d'}{L}v_o+\frac{1}{L}v_{ir}+\frac{d'r_c}{L}i_o \tag{7.14}$$

如果C的容量足够大，则v_o为恒定电压V_o，上式中的$r_c=0$、$i_o=0$，故

$$\frac{\mathrm{d}i_L}{\mathrm{d}t}=-\frac{r_L}{L}i_L-\frac{d'}{L}V_o+\frac{1}{L}v_{ir} \tag{7.15}$$

在此，与第3章一样，考察稳态下的微小变化：

$$i_L\to i_L+\Delta i_L(t)\,,\quad d'\to d'+\Delta d'(t)\,,\quad v_{ir}\to v_{ir}+\Delta v_{ir}(t) \tag{7.16}$$

将上式代入式（7.16），整理可得

$$\frac{\mathrm{d}\Delta i_L}{\mathrm{d}t}=-\frac{r_L}{L}\Delta i_L-\frac{V_o}{L}\Delta d'+\frac{1}{L}\Delta v_{ir} \tag{7.17}$$

通过拉普拉斯变换，可得

$$\Delta i_{\mathrm{L}}(s)=\frac{1}{L\left(s+\frac{r_{\mathrm{L}}}{L}\right)}\left[-V_{\mathrm{o}}\Delta d'(s)+\Delta v_{\mathrm{ir}}(s)\right] \tag{7.18}$$

由此，用于输入功率因数控制的功率级的框图如图7.10所示。

在图7.10中，Δv_{ir}是干扰。另外，v_{ir}为交流电压，波动相当大。因此，进行前馈（FF）控制，以消除v_{ir}的影响。FF控制是一种预测并消除干扰的控制。对于PFC变换器，v_{ir}是一种无须预测即可测量和消除的干扰。在图7.10的基础上增加FF控制后的框图如图7.11所示。

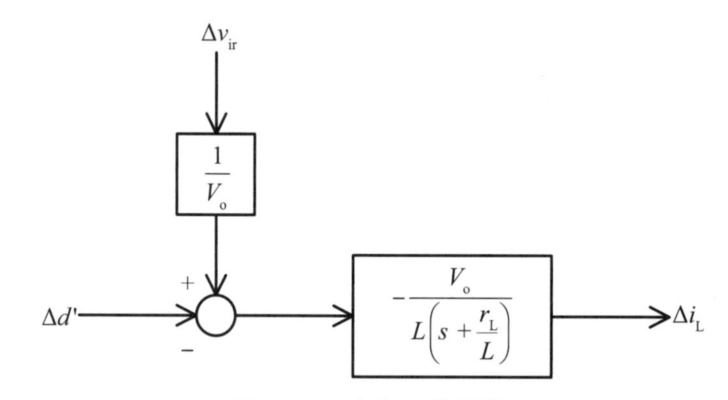

图7.10　功率级的框图

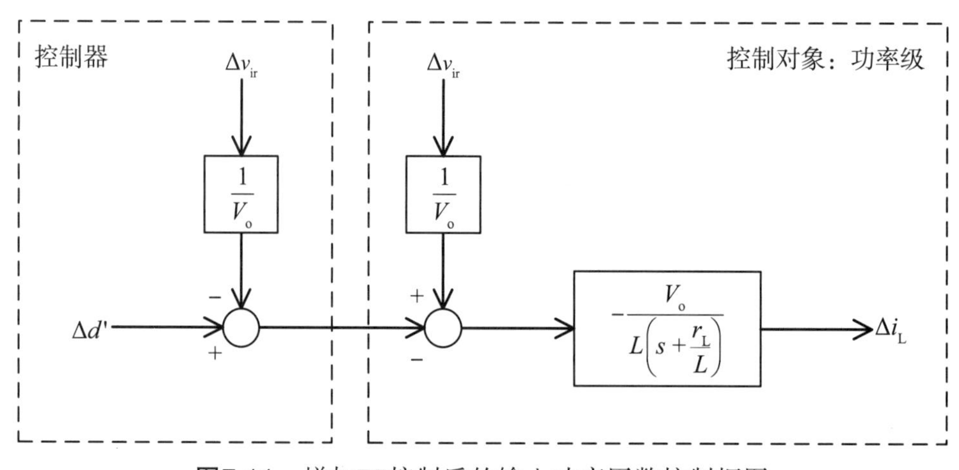

图7.11　增加FF控制后的输入功率因数控制框图

另外，尽管i_{L}上叠加了开关引起的纹波电流，但对于输入功率因数，只需考虑i_{L}的基波成分。因此如图7.12所示，连接一个滤波器$f_{\mathrm{r}}(s)$以消除纹波成分，并将该信号与电感器电流目标值i_{Lref}作比较。至此，包括补偿器$G_{\mathrm{c}}(s)$和调制增益F_{m}的整体框图如图7.12所示。

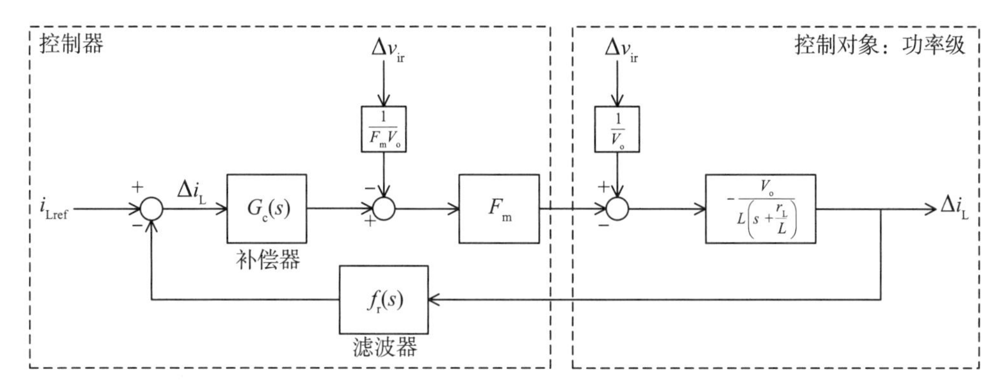

图7.12　输入功率因数控制框图（1）

整理图7.12，可得图7.13。

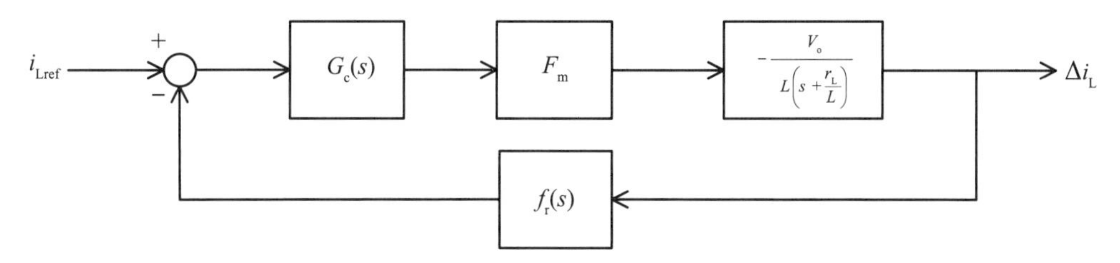

图7.13　输入功率因数控制框图（2）

闭环传递函数$G_{cl}(s)$可表示为

$$G_{cl}(s)=\frac{-\dfrac{V_o}{L\left(s+\dfrac{r_L}{L}\right)}F_m G_c(s)}{1-\dfrac{V_o}{L\left(s+\dfrac{r_L}{L}\right)}F_m G_c(s) f_r(s)} \tag{7.19}$$

这里，设$G_c(s)$为比例补偿器，$f_r(s)$为一阶低通滤波器：

$$G_c(s)=-K_i \tag{7.20}$$

$$f_r(s)=\frac{1}{1+\dfrac{s}{\omega_f}} \tag{7.21}$$

则$G_{cl}(s)$为

$$G_{cl}(s)=\frac{\dfrac{V_o}{L\left(s+\dfrac{r_L}{L}\right)}F_mK_p}{1+\dfrac{V_o}{L\left(s+\dfrac{r_L}{L}\right)}F_mK_p\dfrac{1}{1+\dfrac{s}{\omega_f}}}$$

$$=\frac{V_oF_mK_p}{L\left(s+\dfrac{r_L}{L}\right)\left(1+\dfrac{s}{\omega_f}\right)+V_oF_mK_p} \tag{7.22}$$

$$=K_p\frac{1+\dfrac{s}{\omega_r}}{1+2\delta_p\dfrac{s}{\omega_n}+\left(\dfrac{s}{\omega_n}\right)^2}$$

式中，

$$K_p=\frac{F_mK_iV_o}{r_L+F_mK_iV_o}$$

$$\delta_p=\frac{1}{2}\frac{r_L+\omega_rL}{\sqrt{L\left(r_L+F_mK_iV_o\right)\omega_f}} \tag{7.23}$$

$$\omega_n=\sqrt{\frac{\left(r_L+F_mK_iV_o\right)\omega_f}{L}}$$

由式（7.22）可知，分母为s的二次式，因此，控制系统是绝对稳定的。尽管如此，考虑到元件的频率特性，系统也会变得不稳定，须加以注意。

根据$G_{cl}(s)$进行控制系统设计时，最重要的是减小系统频率f_g处的相位。因此，如果由$G_{cl}(s)$推导基波功率因数PF_f，则有

$$PF_f=\cos\theta$$

$$=\frac{\omega_f\left(\omega_n^2-\omega_g^2\right)+\omega_g\left(2\delta_p\omega_g\omega_n\right)}{\sqrt{\left(\omega_f^2+\omega_g^2\right)\left[\left(\omega_n^2-\omega_g^2\right)^2+\left(2\delta_p\omega_g\omega_n\right)^2\right]}} \tag{7.24}$$

化简可得

$$r_L=0 \tag{7.25}$$

$$F_{\mathrm{m}}=\frac{1}{V_{\mathrm{o}}} \tag{7.26}$$

且

$$K_{\mathrm{p}}=1,\quad \delta_{\mathrm{p}}=\frac{1}{2}\sqrt{\frac{\omega_{\mathrm{f}}L}{K_{\mathrm{i}}}},\quad \omega_{\mathrm{n}}=\sqrt{\frac{K_{\mathrm{i}}\omega_{\mathrm{f}}}{L}} \tag{7.27}$$

将其代入式（7.24），整理可得

$$\mathrm{PF}_{\mathrm{f}}=\frac{K_{\mathrm{i}}}{\sqrt{K_{\mathrm{i}}^{2}+\left(\omega_{\mathrm{g}}L\right)^{2}\left[1-\frac{1}{\left(2\delta_{\mathrm{p}}\right)^{2}}+\left(\frac{\omega_{\mathrm{g}}}{\omega_{\mathrm{f}}}\right)^{2}\right]^{2}}} \tag{7.28}$$

同时，设计滤波器的目的是消除电感器电流的开关动作引起的纹波电流，因此下式成立：

$$\left(\frac{\omega_{\mathrm{g}}}{\omega_{\mathrm{f}}}\right)^{2}\ll 1 \tag{7.29}$$

因此，式（7.28）变为

$$K_{\mathrm{i}}=\frac{\omega_{\mathrm{f}}L}{1+\frac{\omega_{\mathrm{g}}}{\omega_{\mathrm{f}}}\sqrt{\frac{1}{\mathrm{PF}^{2}}-1}} \tag{7.30}$$

7.6　基于模拟控制的输出电压控制系统设计

本节介绍输出电压控制系统设计。在式（7.12）中，如果与输入功率因数控制系统一样，设$r_{\mathrm{c}}=0$、$i_{\mathrm{o}}=0$，则

$$\frac{\mathrm{d}v_{\mathrm{o}}}{\mathrm{d}t}=\frac{d'}{C}i_{\mathrm{L}}-\frac{1}{C}I_{\mathrm{o}} \tag{7.31}$$

如7.4节所述，输出电压控制系统控制输出电流的峰值。由式（7.31）得到的输出电压控制系统的等效电路如图7.14所示。

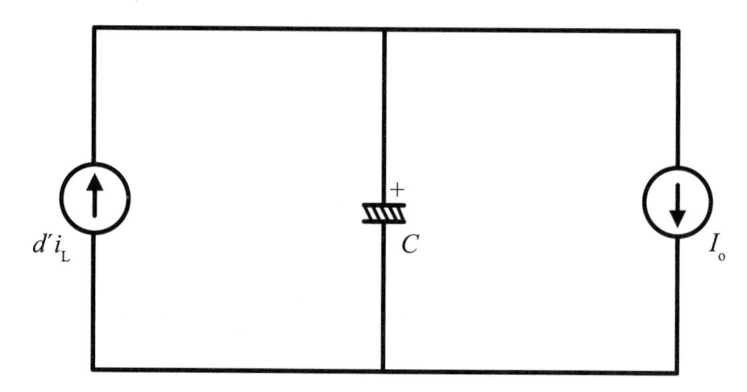

图7.14　输出电压控制系统的等效电路

由第1章所述的升压型变换器的工作原理可知，$(1-d')i_L$是开关器件关断时流向输出侧的电流。将PFC变换器的输入功率因数设为1，则

$$i_L = I_L \sin(\omega_g t) \tag{7.32}$$

因此，在市电角频率ω_g下将$d'I_L$平均得到的电流I_{Lave}为

$$I_{Lave} = \frac{\omega_g}{\pi}\int_0^{\pi/\omega_g} d' I_L \sin(\omega_g t)\mathrm{d}t \tag{7.33}$$

式中，d'由式（7.15）给出：

$$d' = \frac{1}{V_0}\left(V_i - L\frac{\mathrm{d}i_L}{\mathrm{d}t}\right) \tag{7.34}$$

另外，V_i为输入电压的峰值，$r_L=0$。将式（7.32）代入上式，可得

$$I_{Lave} = \frac{2V_i}{\pi V_o} I_L \tag{7.35}$$

因此，式（7.31）可改写为

$$\frac{\mathrm{d}v_o}{\mathrm{d}t} = \frac{1}{C}\frac{2V_i}{\pi V_o}I_L - \frac{1}{C}I_o \tag{7.36}$$

设微小变化为

$$v_o \to v_o + \Delta v_o, \quad I_L \to I_L + \Delta I_L, \quad I_o \to I_o + \Delta I_o \tag{7.37}$$

则式（7.36）可表示为

$$\frac{\mathrm{d}\Delta v_o}{\mathrm{d}t} = \frac{1}{C}\frac{2V_i}{\pi V_o}\Delta I_L - \frac{1}{C}\Delta I_o \tag{7.38}$$

对上式进行拉普拉斯变换，可得

$$\Delta v_{\mathrm{o}}(s)=\frac{2V_{\mathrm{i}}}{\pi V_{\mathrm{o}}}\frac{1}{sC}\Delta I_{\mathrm{L}}(s)-\frac{1}{sC}\Delta I_{\mathrm{o}}(s) \tag{7.39}$$

输出电压控制系统的控制对象框图如图7.15所示。

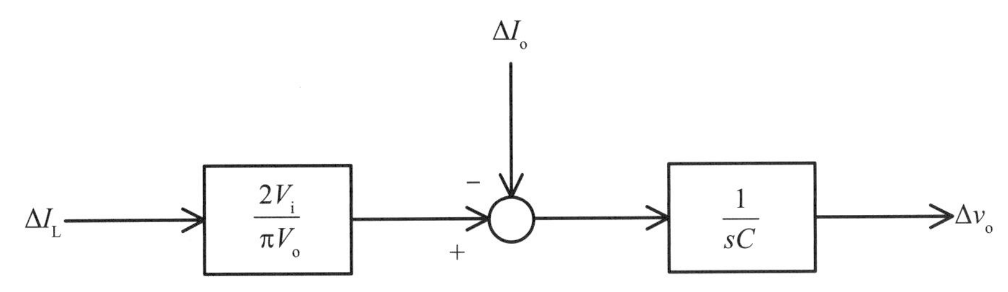

图7.15　输出电压控制系统的控制对象框图

如果负载不是电流源，而是电阻，则I_{o}、v_{o}和R之间的关系为

$$RI_{\mathrm{o}}=v_{\mathrm{o}} \tag{7.40}$$

考虑微小变化，上式变为

$$(R+\Delta R)(I_{\mathrm{o}}+\Delta I_{\mathrm{o}})=v_{\mathrm{o}}+\Delta v_{\mathrm{o}} \tag{7.41}$$

忽略微小变化项的乘积，整理可得

$$\Delta I_{\mathrm{o}}=\frac{1}{R}\Delta v_{\mathrm{o}}-\frac{I_{\mathrm{o}}}{R}\Delta R \tag{7.42}$$

因此，图7.15就变成了图7.16(a)，整理后得到图7.16(b)所示的框图。

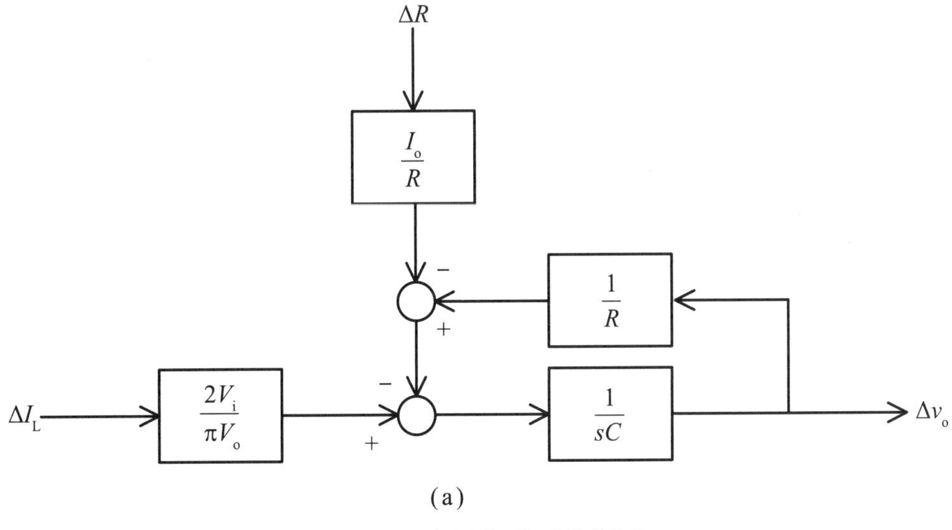

(a)

图7.16　电阻负载时的框图

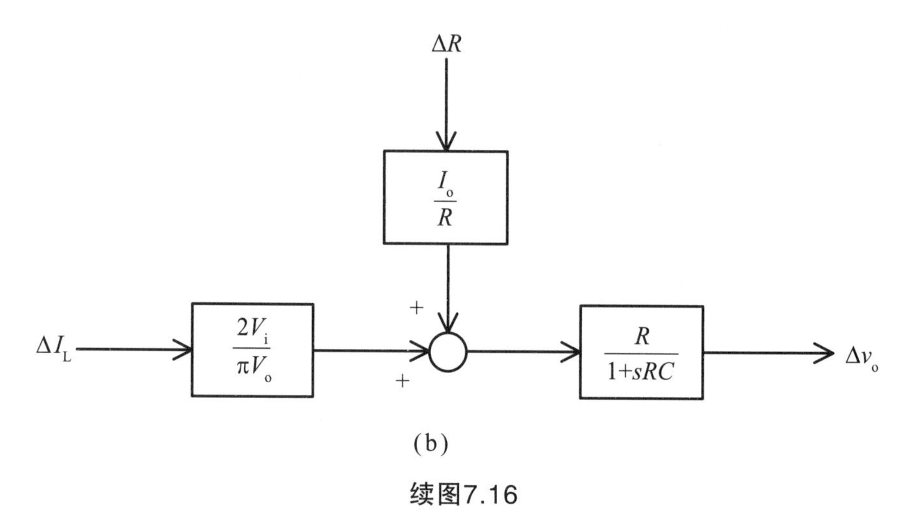

(b)

续图7.16

本书以图7.16(b)所示框图为控制对象，进行控制系统设计。因此，控制对象的传递函数$P_V(s)$为

$$P_v(s)=\frac{\Delta v_o}{\Delta I_L}=\frac{K_V}{1+s/\omega_V} \tag{7.43}$$

式中，

$$K_V=\frac{2V_iR}{\pi V_o}, \quad \omega_V=\frac{1}{RC} \tag{7.44}$$

电压控制系统设计的一个重要方面是，电网电压经过整流后，输出电压会叠加2倍于电网频率的纹波电压。如果试图抑制该纹波电压，会导致纹波成分叠加在图7.7所示的输入电流目标值上，进而导致输入功率因数恶化。因此，在多数情况下，优先考虑输入功率因数，将输出电压控制系统的控制带宽设定为电网频率的2倍以下，并增大输出电容以抑制纹波电压。因此，经常会出现下式的情况：

$$\frac{1}{2\pi RC}<1\,(\mathrm{Hz}) \tag{7.45}$$

此外，由于$P_V(s)$是一阶滞后系统，如果是只有比例增益的补偿器，系统将是稳定的。此时的输出电压控制系统框图如图7.17所示。图中的V_{oref}为输出电压目标值。

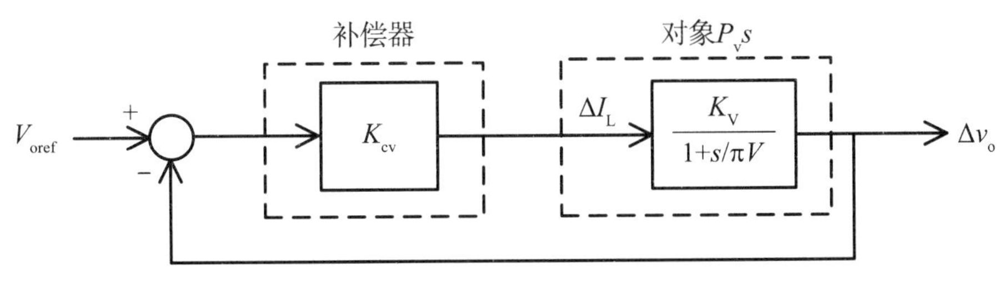

图7.17　比例增益补偿的输出电压控制系统框图

7.7　数字控制的优点

从上一节的结果来看，PFC变换器的控制系统几乎可以完全用比例增益来设计，用数字控制系统很容易实现，但同时人们可能会对其有效性存疑。图7.18所示为分别设计的输入功率因数控制系统和输出电压控制系统组成的控制系统框图，图中的$P_{pf}(s)$是图7.11所示输入功率因数控制系统功率级的传递函数。

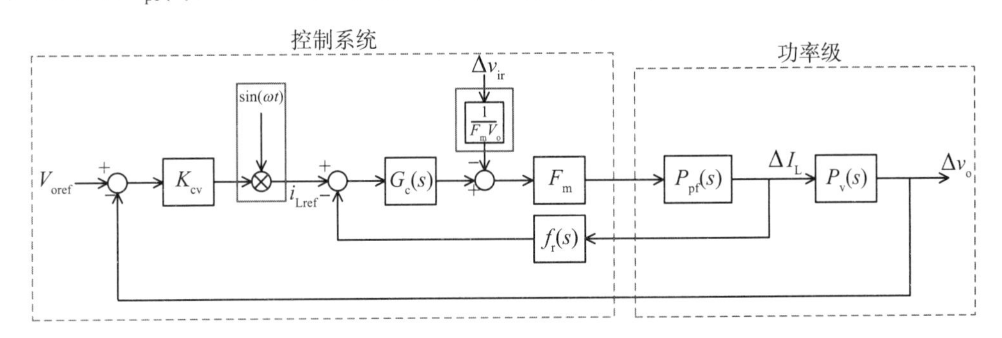

图7.18　控制系统整体框图

PFC变换器控制系统的主要特点体现在图7.18左侧的灰框部分，通过数字控制系统很容易实现。

一般来说，控制所需的信号（如v_o）是通过传感器等，以某种转换率输入到控制电路的。本书中假设传感器的检测比为1。

i_{Lref}是通过输出电压控制系统补偿器的输出和$\sin(\omega t)$的积分产生的。根据式（7.10）可得$\sin(\omega t)$为

$$\sin(\omega t)=\frac{1}{V_i}v_i \tag{7.46}$$

严格来说，v_i是变化的，该变化也被视为V_i的变化。如果v_i的变化足够小，也可以将V_i视为常数。不过，PFC变换器的输入电压对应电网电压，因此，无法通过假定常数进行控制系统设计。

另外，前馈项

$$\frac{1}{F_m V_o} \tag{7.47}$$

中的V_o严格来说也是变化的，通常使用

$$\frac{1}{F_m v_o} \tag{7.48}$$

上式通常用于v_o的纹波电压较大的情况，要减小输出电容器C的电容。相较模拟电路，数字电路更容易实现上述乘法和除法。

7.8　基于数字控制的输入控制系统设计

基于数字控制的输入功率因数控制系统设计，也可采用与模拟控制相同的设计方法，但需要注意采样引起的时延的影响。采样频率为f_{smp}时，时延T_d为

$$T_d = \frac{1}{f_{smp}} \tag{7.49}$$

若忽略电感器串联等效电阻r_L，则由图7.13可知，输入功率因数控制系统的开环传递函数$P_{po}(s)$为

$$P_{po}(s) = \frac{1}{Ls} \frac{K_i}{1+\dfrac{s}{\omega_f}} \tag{7.50}$$

考虑了时延的对象模型$P_{pod}(s)$为

$$P_{pod}(s) = \frac{1}{Ls} \frac{K_i}{1+\dfrac{s}{\omega_f}} e^{-sT_d} \tag{7.51}$$

$P_{po}(s)$和$P_{pod}(s)$的伯德图如图7.19所示。由图可知，时延对增益没有影响，但相位滞后较大，控制系统变得不稳定。

另外，由于输出电压控制系统的响应频率较低，几乎不受时延的影响，因此，省略相关数字控制的说明。

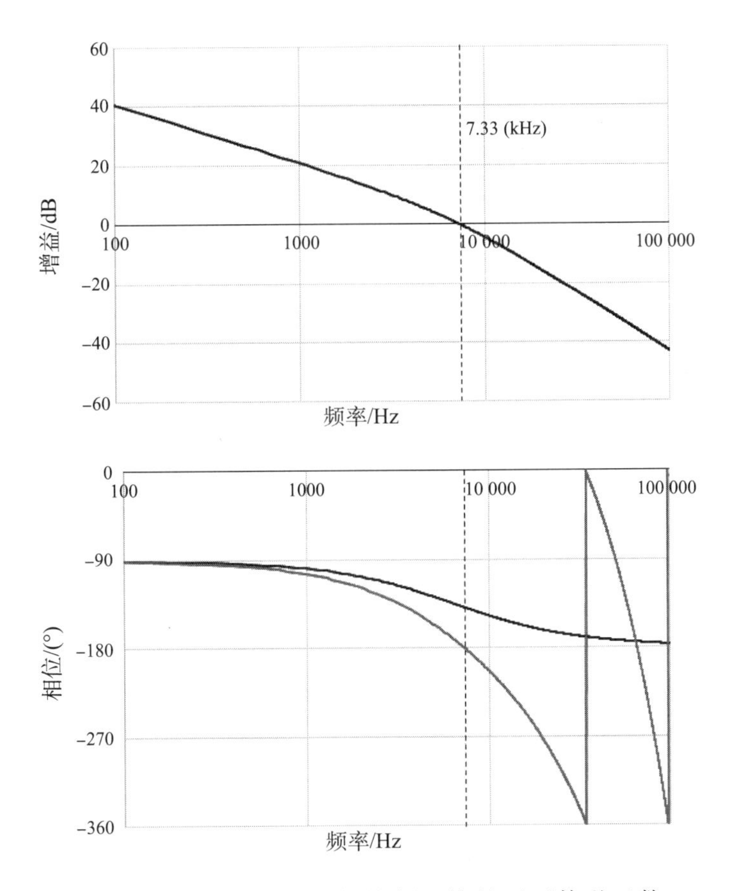

图7.19　输入功率因数控制系统的开环传递函数

7.9　数字控制系统设计实例

数字控制系统的设计规格和主要电路常数：输入电压有效值$V_i = 100V$，输出功率$P_o = 500W$，输出电压$V_o = 400V$，输入功率因数PF = 0.99，电感$L = 1mH$，滤波电容$C = 500\mu F$，开关频率$f_{sw} = 64kHz$。

先说输入功率因数控制系统设计。用于输入电流的滤波器$f_r(s)$的截止频率f_{fi}应低于f_{sw}的1/10，这里设为6.4kHz。此时，根据式（7.30），可求出

$$K_i = 2.09$$

接下来，介绍输出电压控制系统设计。如7.6节所述，输出电压控制系统的响应频率设计成低频。因此，它不受采样频率产生的时延的影响，可以采用与模拟控制系统相同的设计。图7.20所示为该规格下输出电压控制系统的开环传递函数的伯德图，黑线为对象模型，灰线为开环传递函数。由于对象模型是一阶滞后

系统，理论上增益再大也无妨，但如7.6节所述，必须降低系统2倍频率的增益。作为参考，开环传递函数的过零频率f_{vz}与系统频率f_g的关系为

$$f_{vz} \leqslant \frac{f_g}{10} \tag{7.52}$$

在设计示例中，

$$K_{CV} = 20 \tag{7.53}$$

由图7.20可知，设计实例满足式（7.52）。

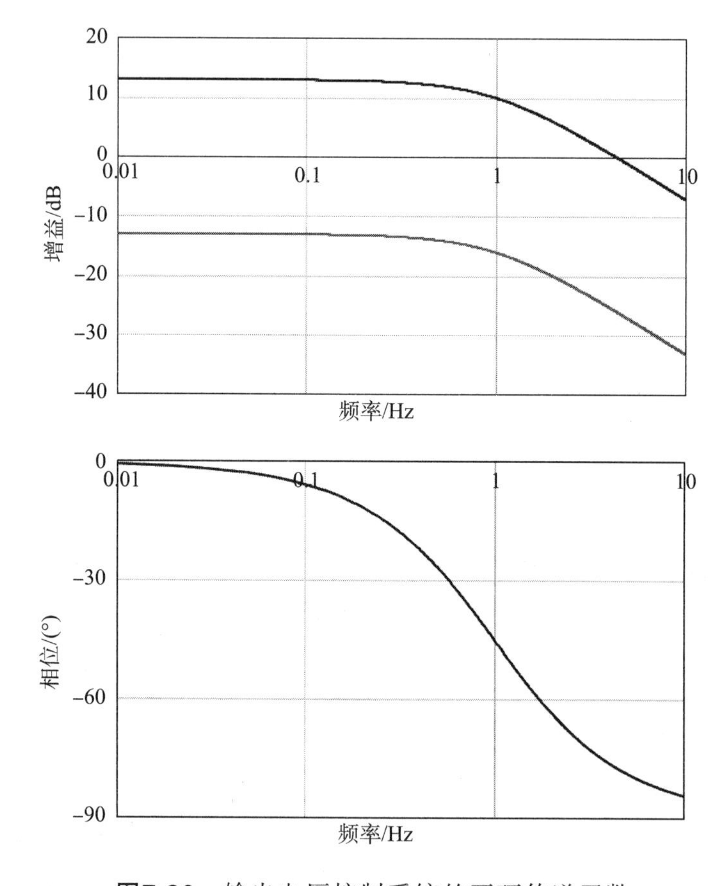

图7.20　输出电压控制系统的开环传递函数

设计结果通过模拟得到了证实。采用电力电子仿真软件PLECS进行模拟，模拟结果如图7.21所示。可见输入电流失真，但可控。输入电流失真的原因是受到输出电压纹波分量的影响，以式（7.47）作为7.7节所述的前馈项。若将其变形为式（7.48），则模拟结果如图7.22所示，课件输入电流的失真消失了。

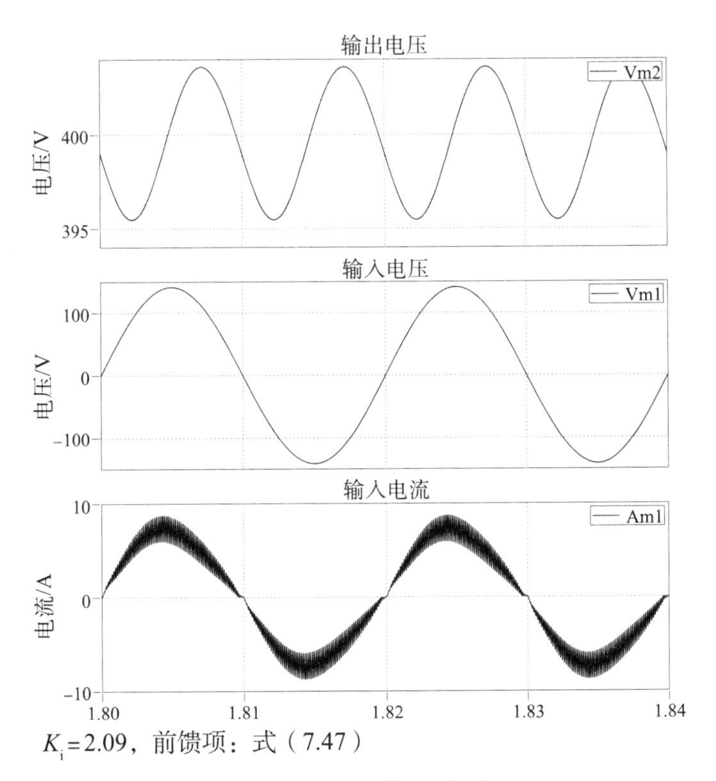

图7.21　模拟结果（1）

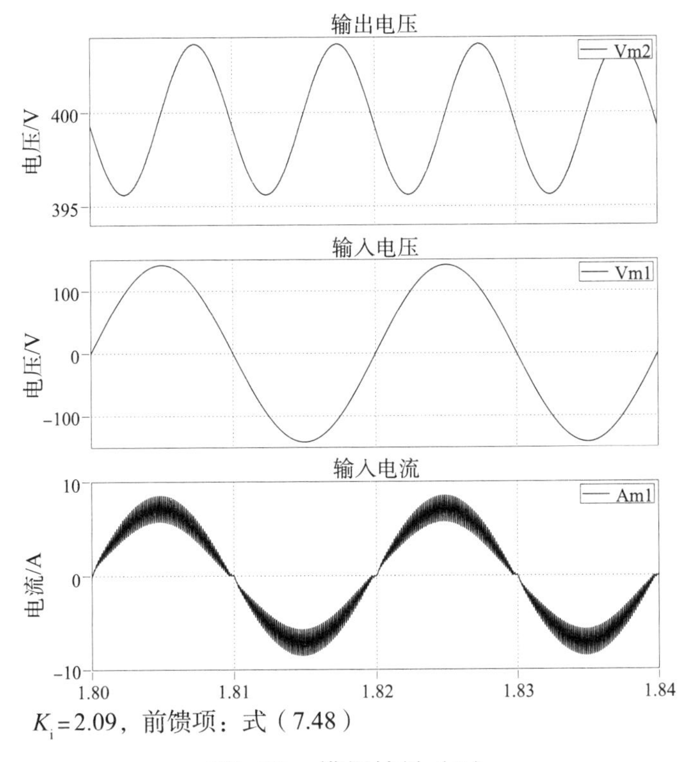

图7.22　模拟结果（2）

此外，输入电流失真也可以通过增大输入功率因数控制系统的增益K_i来改善。$K_i = 10$时的结果如图7.23所示。可见，通过增大增益，输入电流过零点附近的波形得到了改善。但是，正如7.8节所述，增大K_i可能会引发振荡，须加以注意。

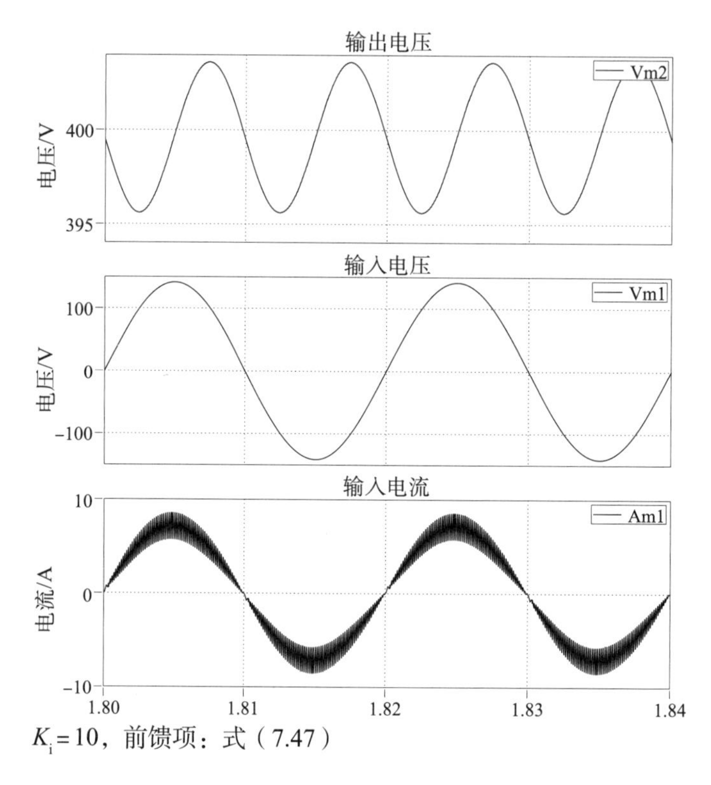

图7.23　模拟结果（3）

图7.24所示为$K_i = 2.09$时，滤波电容C由500μF变为100μF时的结果。此时由于滤波电容变小，输出纹波电压增大，其波形也不是正弦波。此外，输入电流波形也严重失真。因此，将前馈项设为式（7.48），结果如图7.25所示。通过前馈控制，输入电流波形变为正弦波，与图7.22所示$C = 500$μF的波形基本相同。

综上可知，在PFC变换器的控制中，能够进行除法操作的非线性前馈控制可以减小输入电流失真。另外，通过数字控制系统很容易实现这种前馈控制，这是一个很大的优势。

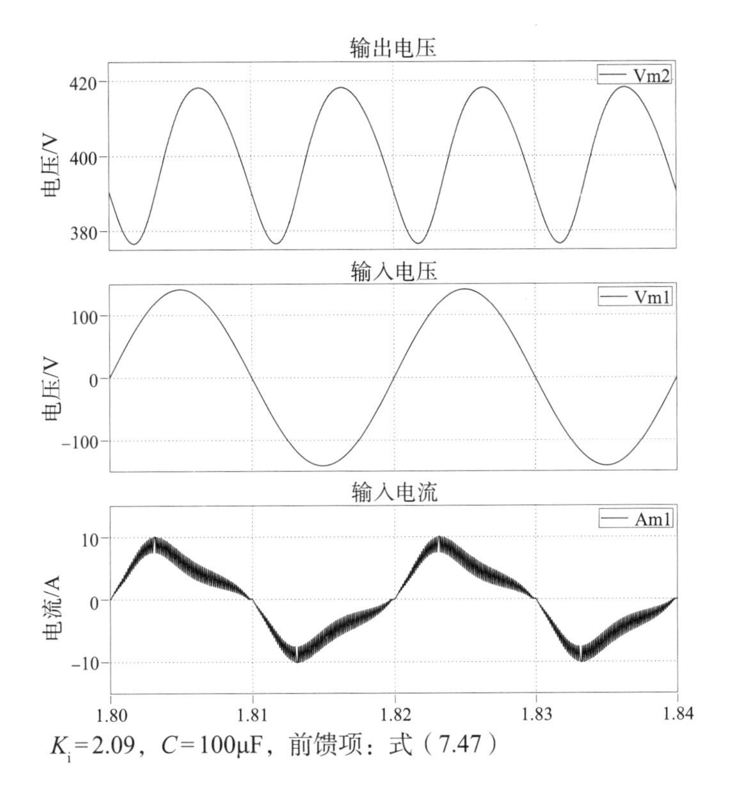

K_i=2.09，C=100μF，前馈项：式（7.47）

图7.24 模拟结果（4）

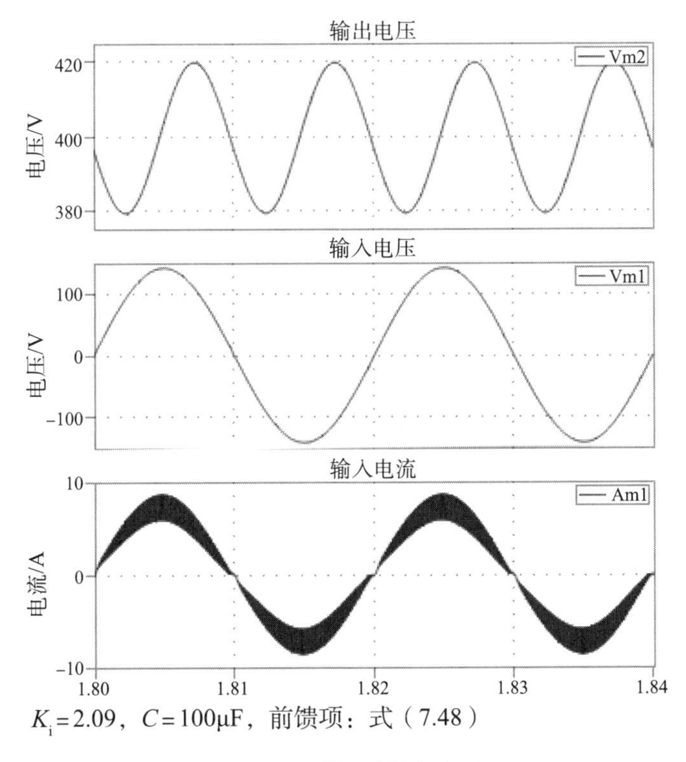

K_i=2.09，C=100μF，前馈项：式（7.48）

图7.25 模拟结果（5）

第8章
数字控制应用实例

除了对现有模拟补偿器进行数字再设计，数字控制还以各种形式在诸多领域得以实际应用。例如，未知控制对象的稳定化，以及通过特殊传递函数、特殊驱动方法改善电源电路性能。此外，数字控制作为关键技术在外部通信，以及设计流程创新等方面也得到了运用。

本章先概述如何在微控制器中实现数字控制，然后介绍采用特殊驱动技术稳定LLC谐振变换器及其同步整流FET，以及使用具有复根的特殊传递函数补偿器实现电源稳定化的实例。

8.1　数字控制的实现方法

8.1.1　数字控制的整体流程

数字控制的整体流程如图8.1所示，主要分为主程序和中断程序两部分。“主程序”进行设备（微控制器/CPU、时钟等）的初始设定，后台循环（开始/结束处理、监视/通信处理等）进行无限循环。“中断程序”进行周期性处理，如采样（电压、电流等）、补偿器（滤波器）运算，并反映到PWM（占空比、时间）上。

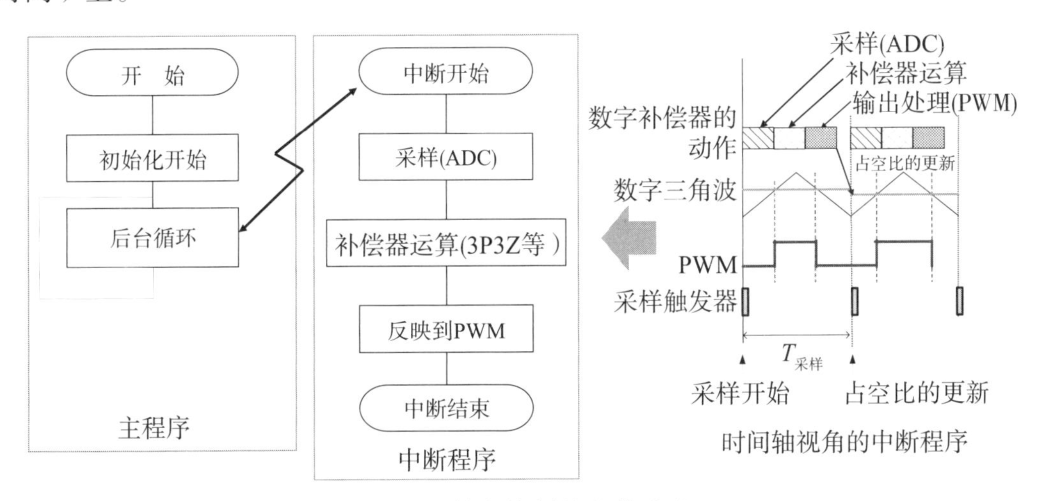

图8.1　数字控制的整体流程

8.1.2　主程序部分

数字控制主程序部分如图8.2所示，初始化和后台循环介绍如下。

● 初始化

对CPU时钟、GPIO（分配给外围设备）、ADC（也用于校准）、定时器模块、PWM模块等各种外围设备，以及补偿器运算使用的滤波器等进行初始设置，同时进行中断设置、软件设置、通信端口设置等。另外，通过硬件设置的保护功能（过电流、过电压等）也在初始化过程中同步执行。

● 后台循环

这部分不需要包含在控制周期内，有充裕时间进行顺序处理，如与外部通信、定时器计数、GPIO触发、LED闪烁等处理。而时间关键和周期性操作，如补偿器，最好采用中断处理。

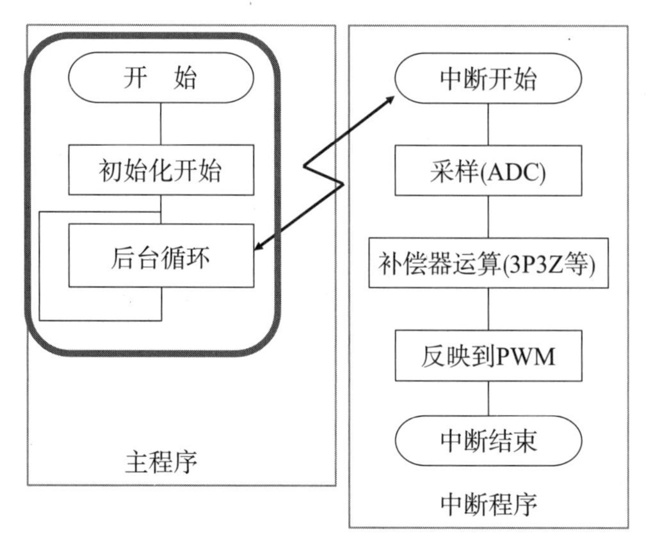

图8.2　数字控制主程序部分（左侧框图）

8.1.3　中断程序（周期性中断）

数字控制中断程序部分如图8.3所示。以一定的间隔（控制周期）发生中断，进行电压和电流采样、补偿器运算，确定PWM占空比。

● 采样（ADC）

采样（ADC）由内置定时器启动，通过对ADC内部电容器充电（充电时间称为采样窗口），将电容器电位从模拟转换为数字。采样窗口取决于输入ADC之前的电路。采样除了从定时器的零点开始，也可以在零点之前开始，以改善整体控制延迟。

从ADC数据中减去参考值（目标值），获得差值（误差），并发送给下一个补偿器（滤波器）。

采样（ADC）完成时，CPU中断，开始下一个补偿器运算（滤波器运算）。

● 补偿器（滤波器）运算

补偿器（滤波器）运算有两种实现模式，一种是CPU通过软件进行运算，另一种是采用独立于CPU的协处理器或专用硬件（加速器）实现。协处理器是可编程的，因此和CPU一样具有自由度高的优点。用加速器实现则具有补偿器设置简单、运算时间短等优点，但也存在运行时一般不能变更补偿器系数等值的局限性。

● 反映到PWM

检查补偿器（滤波器）的运算结果，以确保它没有超过规定的范围（饱和处理），写入寄存器，将比较值反映到定时器模块中（即占空比），并在下一次PWM输出时反映出来。开关周期过短会导致PWM分辨率不够，这时就要使用具有高分辨率定时器功能的处理器。

● 其　他

尽管图8.3中没有显示，但在中断处理过程中必须加入低优先级的通信过程和由软件处理的安全功能（保护功能）。

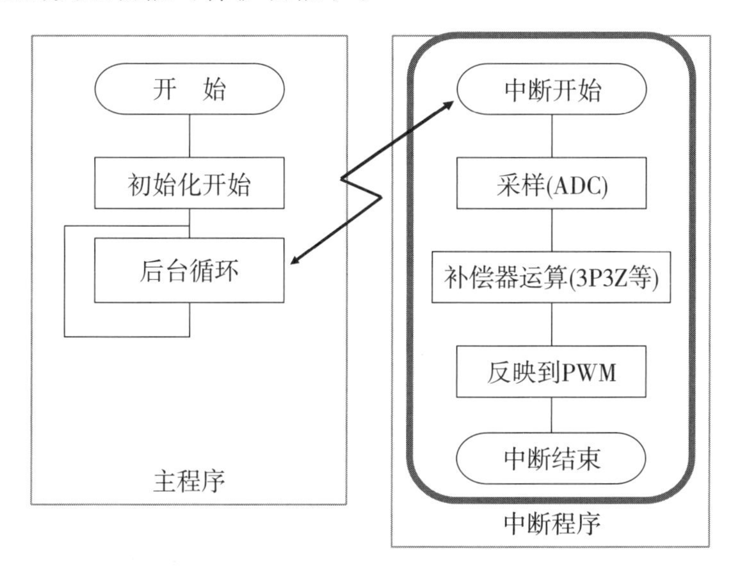

图8.3　数字控制中断程序部分（右侧框图）

8.1.4　补偿器（滤波器）运算的实现（软件）

滤波器运算（补偿器运算）可以分为软件实现和硬件实现两种，本节介绍软件实现的情况。

图8.4所示为软件实现中断处理的结构。采样（ADC）完成后，AD（或定时器）对CPU或DMA（直接存储器访问）进行中断，CPU/DMA将ADC获取的数据［实际上并非原始值，而是与目标值的误差（差值）］写入存储器，准备进入下一步，即补偿器（滤波器）运算。

补偿器使用递归式计算误差。这里给出软件实现三阶IIR滤波器（3P3Z）的源代码示例。定义补偿器系数B0～A3，写入数组，用3P3Z的递归式计算。即使所需的补偿器是PID、3P2Z、2P1Z，也可以通过设置相应的系数来计算。

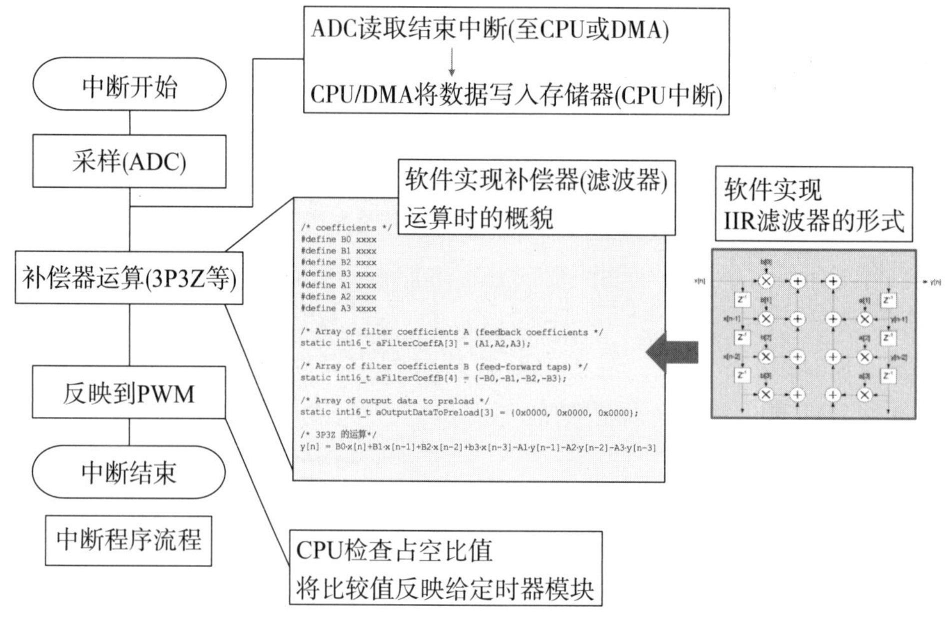

图8.4　软件实现中断处理的结构

将计算结果发送给CPU，进行饱和处理（确认是否在规定范围内）后，用定时器计数器（三角波）进行比较，求出占空比，确定最小值/最大值，确认其在规定范围内，并反映到下一个控制周期的PWM上。

作为参考，这里给出用3P3Z的IIR滤波器实现补偿器的源代码：

```
/* coefficients */
#define B0 xxxx
#define B1 xxxx
#define B2 xxxx
#define B3 xxxx
#define A1 xxxx
#define A2 xxxx
#define A3 xxxx

/* Array of filter coefficients A (feedback coefficients */
static int16_t aFilterCoeffA[3] = {A1,A2,A3};
/* Array of filter coefficients B (feed-forward taps) */
static int16_t aFilterCoeffB[4] = {-B0,-B1,-B2,-B3};
/* Array of output data to preload */
static int16_t aOutputDataToPreload[3] = {0x0000, 0x0000, 0x0000};
/* 3P3Z的运算：递归式 */
y[n] = B0x[n]+B1x[n-1]+B2x[n-2]+b3x[n-3]-A1y[n-1]-A2y[n-2]-A3y[n-3]
```

8.1.5 补偿器（滤波器）的实现（硬件）

图8.5所示为硬件实现滤波器（补偿器）运算中断处理的结构。这里使用了ST公司名为FMAC的IIR滤波模块，这是一款滤波器运算专用加速器，其优点是周期中断处理由加速器负责，减轻了CPU的负担。另外，FMAC虽然是专用加速器，但补偿器系数是在运行过程中更改的，具有与CPU软件处理相同的自由度。而且，FMAC还可以处理PID、3P2Z、2P1Z等各种滤波器运算。

接下来说明图8.5所示的整体工作原理。ADC读取的数据和参考值（图中为OFFSET）的差值（误差），通过DMA发送到存储器，在FMAC模块中进行补偿器（滤波器）运算，这些都是硬件处理。只有确认运算结果（占空比值）在规定范围内时，CPU才会进行软件处理。最后，通过HRTIM这种高分辨率定时器模块反映到PWM上。

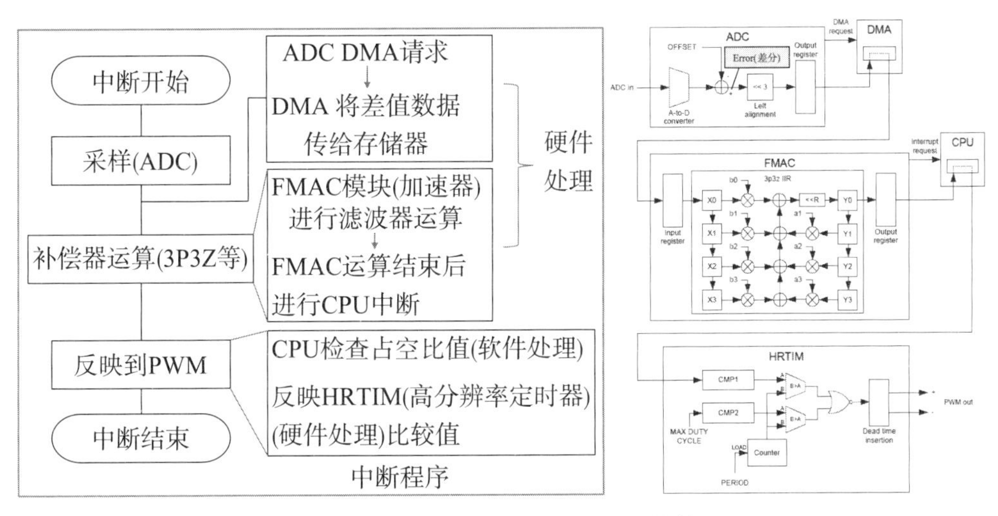

图8.5 硬件实现中断处理的结构

（来源：Digital filter implementation with FMAC using STM32CubeG4MCU Package. Application Note AN5305. www.st.com）

8.1.6 实际的开发板套件

为了方便大家理解数字控制在微控制器上的实现，这里介绍ST公司的Discovery开发板B-G474E-DPOW1，https://www.stmcu.jp/design/hwdevelop/discovery/69356/。该开发板的外观如图8.6所示，由作为DC-DC变换器功率级的四开关降压/升压电路和使用微控制器STM32G474的数字控制电路组成。电源的主要参数见表8.1。图8.7所示为作为降压型变换器工作时，包括控制系统在内的电路框图。由于开发板自带电阻负载，因此，可以测试负载变化等。输入电源可通过USB-C提供。图8.8所示为该开发板的实际电路图（功率级部分）。例程可以从www.st.com下载，方便立即开展相关实验。

图8.6　Discovery开发板B-G474E-DPOW1的外观

（来源：Discovery kit with STM32G474RE MCU. User Manual UM2577. www.st.com）

表 8.1　电源的主要参数

V_{in}	5 ~ 15V
V_o	15V（最大值）
I_o	1.5A
f_{sw}	200kHz
外部通信	UART

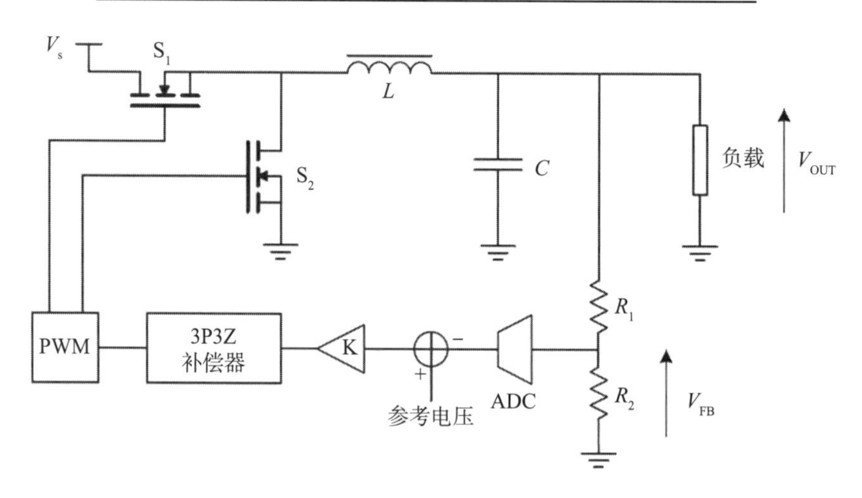

图8.7　作为降压型变换器工作时的电路框图

（来源：Digital filter implementation with FMAC using STM32CubeG4 MCU Package. Application Note AN5305. www.st.com）

图8.9所示为使用专用加速器FMAC实现补偿器时的IDE（集成开发环境）设置界面，只需设置IIR滤波器系数等值，便可非常简单地设置补偿器。

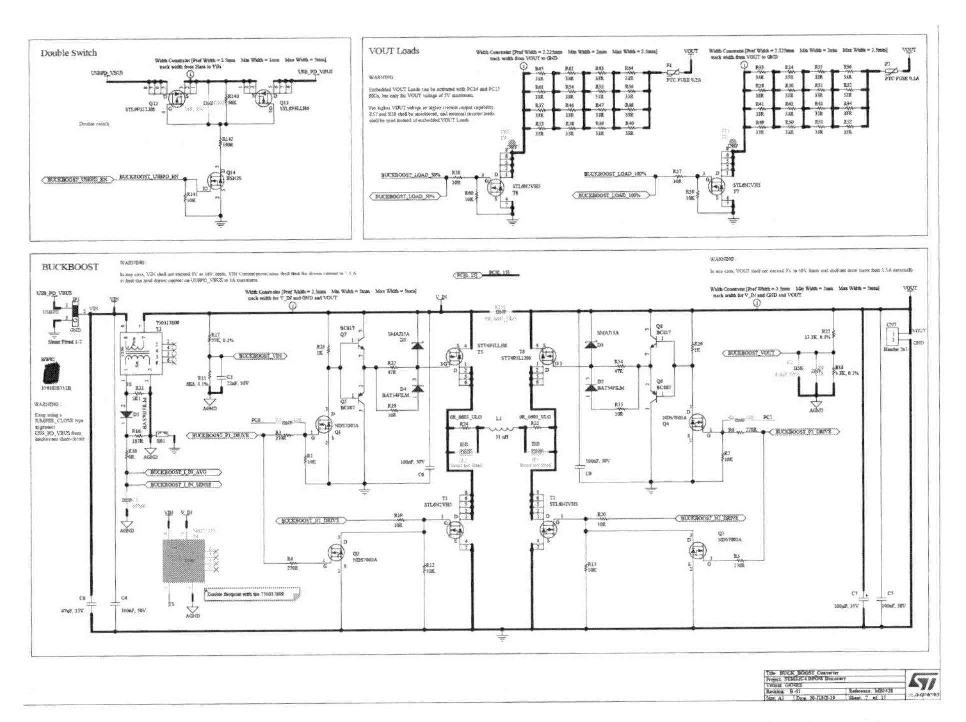

图8.8 Discovery开发板B-G474E-DPOW1的实际电路图（功率级部分）
（来源：MB1428-G474RE-B01_Schematic.pdf. www.st.com）

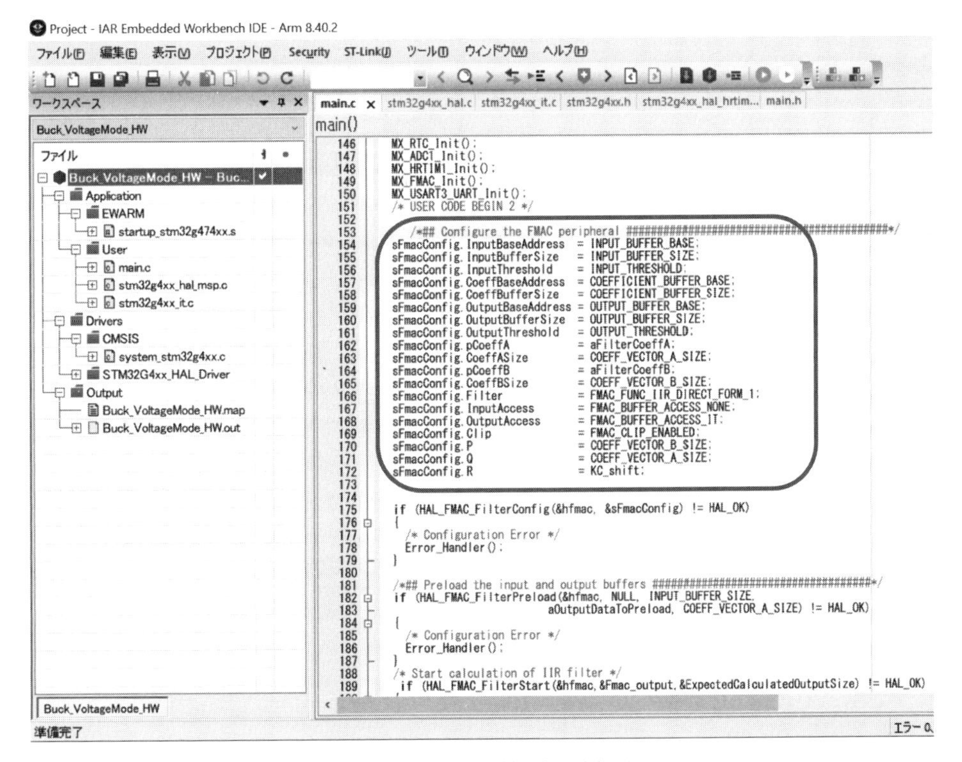

图8.9 FMAC的设置界面

8.2 提高*LLC*谐振变换器可控性的时移控制

8.2.1 *LLC*谐振变换器的一般控制特性问题

*LLC*谐振变换器实现了一次侧开关ZVS（零电压开关）和二次侧整流器件ZCS（零电流开关），且变压器和滤波电感器可以集成在一个磁性元件中，非常有利于实现低噪声、高效率、小型薄型化，广泛应用于消费电子、工业设备、通信、汽车等领域。图8.10所示为*LLC*谐振变换器的电路框图和基于基波近似分析（FHA）的输入/输出电压比-频率特性。FHA由式（8.1）给出。一般来说，*LLC*谐振变换器利用这种频率特性，只检测输出电压，进行单一循环频率控制，结构如图8.11所示。但是，这种单一循环频率控制（直接频率控制，本书简称为DFC）存在响应慢、控制环相位裕量小的问题。原因是，*LLC*谐振变换器控制对象（控制到输出）的传递函数在低频侧有双极点，且在高频侧有右半平面零点，会出现相位急剧旋转，控制带宽很难提高。*LLC*谐振变换器的小信号模型仍在研究中。

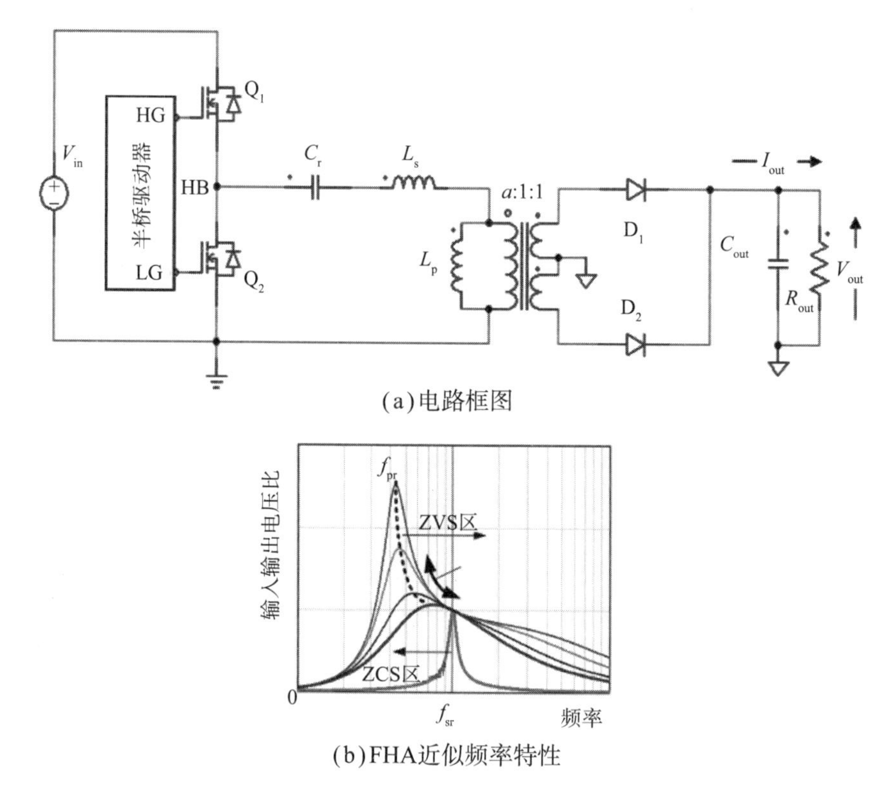

图8.10　*LLC*谐振变换器的电路框图与输入/输出电压比-频率特性

（来源：Adragna C, et al. Digital implementation and performance evaluation of a time-shit-controlled *LLC* resonant half-bridge converter. APEC, 2014, 3: 2074）

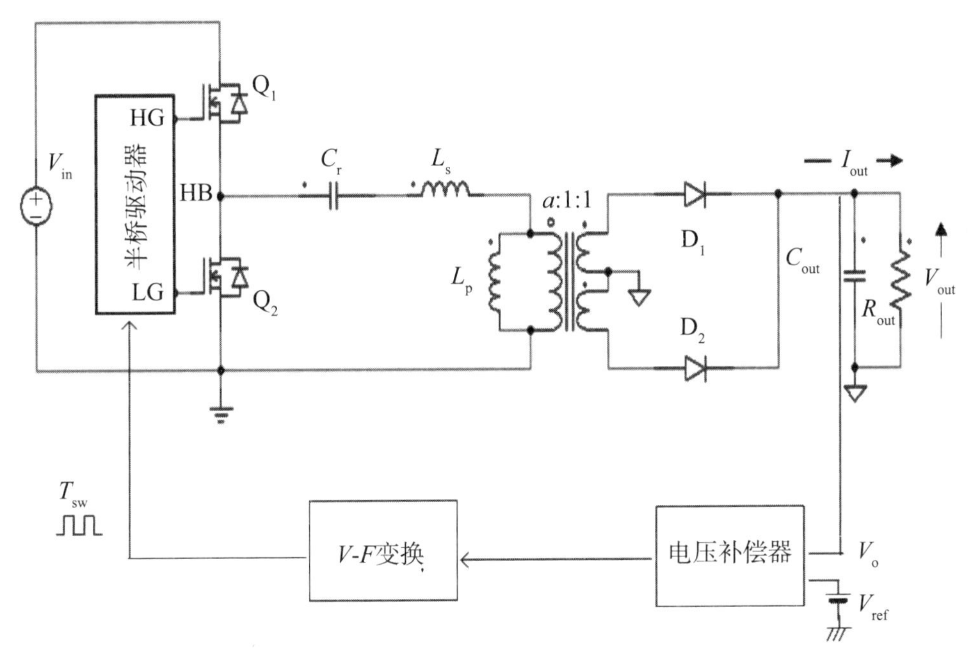

图8.11　普通单一循环频率控制*LLC*谐振变换器
（笔者参考文献［12］［13］制作）

针对*LLC*谐振变换器的响应性、稳定性问题，有一种通过数字化提供电流内环，使控制对象的传递函数成为一阶系统，从而提高响应性和稳定性的方法，目前已投入实际应用。本节将介绍ST公司的时移控制（TSC）技术。

$$V_{\mathrm{o}}=\frac{V_{\mathrm{in}}}{2n}\cdot\frac{1}{\sqrt{\left[1+\frac{1}{L_{\mathrm{n}}}\left(1-\frac{f_{\mathrm{sr}}^{\ 2}}{f^{2}}\right)\right]^{2}+\left[Q\left(\frac{f}{f_{\mathrm{sr}}}-\frac{f_{\mathrm{sr}}}{f}\right)\right]^{2}}}\tag{8.1}$$

式中，

$$L_{\mathrm{n}}=\frac{L_{\mathrm{p}}}{L_{\mathrm{s}}},\quad f_{\mathrm{sr}}=\frac{1}{2\pi\sqrt{L_{\mathrm{s}}C_{\mathrm{r}}}},\quad Q=\frac{\pi^{2}}{8n^{2}R_{\mathrm{out}}}\sqrt{\frac{L_{\mathrm{s}}}{C_{\mathrm{r}}}}\tag{8.2}$$

8.2.2　采用TSC的*LLC*谐振变换器

图8.12所示为包含TSC的电路整体结构。TSC将控制输出电压的电压补偿器的输出作为内部电流循环参考电压，并以峰值电流控制（在时间T_{D}关断）的形式数字化实现内部电流循环。其结果是，控制对象传递函数的阶数减小，变成具有极点实根分离的二阶系统。

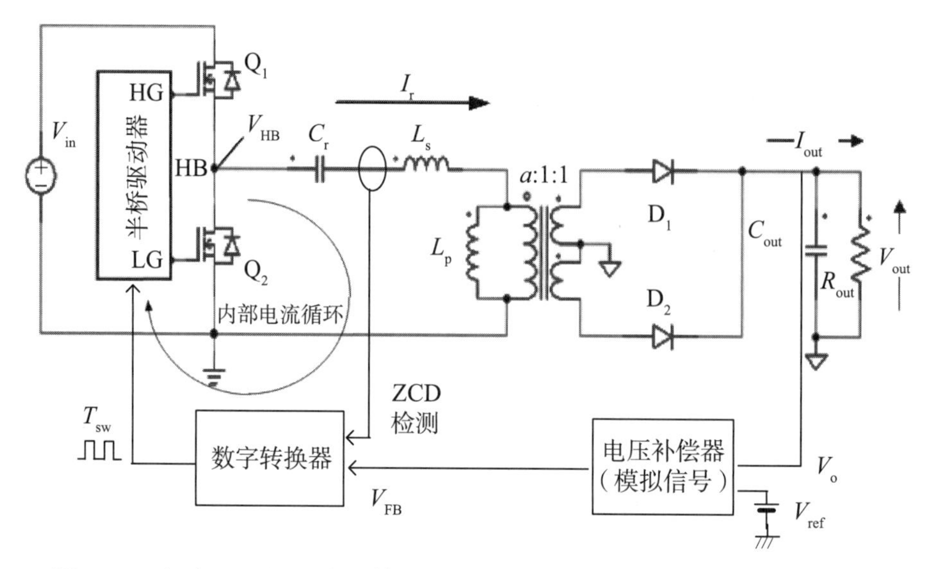

图8.12　包含TSC的电路整体结构（笔者参考文献［31］［32］制作）

开关波形（开关电压V_{HB}，谐振电流I_r）与T_D的关系如图8.13所示。T_D是从谐振电流检测到向右上升过零（ZCD，过零检测）到开关电压V_{HB}降至低电平（高压侧开关Q_1关断）的时间。因此，开关器件开通期间的持续时间为过零时间$+T_D$，其中T_D由反馈环控制。这样，就可以确定获得所需输出电压V_o的变换器工作频率。另外，为了简化说明，这里忽略了死区时间。

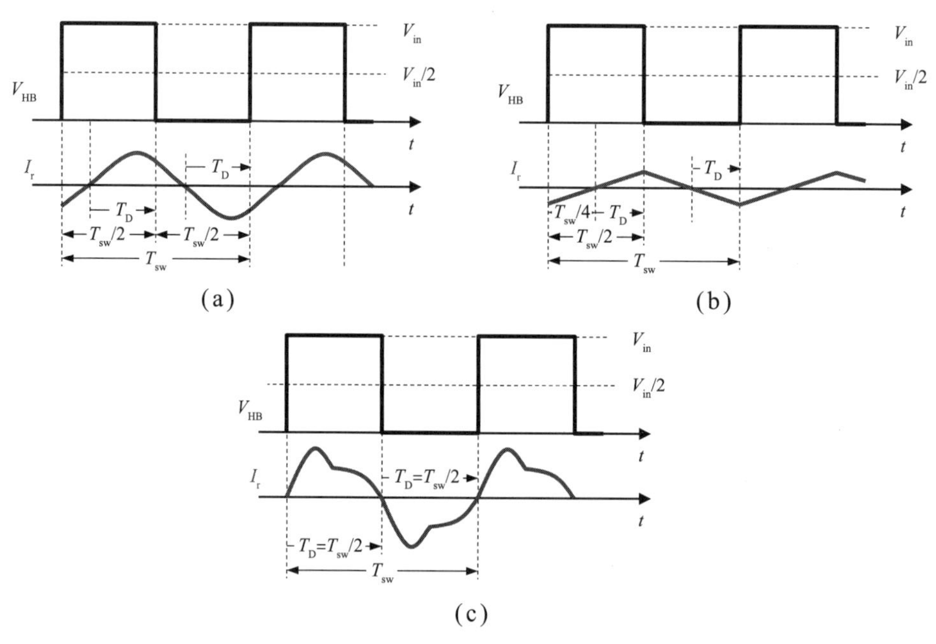

图8.13　体现TSC概念的开关电压V_{HB}与谐振电流I_r的大致波形

（来源：Adragna C, et al. Digital implementation and performance evaluation of a time-shit-controlled *LLC* resonant half-bridge converter. APEC, 2014, 3: 2075）

图8.13(a)所示为正常状态（额定输入功率、额定负载）的开关波形。图8.13(b)所示为最高频率（高输入功率或者轻载）时的开关波形，$T_D = T_{sw}/4$。图8.13(c)所示为最低频率（低输入功率或重载）时的开关波形，$T_D = T_{sw}/2$。实践中需要足够的时间裕量，这是电容模式（脱临谐振）的关键点。综上可知，T_D的取值范围为

$$T_D \in \left(\frac{1}{4 f_{sw\text{-}max}}, \frac{1}{k f_{sw\text{-}min}} \right) \tag{8.3}$$

式，$k>2$（无限接近2）。

图8.14所示为TSC补偿器的具体结构。模拟电压补偿器由并联稳压器和耦合器组成，其输出V_{FB}由TSC模块中的ADC数字化，通过查找表确定T_D。

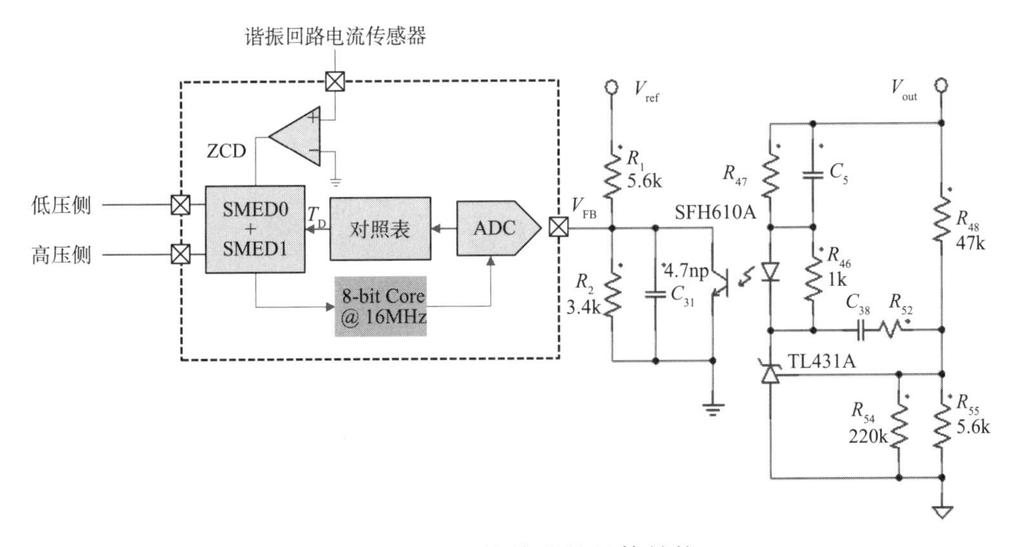

图8.14 TSC补偿器的具体结构

（来源：Adragna C, et al. Digital implementation and performance evaluation of a time-shit-controlled *LLC* resonant half-bridge converter. APEC, 2014, 3: 2075）

T_D被输出到SMED（事件驱动型状态机，详见下一节说明）模块，以确定*LLC*谐振变换器的开关Q_1和Q_2的关断时序。此时，T_D由式（8.4）给出，式中的α和β根据式（8.3）给出的T_D范围（$T_{D\text{-}min}$，$T_{D\text{-}max}$）和V_{FB}的变化区域（$V_{FB\text{-}min}$，V_{ref}）确定。

$$T_D = \alpha V_{FB} + \beta \tag{8.4}$$

8.2.3 TSC的实现

图8.15所示为状态机SMED的状态迁移图，图8.16所示为TSC算法。SMED0

对应低压侧开关驱动，SMED1对应高压侧开关驱动。另外，为了便于理解，计数器（数字定时器）被画成了模拟斜坡波形。

由于SMED0和SMED1的动作对称，接下来以SMED0为中心介绍工作原理。

状态S0：时钟输入时，SMED0和SMED1的定时器计数器被重置为零，SMED0进入S0状态（死区时间期间）。同时，SMED1进入HOLD状态，等待SMED0的一个周期结束。

状态S1：定时器计数器达到T_0时，SMED0进入S1状态（SMED0输出高电平，即低压侧开关开通）。在该状态下，等待谐振电流I_r从正向负过零。

状态S2：当谐振电流I_r过零（过零检测ZCD进入低电平）时，SMED0进入S2状态。暂态期间输出不变，但定时器计数器复位，重新计数，并存储在寄存器中。状态S2一直持续到定时器计数器达到预先编程的T_D。

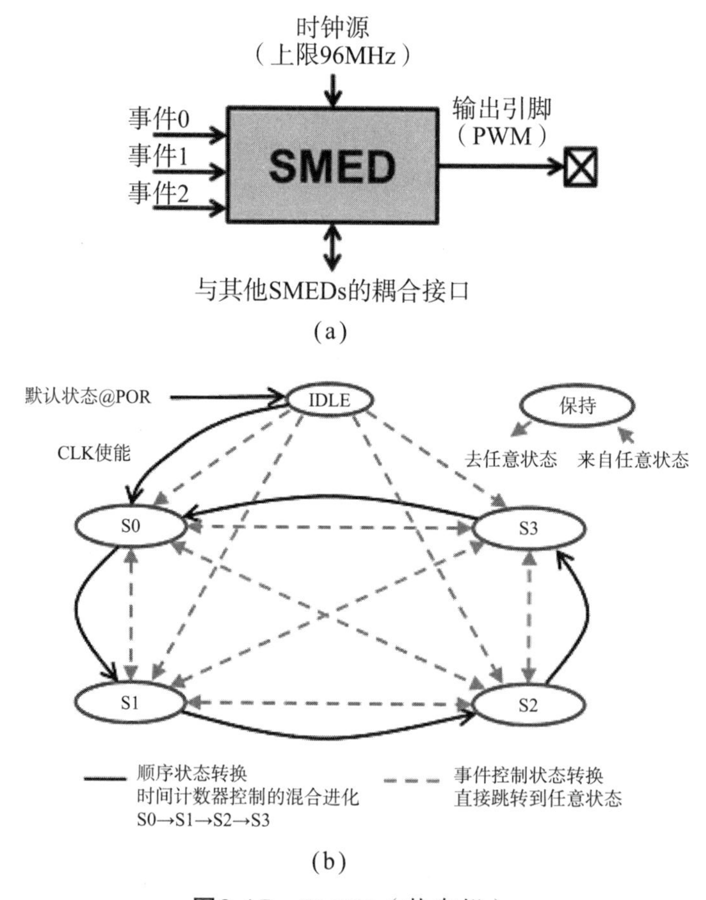

图8.15　SMED（状态机）

（来源：Adragna C, et al. Digital implementation and performance evaluation of a time-shit-controlled *LLC* resonant half-bridge converter. APEC, 2014, 3: 2076）

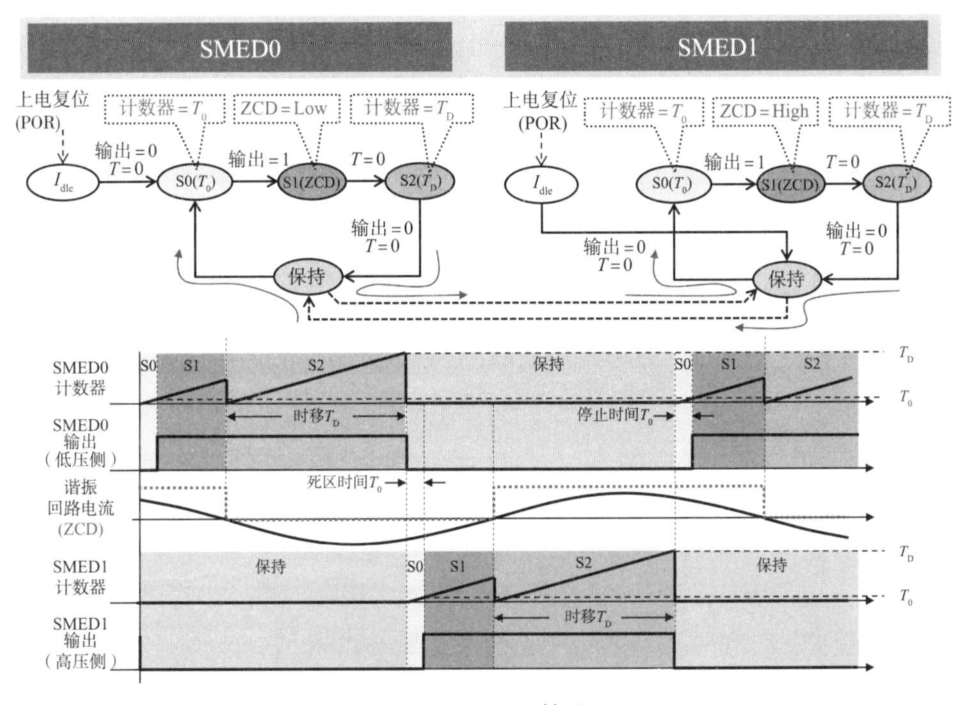

图8.16　TSC算法

（来源：Adragna C, et al. Digital implementation and performance evaluation of a time-shit-controlled *LLC* resonant half-bridge converter. APEC, 2014, 3: 2076）

保持状态：当定时器计数器达到预先编程的T_D时，SMED0迁移到保持状态。SMED0输出低电平（即低压侧开关关断），定时器计数器被重置为零，为SMED0的下一循环做好准备。然后，控制转移到SMED1（状态变为S0）。SMED0保持保持状态，等待SMED1完成循环。当SMED0的输出在S0状态下变为低电平时，该状态就处于死区时间（在低压侧开关关断和高压侧开关开通之间）。

下一个半周期（高压侧开关的SMED1处于激活状态）也执行与上述相同的动作。

为了比较TSC和DFC的控制性能，这里给出基于SMED的DFC算法，如图8.17所示。该算法非常简单，时钟输入时，死区时间状态S0被跳过，定时器加计数；当计数器值达到T_D时，SMED0（低压侧开关驱动）关闭，SMED1（高压侧开关驱动）进入激活状态。因为是半桥，所以T_D恒定为$T_{sw}/2$。

$$T_D = \frac{1}{2} T_{sw} \tag{8.5}$$

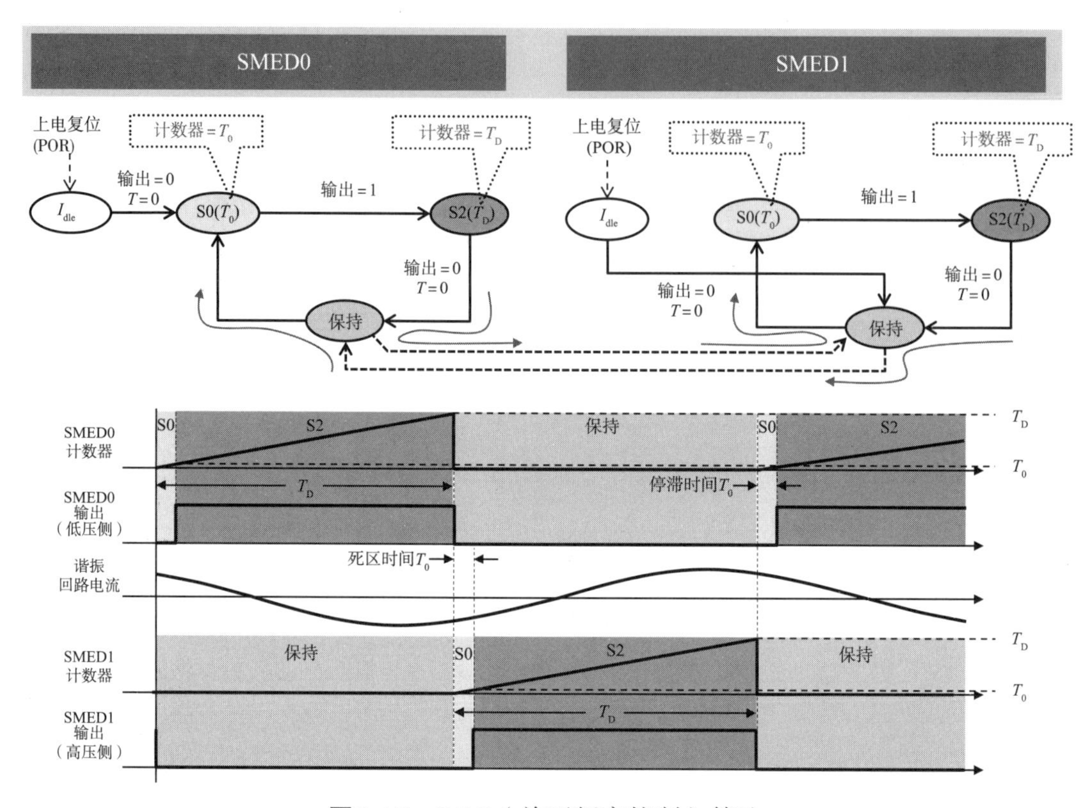

图8.17　DFC（单环频率控制）算法

（来源：Adragna C, et al. Digital implementation and performance evaluation of a time-shit-controlled *LLC* resonant half-bridge converter. APEC, 2014, 3: 2077）

8.2.4　控制设计与伯德图比较

为了比较TSC和DFC，控制设计的共同目标是，在相位裕量维持60° 的状态下，增益带宽（开环传递函数增益为0dB的频率）最大。实机评价的主要参数见表8.2。图8.18所示为TSC和DFC的控制对象（控制到输出）伯德图。从TSC的增益曲线来看，低频（100Hz附近）呈一阶滞后（单极点）特性，相位也缓慢旋转，很容易保证系统稳定（补偿器设计也容易）。而DFC在中频（1kHz附近）呈平缓的二阶滞后，具有谐振峰，相位急剧转向−180° 。

表 8.2　*LLC* 谐振 HB 变换器的主要参数

参　数	符　号	值	单　位
直流输入电压范围	$V_{in\text{-}min}$ ~ $V_{in\text{-}max}$	300 ~ 400	V
标称直流输入电压	$V_{in\text{-}nom}$	400	V
稳压输出电压	V_{out}	24	V
输出电流范围	$V_{out\text{-}min}$ ~ $V_{out\text{-}max}$	0 ~ 7	A
变压器变比	N_p/N_s	36 ∶ 3	—

续表 8.2

参 数	符 号	值	单 位
变压器漏感（次级绕组短路）	L_{1k}	112	μH
变压器初级电感（次级绕组开路）	L_p	660	μH
谐振电容	C_r	33	nF
输出电容	C_{out}	2 ×1000	μH
输出电容器 ESR（最大值）	R_C	48/2	mΩ

（来源：Adragna C, et al. Digital implementation and performance evaluation of a time-shit-controlled *LLC* resonant half-bridge converter. APEC, 2014, 3: 2077）

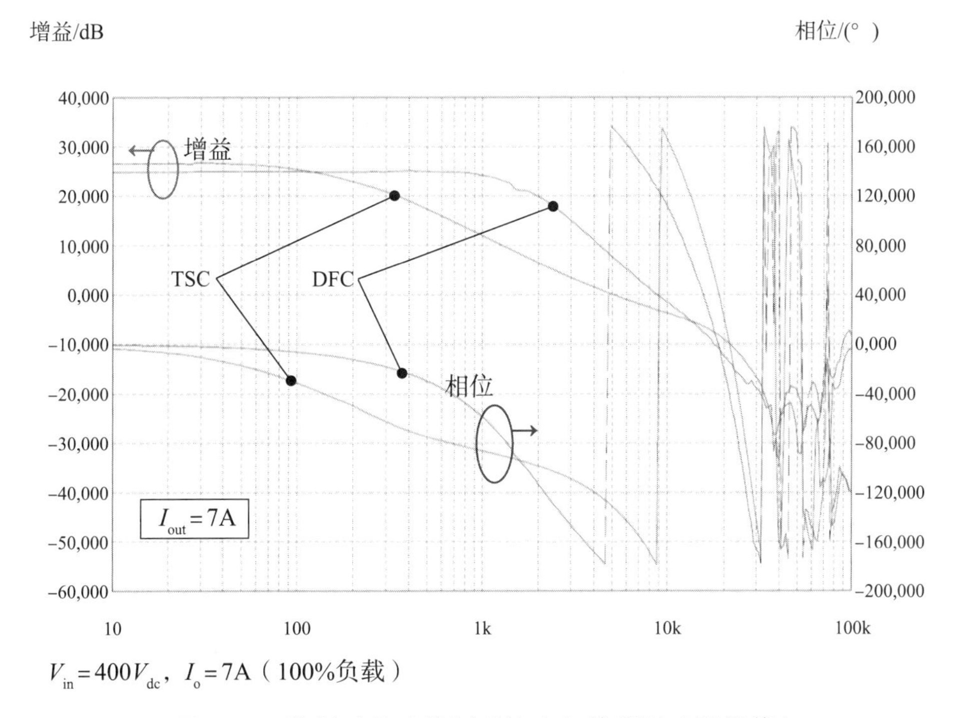

图8.18 控制对象（控制到输出）伯德图（测量值）

（来源：Adragna C, et al. Digital implementation and performance evaluation of a time-shit-controlled *LLC* resonant half-bridge converter. APEC, 2014, 3: 2078）

补偿器设计应充分考虑上述控制对象的频率特性。TSC的增益低于DFC，在中频范围内具有较高的增益，但相位难以旋转，因此，在高频范围内需要进行微弱的相位超前补偿。而DFC在中频范围内增益高，相位急剧旋转，因此，在高频范围内需要很强的相位超前补偿。

将上述频率特性反映在补偿器设计中，就能得到整个电源的开环传递函数伯德图（测量值），如图8.19所示。图8.19(a)为TSC，图8.19(b)为DFC。两者的增益带宽f_{bw}都在2kHz附近，TSC只高10%，差别不大。但是，从相位来看，TSC在高于f_{bw}的频率下是平坦的，而DFC的相位急剧旋转。这表明DFC对参数变化比较敏感，TSC比较稳定。另外，TSC的低频增益（如100Hz）比DFC大20dB左右，说明它对抗输入侧电网纹波和波动的能力更强。

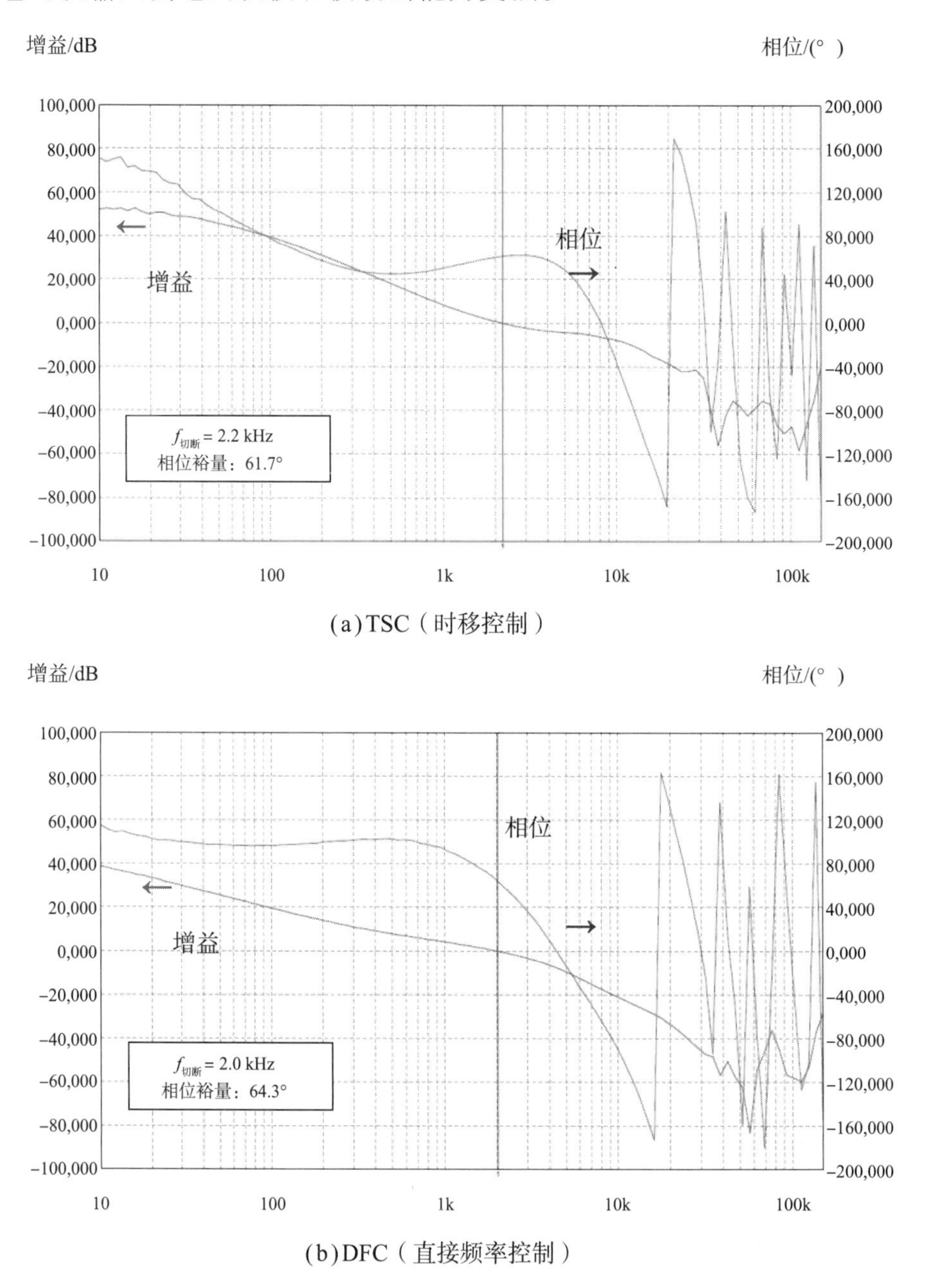

(a) TSC（时移控制）

(b) DFC（直接频率控制）

$V_{in}=400V_{dc}$，$I_o=7A$（100% 负载）

图8.19　开环传递函数的伯德图（测量值）

（来源：Adragna C, et al. Digital implementation and performance evaluation of a time-shit-controlled *LLC* resonant half-bridge converter. APEC, 2014, 3: 2078）

8.2.5　暂态比较

图8.20所示为负载突变时的暂态波形（测量值）。

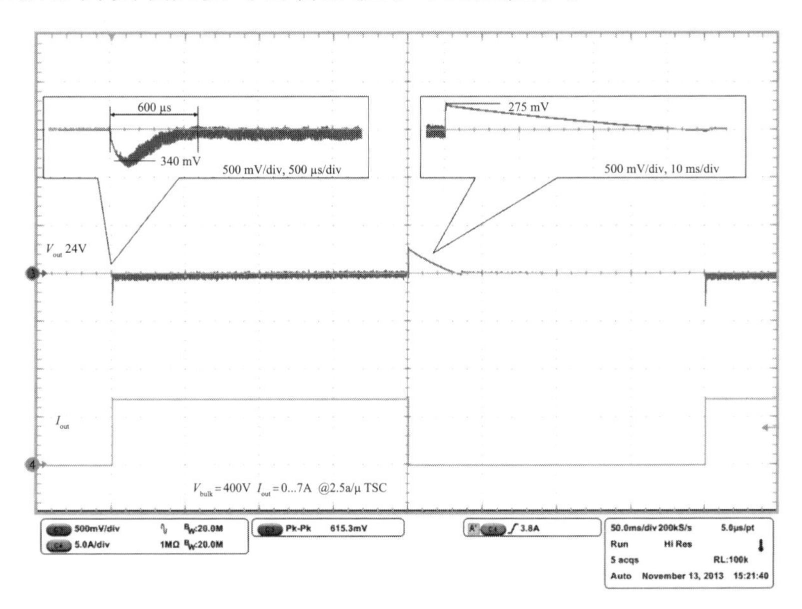

(a) TSC

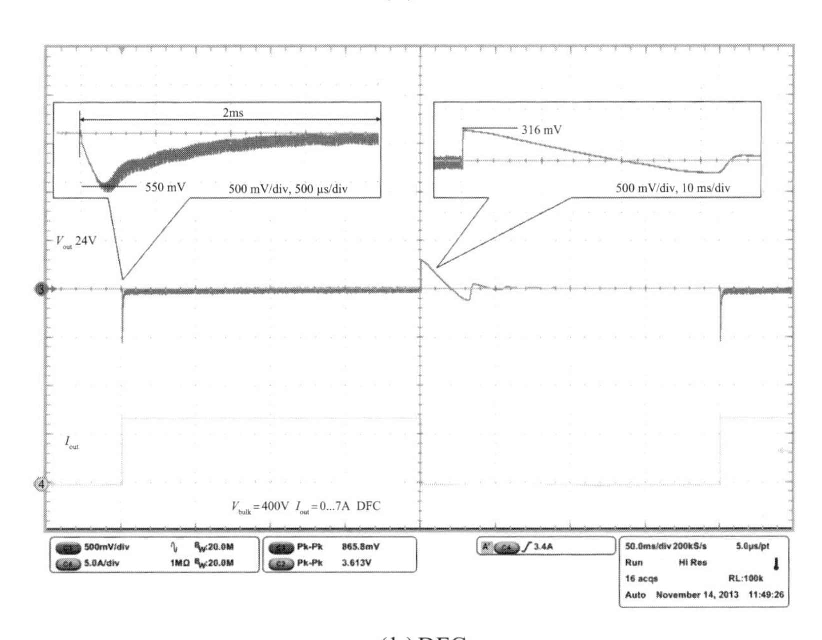

(b) DFC

（0A → 7A → 0A，$V_{in}=400V_{DC}$）

图8.20　负载暂态波形（测量值）

（来源：Adragna C, et al. Digital implementation and performance evaluation of a time-shit-controlled *LLC* resonant half-bridge converter. APEC, 2014, 3: 2079）

$V_{in} = 400V_{DC}$时，负载由0A→7A→0A变化。负载上跃0A→7A时，TSC的压降为−340mV，稳定时间为600μs，而DFC为−550mV和2ms。负载下跃7A→0A时，TSC的压降为+275mV，而DFC为+316mV。这些结果表明，TSC的控制特性得到明显改善。即使在*LLC*谐振变换器这种包含非稳定性电路的非线性控制系统中，以数字方式提供电流内循环，也可以实现更稳定的控制系统设计。作为参考，ST公司已经应用该技术的产品有STNRG011和STCMB1。另外，还有图8.21所示带STNRG011的评估板EVLSTNRG011-150。

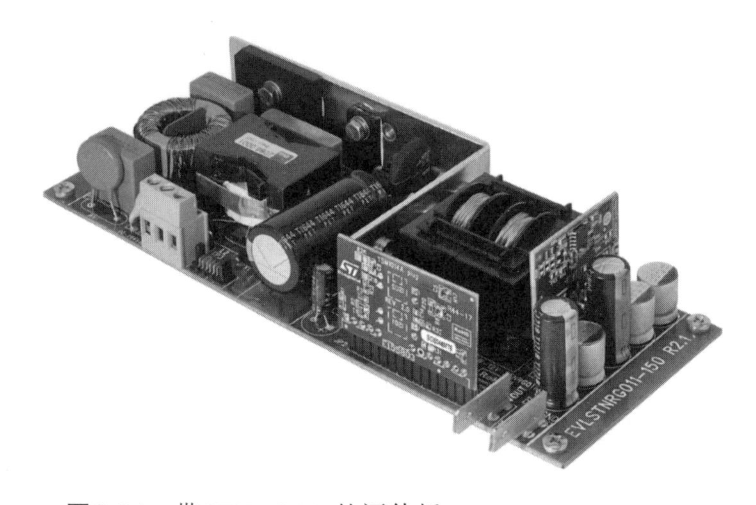

图8.21　带STNRG011的评估板EVLSTNRG011-150

8.3　特殊驱动方法：*LLC*同步整流控制器

上一节提到，*LLC*谐振变换器有利于实现低噪声、高效率、小型/薄型化，广泛用于消费电子、工业设备、通信、汽车等领域，对低碳社会的贡献也越来越重要。

作为例证，通过同步整流降低二次侧整流器件损耗的研究在世界范围内掀起浪潮。本节简要介绍*LLC*谐振变换器的动作波形，并综述同步整流的典型驱动方法。然后，以ST公司SRK2001A（*LLC*用同步整流控制器）为基础，举例说明数字控制同步整流驱动技术。

8.3.1　*LLC*谐振变换器的基本原理

一般的PWM变换器，当二次侧（输出侧）为几伏或几十伏的低电压，几十安或更大的大电流时，广泛采用的是利用FET低通态电阻的同步整流，而不是压降较大的二极管整流。这是因为PWM变换器的开关频率是固定的，输入/输出条件决定了同步整流器件的导通时间，因此，同步整流驱动相对简单，容易发挥低损耗的优势。

但是，*LLC*谐振变换器的开关频率随输入/输出条件变化，二极管（这里为同步整流FET）导通期间由谐振电路决定，同步整流的正确驱动并不容易。图8.22所示为同步整流型*LLC*谐振变换器的典型电路图。图8.23所示为常用的FHA（基波近似分析）输入/输出电压比-频率特性。通常，*LLC*谐振变换器使用升压模式区域（频率低于串联谐振频率f_{sr}、高于并联谐振频率f_{pr}的工作区）。这是因为在这个区域，一次侧开关ZVS（零电压开关）和二次侧整流器件ZCS（零电流开关）同时得以满足，还可以通过频率控制来控制输出电压。

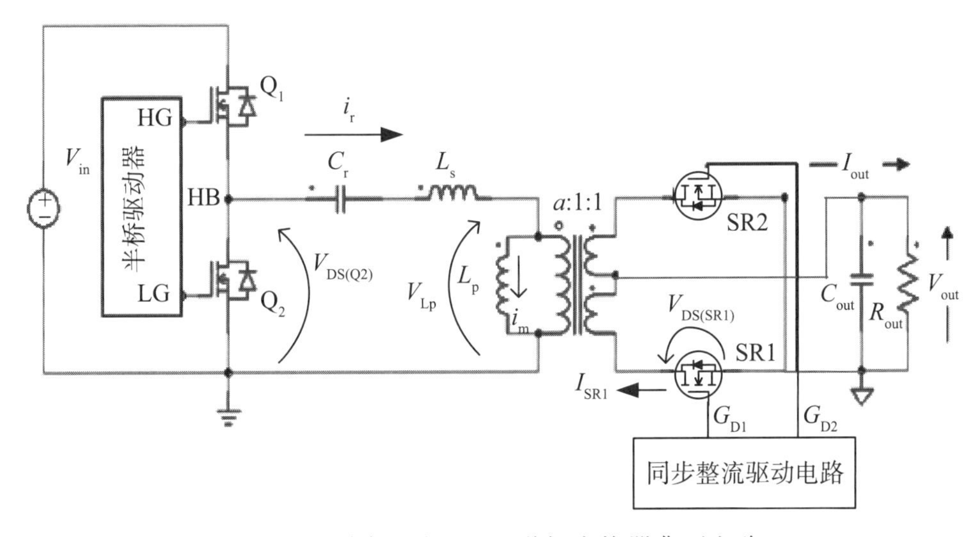

图8.22　同步整流型*LLC*谐振变换器典型电路

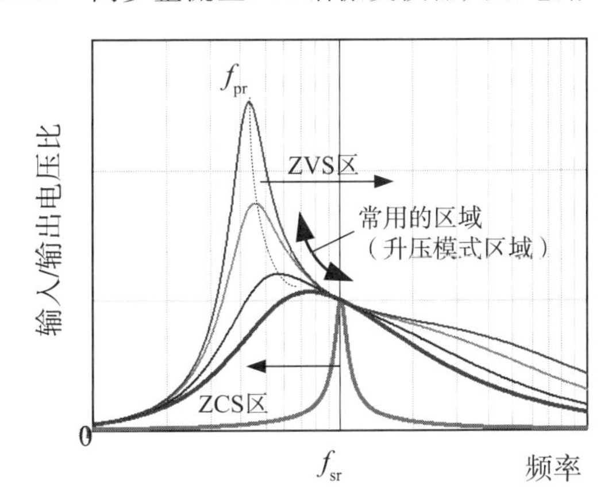

图8.23　输入/输出电压比-频率特性

图8.24所示为升压模式各部分工作波形的时序图。由于开关频率低于串联谐振频率f_{sr}，图8.24(a)所示的谐振波形，即二次侧的同步整流电流I_{SR1}，早半个周

期达到零电流（意味着满足ZCS）。图8.24(a)中的二次侧是理想的同步整流驱动波形，而二极管整流也具有相同的电流波形。用同步整流FET代替二极管时，如果同步整流FET不能在零电流时刻正确关断，就会如图8.24(b)所示出现反向电流，导致输出电压下降，还有可能损坏FET。图8.24(b)给出的是栅极驱动时间较长时的波形，如果栅极驱动时间较短，则会出现V_F损耗增大的问题。

可见，*LLC*谐振变换器的同步整流FET驱动非常重要，下面介绍几种驱动方法。

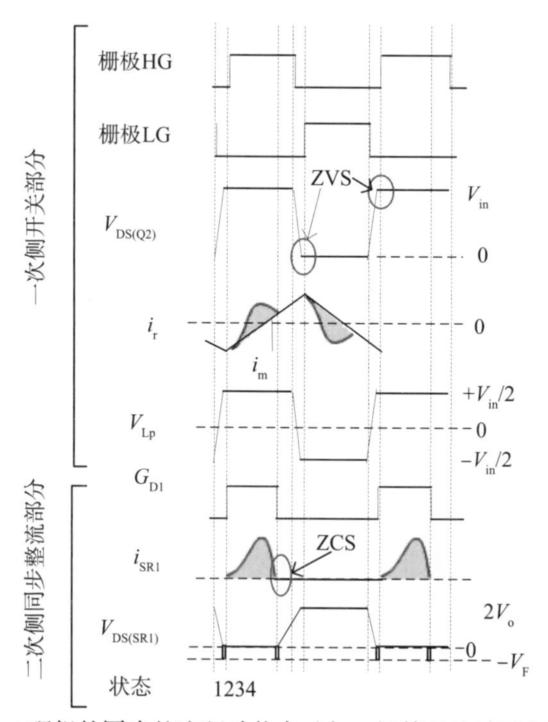

(a)理想的同步整流驱动状态（与二极管整流波形相同）

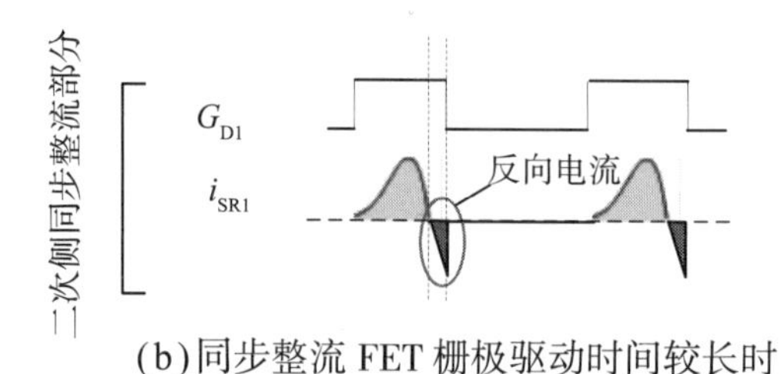

(b)同步整流 FET 栅极驱动时间较长时

图8.24　*LLC*升压模式各部分工作波形时序图

8.3.2　*LLC*谐振变换器二次侧同步整流驱动方法

表8.3总结了*LLC*谐振变换器同步整流器件的驱动方法。最常用方法是用CT（电流互感器）或电阻直接检测二次侧的谐振电流。这虽然是一种可靠的方法，

但CT检测会导致零件空间和成本增加，电阻检测会导致零件空间和损耗增加。在噪声方面，CT的几纳亨电感和几毫米长的电阻造成的振铃和尖峰叠加在开关波形上，会引发元件损坏、EMI噪声、电流检测精度不良等问题。

表 8.3　*LLC*谐振变换器同步整流的检测与驱动方式

传感器类型	检测方式	信号类型	电路（仅二次侧）
电　流	CT	模　拟	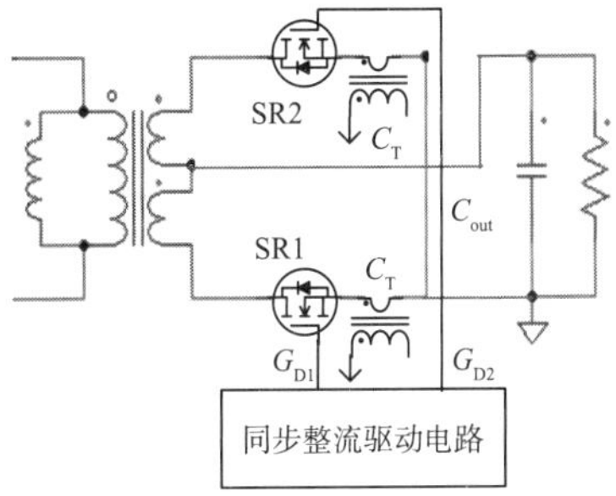 SR2, C_T, SR1, C_T, C_{out}, G_{D1}, G_{D2}, 同步整流驱动电路
	电　阻	模　拟	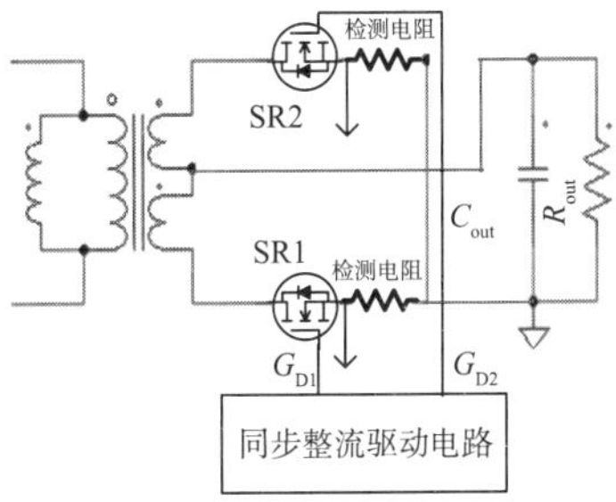 检测电阻, SR2, SR1, 检测电阻, C_{out}, R_{out}, G_{D1}, G_{D2}, 同步整流驱动电路
电　压	V_F	数字 SRK2001A	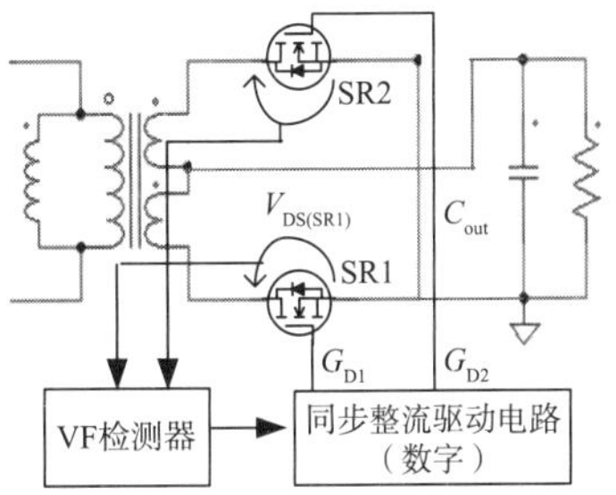 SR2, $V_{DS(SR1)}$, SR1, C_{out}, G_{D1}, G_{D2}, VF检测器, 同步整流驱动电路（数字）

另一种方法是检测电压（同步整流FET的体二极管电压V_F）。由于电流循环中没有插入检测元件，因此，具有低损耗、低噪声的优点。这种方法利用同步整流FET开通时间比谐振电流导通时间稍短的这段时间，有意识地使电流通过体二极管，实现V_F检测。V_F出现的时间越长，损耗越大，这就要求精确驱动同步整流FET。但是，谐振电流的导通时间随输入/输出条件和环境不断变化，实时进行最优驱动非常困难。解决这一问题的方法就是数字控制同步整流驱动。

8.3.3　数字控制V_F检测型同步整流驱动技术

本节将介绍采用ST公司SRK2001A（同步整流控制器）对*LLC*谐振变换器二次侧同步整流FET进行数字驱动的技术。图8.25所示为图8.24中同步整流FET的波形，重点关注栅极电压G_{D1}、漏–源极间电压$V_{DS(SR1)}$和漏极电流I_{SR1}。

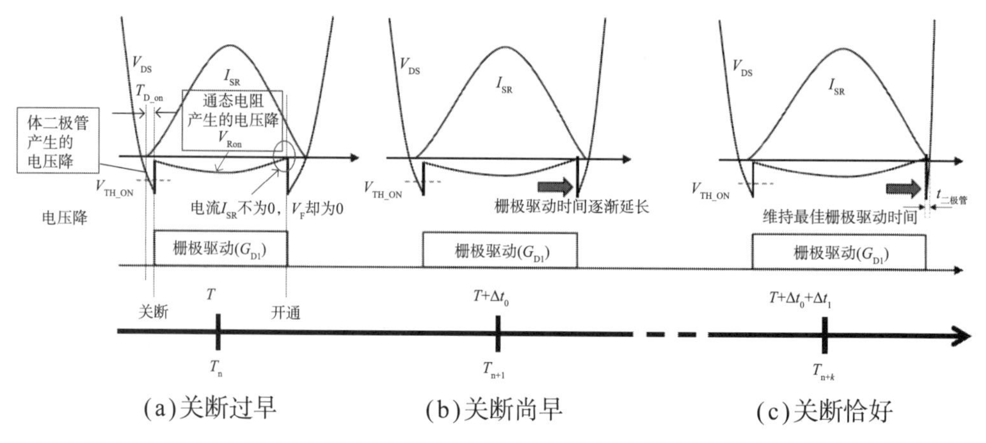

图8.25　二次侧同步整流FET的大致波形[1]

（来源：SRK2001A, Adaptive synchronous rectification controller for *LLC* resonant converter. Datasheet. www.st.com）

同步整流FET的开通机制如下。如图8.25(a)所示，当谐振电流即同步整流电流I_{SR}开始流动时，同步整流FET的V_{DS}波形中出现了体二极管的V_F，达到预定的V_{TH_ON}时，栅极电压G_{D1}经过一定延迟T_{D_on}后变为高电平，同步整流FET开通。根据负载预先确定时间的宽度，这并不是一件难事。

正是在关断控制方面利用了数字控制驱动技术。关断时间设置得过早会增加主体二极管的V_F损耗，过晚会导致谐振电流倒流，因此，要求在电流I_{SR}为零的最后时刻关断。在栅极电压G_{D1}为高电平期间，可观测到通态电阻引起的压降V_{Ron}，但如果将该V_{Ron}用于检测，考虑到封装和布线的电感，即使$V_{Ron}=0$，实际电流I_{SR}也不为0，会导致过早关断，V_F损耗变大，如图8.25(a)所示。为了解决这个问题，可以采用数字控制算法，将高电压时间增加微小时间Δt_0，延长栅极电压为高电平的时间[图8.25(b)]，将高电平时间维持到预先确定的体二极管最小剩作时间t_{diode}临界点[图8.25(c)]。图8.26所示为该算法的流程图。

如上所述，在*LLC*谐振变换器中，同步整流的驱动时序根据输入/输出条件不断变化，现在可以通过数字控制进行实时最优控制。

该算法与一般的“爬山法”不同，是从安全侧倒逼极限的算法，为了方便起见，本书将其称为“寸止法”。

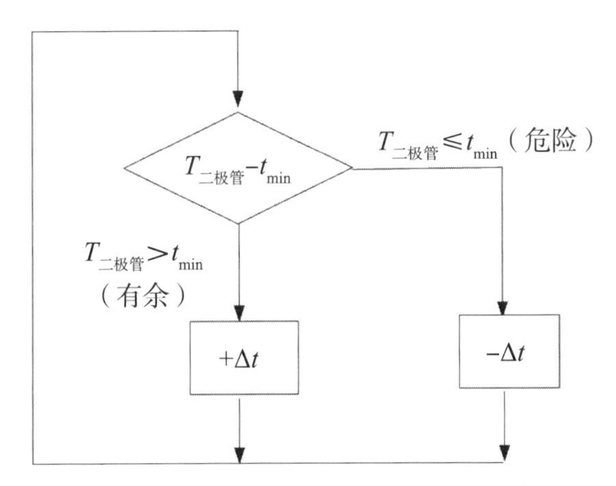

图8.26 数字控制同步整流FET栅极驱动（寸止法）流程图

下面举例说明数字控制在*LLC*谐振变换器同步整流驱动中的能力，包括实时跟踪功率级的非线性动作。这项技术在ST公司的SRK2001A上体现得淋漓尽致。图8.27所示为是带SRK2001A的*LLC*用自适应同步整流评估板STEVAL-ISA165V1。

图8.27 带SRK2001A的评估板STEVAL-ISA165V1

8.4 复根（零）数字滤波器的实现

本节以模拟控制难以实现的复根（零）补偿器为例，说明数字再设计是如何利用数字控制特点的。

在功率级传递函数的谐振峰值高且相位急剧旋转的系统（高*Q*值系统）中，使用普通运算放大器的模拟补偿器，难以提供足够的相位裕量。复根（零）补偿器能够有效抵消功率级传递函数的谐振峰值。通过数字控制，只需设置合理的IIR滤波器系数，就可以轻松实现复根（零）。本节以降压型变换器的电压模式控制为例，就高*Q*值系统的稳定性改善进行说明。

8.4.1　高Q值降压型变换器的传递函数

从降压转换器占空比到输出电压的传递函数$G_{DV_o}(s)$，如前所述，呈现二阶系统特性。高Q值$G_{DV_o}(s)$的大致频率特性如图8.28所示，谐振峰非常高，相位急剧向-180° 滞后。

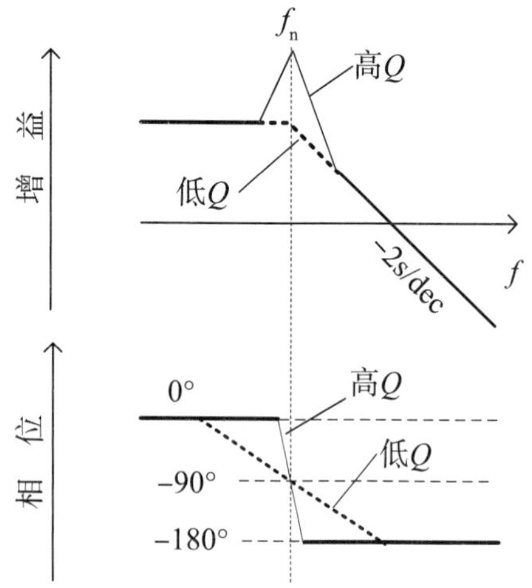

图8.28　高Q值$G_{DV_o}(s)$的频率特性

对于高Q值系统，为了更好地理解模拟控制和数字控制的控制特性差异，下面讨论表8.4所列参数的降压转换器。降压转换器的Q值为

$$Q = \frac{1}{2\delta} = \frac{1}{r_L + r_c}\sqrt{\frac{L}{C}} \tag{8.6}$$

代入表8.4中的参数，可得$Q = 6.3$。该变换器占空比到输出电压的传递函数$G_{DV_o}(s)$的频率特性如图8.29所示，谐振峰值比直流增益高15dB左右，相位也急剧地滞后。

表 8.4　高 Q 值降压型变换器的电路参数

V_{in}	8V	r_L	125mΩ
V_o	1V	r_c	1mΩ
I_o	0.05A	f_o	675Hz
L	400μH	f_{sw}	110kHz
C	139μF	Q	6.3

下面研究高Q值系统的模拟控制和数字控制特性。

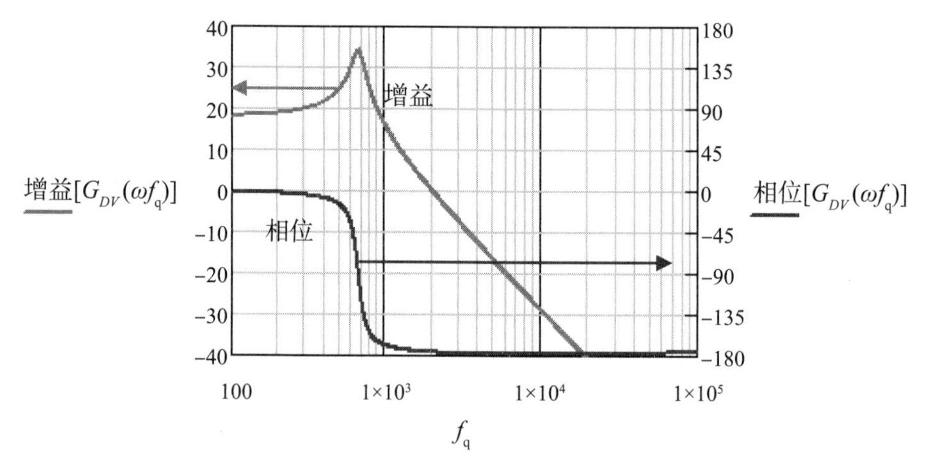

图8.29　高Q值降压型变换器$G_{DV_o}(s)$的频率特性（分析结果）

8.4.2 带模拟补偿器高Q值降压型变换器的开环传递函数

参照前述Ⅲ型补偿器的设计步骤，进行降压型变换器的补偿器设计。补偿器的零点f_{z1}、f_{z2}设置于谐振频率f_o（这里是675Hz）附近，暂将带宽f_{bw}设为开关频率的1/6左右（这里是1kHz）。高频侧极点f_{p1}、f_{p2}分别设置为f_{bw}的10倍和50倍（这里是20kHz和50kHz）。图8.30所示为Ⅲ型补偿器的频率特性分析结果。

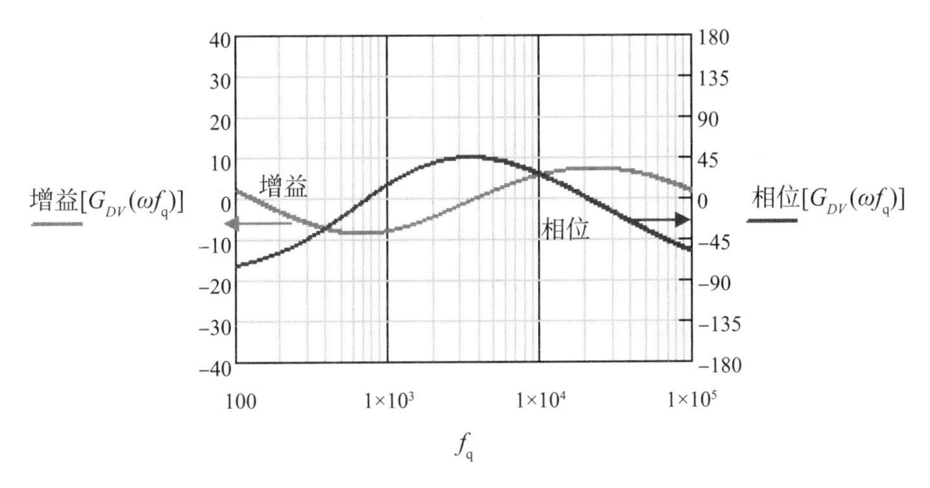

图8.30 Ⅲ型补偿器的频率特性（分析结果）

图8.31所示为开环传递函数$T(s)$的频率特性分析结果和实验结果。带宽f_{bw}均为1.3～1.4kHz，整体增益、相位曲线非常一致。与实测值相比，带宽f_{bw}＝1.34kHz时的相位裕量为29.6°，相当小。理论上不会变得不稳定，但由于f_{bw}位于相位剧烈变化处，不稳定的风险很高。

高Q值控制对象二阶系统之所以无法获得足够的相位裕量，是因为功率级的频率特性在谐振频率附近有近180°的相位急剧滞后，而Ⅲ型补偿器的两个零点是实根，这意味着在1dec最大只能超前+90°+90°＝+180°，也就是说只能缓慢进行相位超前补偿。

鉴于此，在模拟控制中不得不降低补偿器增益，或者增大功率级阻尼（如有意识地增大电容器ESR），以获得所需的相位裕量。结果出现新问题，如增益降低导致响应滞后，ESR增大导致纹波电压和损耗增大。在实际的产品设计中，需要权衡，找到现实的折中方案，这就是模拟控制的局限性。

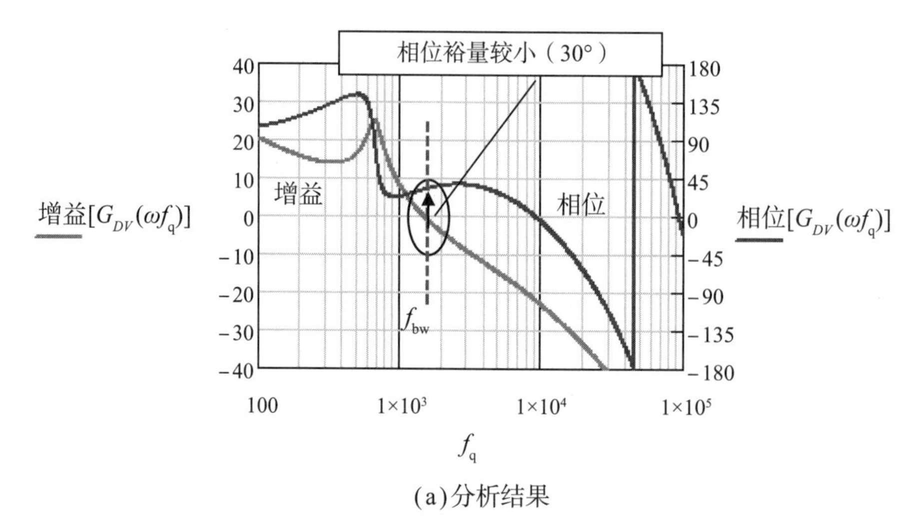

(a)分析结果

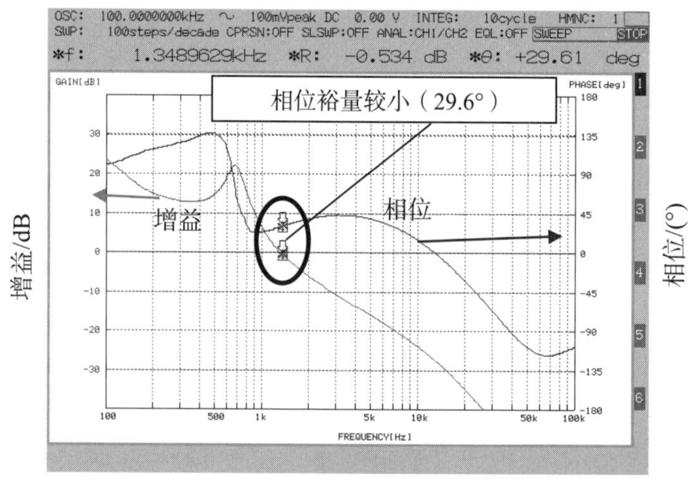

(b)实验结果

图8.31　模拟控制开环传递函数的频率特性

8.4.3　带数字补偿器高Q值降压型变换器的开环传递函数

作为实现复根（零）的补偿器，传递函数$G_z(s)$由式（5.14）变形得到：

$$G_z(s)=K_z\cdot\frac{1}{s}\cdot\frac{s^2+\dfrac{\omega_z}{Q_z}s+\omega_z^2}{(s+\omega_{p1})(s+\omega_{p2})} \tag{8.7}$$

式中，

$$K_z=\frac{\omega_{p1}\omega_{p2}}{\omega_z^2}\cdot\omega_1 \tag{8.8}$$

这个式子将式（5.14）的分子设为$\omega_{z1}=\omega_{z2}=\omega_z$，并增加了品质因数$Q_z$。

图8.32所示为Q_z大于0.5，分子具有复根时式（8.7）的大致频率特性。分子的ω_z设为与功率级的谐振角频率ω_n（$=2\pi f_n$）相同（$\omega_z=\omega_n$）。在谐振点附近，相位从−90° 急剧变化为+90° 。

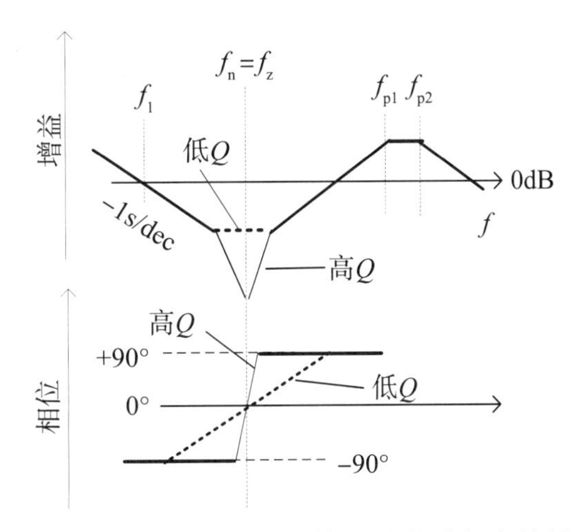

图8.32　复根（零）补偿器的大致频率特性

Q_z值对补偿器$G_z(s)$的增益和相位有何影响？利用实际常数，当Q_z值变为0.5、1、3、6.3、10时的分析结果如图8.33所示。当$Q_z=0.5$时，呈现平缓的一阶系统频率特性（实根），可以使用运算放大器的模拟补偿器进行充分补偿。随着Q_z值增大，在谐振频率附近增益向下峰值增大，相位从−90° 急剧变化到+90° 。这说明，变换器的强谐振特性可以被抵消。通过设定合理的IIR滤波器系数，这种复根（零）在数字补偿器中很容易实现。

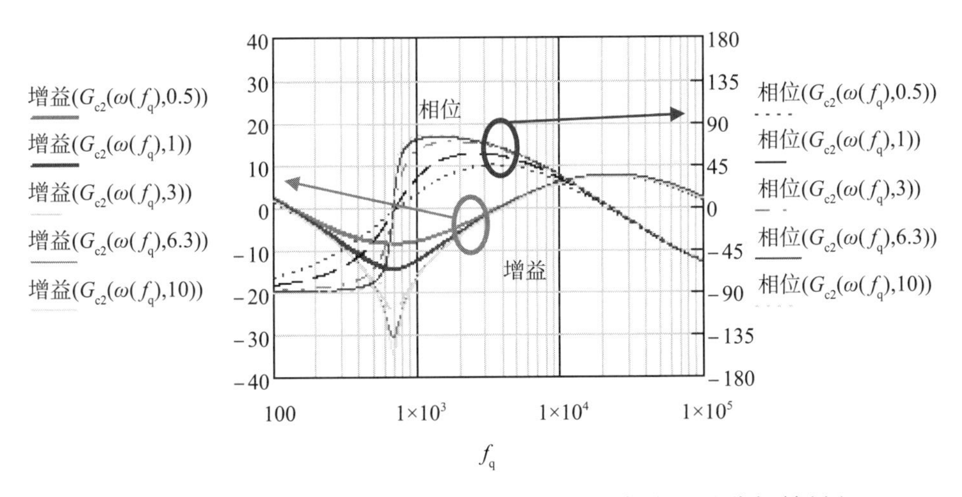

图8.33　改变分子的品质因数Q_z时的频率特性（分析结果）

8.4.4　改变Q_z时的频率特性（实验结果）

笔者设计了Q_z为0.5、1、3、6.3的数字补偿器，并应用降压型变换器测量了开环传递函数，结果见表8.5。分析结果和实验结果非常吻合，在实机上证实数字补偿器按预期产生复根（零），并抵消了二阶系统急剧的增益和相位变化。

表 8.5　改变 Q_z 时复根（零）变化的频率特性

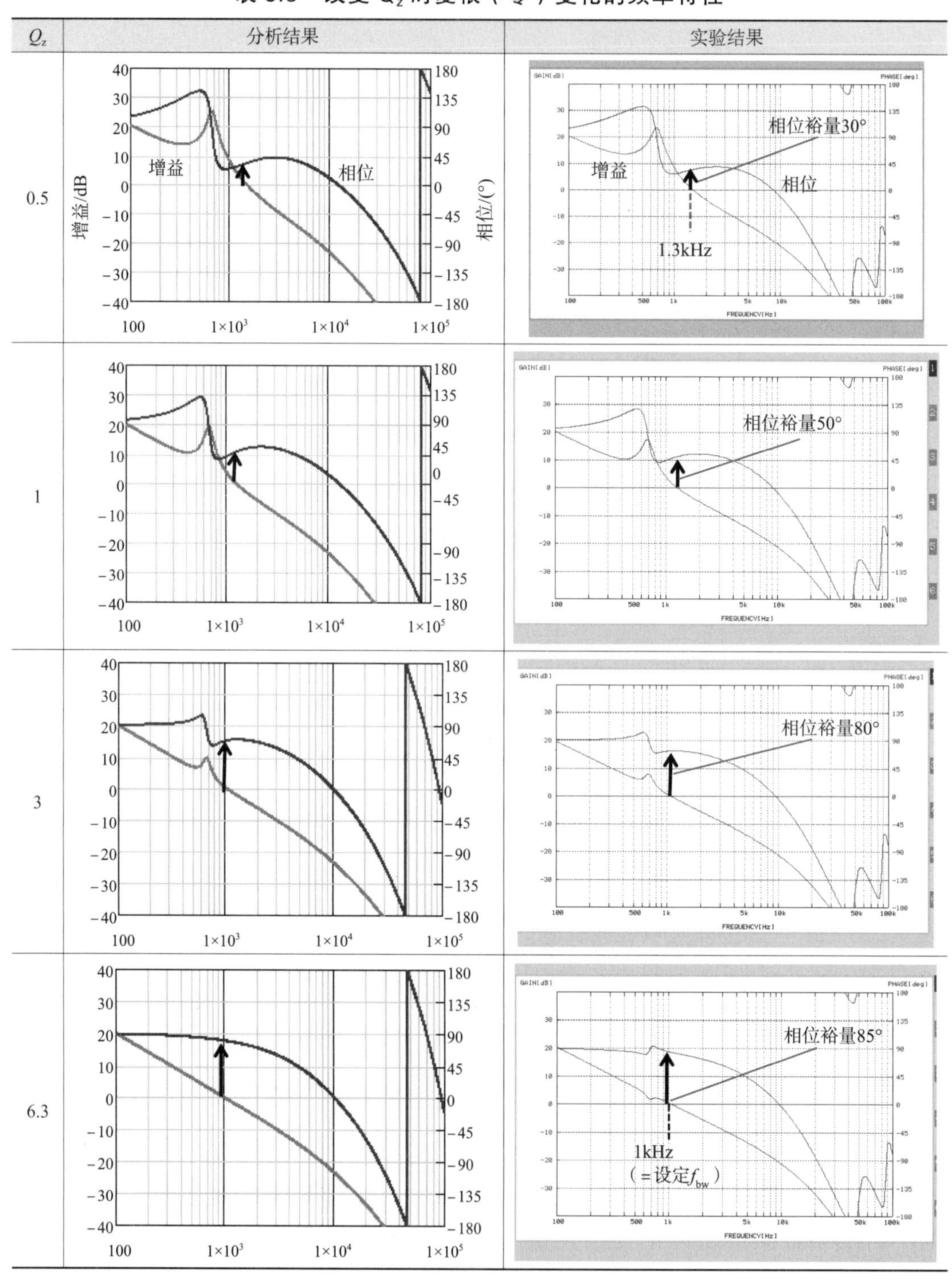

综上所述，通过在数字补偿器中实现复根（零）的特性，很容易改善高Q值系统的稳定性，这在模拟补偿器中是难以实现的，彰显了数字控制的有效性。

参考文献

[1] 原田耕介, 二宮保, 顧文健. スイッチングコンバータの基礎. コロナ社, 1992.

[2] Erickson R W, Maksimovic D. Fundamentals of Power Electronics (Second Edition). Kluwer Academic Publishers, 2001.

[3] 安部征哉, 財津俊之. スイッチング電源制御設計の基礎. 日経BP社, 2015.

[4] 岩井壮介. 制御工学基礎論. 昭晃堂, 1991.

[5] 原田耕介, 二宮保, 中野忠夫. 基礎電子回路. コロナ社, 1985.

[6] 二宮保. スイッチングレギュレータの基本特性と問題点.電気学会雑誌, 1980, 100 (6): 29-36.

[7] 足立修一. 信号・システム理論の基礎. コロナ社, 2014.

[8] R.D. Middlebrook, S. Cuk. A General Unified Approach to Modeling Switching-Conver ter Power Stages. IEEE Power Electronics Specialists Conference (PESC), 1976: 18-34.

[9] Ninomiya T, Nakahara M, Higashi T, Harada K. A unified analysis of resonant converters. IEEE Transactions on Power Electronics, 1991, 6(2): 260-270.

[10] Yao K, Meng Y, Lee F C.Control bandwidth and transient response of buck converters. 2002 IEEE 33rd Annual IEEE Power Electronics Specialists Conference, 2002, 1: 137-142

[11] Wong P L, Lee F.C, Xu P, Yao K.Critical inductance in voltage regulator modules. IEEE Transactions on Power Electronics, 2002, 17(4): 485-492.

[12] 上松武, 福島健太郎, 清水克彦, 二宮保. スイッチングリプル電流を考慮した単相PFCコンバータの損失解析. 九州大学大学院システム情報科学紀要, 2009, 14(2): 83-88.

[13] Uematsu T, Hirao N, Ninomiya T, Syoyama M. Analysis of Three-Arm PWM UPS. Proceedings of the KIPE Conference, 1998, (10): 818-823

[14] 上松武. 高周波スイッチング技術を用いた高入力力率整流器の制御方式の検討.信学技報, 1990, PE90-41(10).

[15] 上松武, 戸塚厚志, 杉森. 3 相PWMコンバータの設計法. 信学技報, 1994, PE94-10(5).

[16] 上松武, 福島健太郎, 清水克彦, 二宮保. フラットパネルディスプレ イ用昇降圧PFC コンバータの動作特性. 電子情報通信学会論文誌B, 2008, J91-B(1).

[17] Digital filter implementation with FMAC using STM32CubeG4 MCU package. Application Note AN5305. www.st.com

[18] Discovery kit with STM32G474RE MCU. User Manual UM2577. www. st.com.

[19] MB1428-G474RE-B01_Schematic. www.st.com.

[20] Morita K. Novel ultra low-noise soft switch-mode power supply. INTELEC - Twentieth International Telecommunications Energy Conference, 1998: 115-122.

[21] Zhang Y, Xu D, Chen M, Han Y, Du Z. LLC resonant converter for 48V to 0.9V VRM. 2004 IEEE 35th Annual Power Electronics Specialists Conference, 2004(3): 1848-1854.

[22] Zhang Y, Xu D, Mino K, et al. 1MHz-1kW LLC resonant converter with integrated magnetics. APEC 07-Twenty-Second Annual IEEE Applied Power Electronics Conference and Exposition, 2007: 955-961.

[23] Musavi F, Craciun M, Edington M, et al. Practical design considerations for a LLC multi-resonant DC-DC converter in battery charging applications. 2012 Twenty-Seventh Annual IEEE Applied Power Electronics Conference and Exposition (APEC), 2012: 2596-2602.

[24] Huang H. FHA-based voltage gain function with harmonic compensation for LLC resonant converter. 2010 Twenty-Fifth Annual IEEE Applied Power Electronics Conference and Exposition (APEC), 2010: 1770-1777.

[25] Lazar J F, Martinelli R. Steady-state analysis of the LLC series resonant converter. Sixteenth Annual IEEE Applied Power Electronics Conference and Exposition, 2001, 2: 728-735.

[26] Bhat A K S. A generalized steady-state analysis of resonant converters using two-port model and Fourier-series approach. IEEE IEEE Transactions on Power Electronics, 1998, 13(1): 142-151.

[27] Steigerwald R L. A comparison of half-bridge resonant converter topologies. IEEE Transactions on Power Electronics, 1988, 3(2): 174-182.

[28] Vorperian V. High-Q approximation in the small-signal analysis of resonant converters. 1985 IEEE Power Electronics Specialists Conference, 1985: 707-715.

[29] Vorperian V, Cuk S. A complete DC analysis of the series resonant converter. 1982 IEEE Power Electronics Specialists conference (PESC), 1982: 85-100.

[30] Hsieh Y H, Lee F C. Accurate small-signal model for LLC resonant converters. 2019 IEEE Energy Conversion Congress and Exposition (ECCE), 2019: 660-665.

[31] Adragna C. Time-shift control of LLC resonant converters. PCIM Europe 2010 Proceedngs, 2010, 113(5): 661-666

[32] Adragna C, et al. Digital implementation and performance evaluation of a time-shit-controlled LLC resonant half-bridge converter. APEC, 2014, (3):2074-2080.

[33] STNRG011, Digital cmbo multi-mode PFC and time shift LLC resonant controller. Datasheet. www.st.com.

[34] STCMB1, TM PFC with X-cap discharge and LLC resonant combo controller. Datasheet. www.st.com.

[35] SRK2001A, Adaptive synchronous rectification controller for LLC resonant converter. Datasheet. www.st.com

[36] 財津俊行, 小幡智, 安部征哉. 複素根を用いたデジタル補償器. 電子情報通信学会ソサイエティ大会, 2008.

[37] 財津俊行. デジタル電源の最新動向.電子情報通信学会総合大会チュートリアルセッション, 2011.

[38] Abe S, Zaitsu T, Obata S. Pole-Zero-Cancellation Technique for DC-DC Converter.PID Controllers Advances in PID Control. InTechOpen, 2011.